PRIME PANORAMA

Collection of 1 Million Primes

Rishit Logar

Self Published by Rishit Logar

Copyright © 2024 Rishit Logar

All rights reserved

The characters and events portrayed in this book are fictitious. Any similarity to real persons, living or dead, is coincidental and not intended by the author.

No part of this book may be reproduced, or stored in a retrieval system, or transmitted in any form or by any means, electronic, mechanical, photocopying, recording, or otherwise, without express written permission of the publisher.

Author and Designer: Rishit Logar

CONTENTS

Title Page
Copyright
Preface
Prime numbers   1
Afterword   309
Books By This Author   311

PREFACE

The idea for Prime Panorama was born when I was researching correlations between prime numbers. That's when I realized that this data could be useful for anyone researching in mathematics.

Prime numbers have an excellent tendency to stay in correlation with one another, and this book shows the raw data of my research.

Actually, my research involved prime numbers up to 100 million, but due to Amazon's restrictions, I can't publish it directly.

Therefore, this book contains a subset of my data, covering up to 1 million numbers. If you want to know more about how I found out prime numbers or want access to the full source data of my research, please check at the end of the book.

Prime numbers have certainly captured most of my attention, and I hope they do the same for you.

PRIME NUMBERS

FROM 0 TO 1 MILLION

2, 3, 5, 7, 11, 13, 17, 19, 23, 29, 31, 37, 41, 43, 47, 53, 59, 61, 67, 71, 73, 79, 83, 89, 97, 101, 103, 107, 109, 113, 127, 131, 137, 139, 149, 151, 157, 163, 167, 173, 179, 181, 191, 193, 197, 199, 211, 223, 227, 229, 233, 239, 241, 251, 257, 263, 269, 271, 277, 281, 283, 293, 307, 311, 313, 317, 331, 337, 347, 349, 353, 359, 367, 373, 379, 383, 389, 397, 401, 409, 419, 421, 431, 433, 439, 443, 449, 457, 461, 463, 467, 479, 487, 491, 499, 503, 509, 521, 523, 541, 547, 557, 563, 569, 571, 577, 587, 593, 599, 601, 607, 613, 617, 619, 631, 641, 643, 647, 653, 659, 661, 673, 677, 683, 691, 701, 709, 719, 727, 733, 739, 743, 751, 757, 761, 769, 773, 787, 797, 809, 811, 821, 823, 827, 829, 839, 853, 857, 859, 863, 877, 881, 883, 887, 907, 911, 919, 929, 937, 941, 947, 953, 967, 971, 977, 983, 991, 997, 1009, 1013, 1019, 1021, 1031, 1033, 1039, 1049, 1051, 1061, 1063, 1069, 1087, 1091, 1093, 1097, 1103, 1109, 1117, 1123, 1129, 1151, 1153, 1163, 1171, 1181, 1187, 1193, 1201, 1213, 1217, 1223, 1229, 1231, 1237, 1249, 1259, 1277, 1279, 1283, 1289, 1291, 1297, 1301, 1303, 1307, 1319, 1321, 1327, 1361, 1367, 1373, 1381, 1399, 1409, 1423,

1427, 1429, 1433, 1439, 1447, 1451, 1453, 1459, 1471, 1481,
1483, 1487, 1489, 1493, 1499, 1511, 1523, 1531, 1543, 1549,
1553, 1559, 1567, 1571, 1579, 1583, 1597, 1601, 1607, 1609,
1613, 1619, 1621, 1627, 1637, 1657, 1663, 1667, 1669, 1693,
1697, 1699, 1709, 1721, 1723, 1733, 1741, 1747, 1753, 1759,
1777, 1783, 1787, 1789, 1801, 1811, 1823, 1831, 1847, 1861,
1867, 1871, 1873, 1877, 1879, 1889, 1901, 1907, 1913, 1931,
1933, 1949, 1951, 1973, 1979, 1987, 1993, 1997, 1999, 2003,
2011, 2017, 2027, 2029, 2039, 2053, 2063, 2069, 2081, 2083,
2087, 2089, 2099, 2111, 2113, 2129, 2131, 2137, 2141, 2143,
2153, 2161, 2179, 2203, 2207, 2213, 2221, 2237, 2239, 2243,
2251, 2267, 2269, 2273, 2281, 2287, 2293, 2297, 2309, 2311,
2333, 2339, 2341, 2347, 2351, 2357, 2371, 2377, 2381, 2383,
2389, 2393, 2399, 2411, 2417, 2423, 2437, 2441, 2447, 2459,
2467, 2473, 2477, 2503, 2521, 2531, 2539, 2543, 2549, 2551,
2557, 2579, 2591, 2593, 2609, 2617, 2621, 2633, 2647, 2657,
2659, 2663, 2671, 2677, 2683, 2687, 2689, 2693, 2699, 2707,
2711, 2713, 2719, 2729, 2731, 2741, 2749, 2753, 2767, 2777,
2789, 2791, 2797, 2801, 2803, 2819, 2833, 2837, 2843, 2851,
2857, 2861, 2879, 2887, 2897, 2903, 2909, 2917, 2927, 2939,
2953, 2957, 2963, 2969, 2971, 2999, 3001, 3011, 3019, 3023,
3037, 3041, 3049, 3061, 3067, 3079, 3083, 3089, 3109, 3119,
3121, 3137, 3163, 3167, 3169, 3181, 3187, 3191, 3203, 3209,
3217, 3221, 3229, 3251, 3253, 3257, 3259, 3271, 3299, 3301,
3307, 3313, 3319, 3323, 3329, 3331, 3343, 3347, 3359, 3361,
3371, 3373, 3389, 3391, 3407, 3413, 3433, 3449, 3457, 3461,
3463, 3467, 3469, 3491, 3499, 3511, 3517, 3527, 3529, 3533,
3539, 3541, 3547, 3557, 3559, 3571, 3581, 3583, 3593, 3607,
3613, 3617, 3623, 3631, 3637, 3643, 3659, 3671, 3673, 3677,
3691, 3697, 3701, 3709, 3719, 3727, 3733, 3739, 3761, 3767,
3769, 3779, 3793, 3797, 3803, 3821, 3823, 3833, 3847, 3851,
3853, 3863, 3877, 3881, 3889, 3907, 3911, 3917, 3919, 3923,
3929, 3931, 3943, 3947, 3967, 3989, 4001, 4003, 4007, 4013,
4019, 4021, 4027, 4049, 4051, 4057, 4073, 4079, 4091, 4093,
4099, 4111, 4127, 4129, 4133, 4139, 4153, 4157, 4159, 4177,
4201, 4211, 4217, 4219, 4229, 4231, 4241, 4243, 4253, 4259,

PRIME PANORAMA

4261, 4271, 4273, 4283, 4289, 4297, 4327, 4337, 4339, 4349,
4357, 4363, 4373, 4391, 4397, 4409, 4421, 4423, 4441, 4447,
4451, 4457, 4463, 4481, 4483, 4493, 4507, 4513, 4517, 4519,
4523, 4547, 4549, 4561, 4567, 4583, 4591, 4597, 4603, 4621,
4637, 4639, 4643, 4649, 4651, 4657, 4663, 4673, 4679, 4691,
4703, 4721, 4723, 4729, 4733, 4751, 4759, 4783, 4787, 4789,
4793, 4799, 4801, 4813, 4817, 4831, 4861, 4871, 4877, 4889,
4903, 4909, 4919, 4931, 4933, 4937, 4943, 4951, 4957, 4967,
4969, 4973, 4987, 4993, 4999, 5003, 5009, 5011, 5021, 5023,
5039, 5051, 5059, 5077, 5081, 5087, 5099, 5101, 5107, 5113,
5119, 5147, 5153, 5167, 5171, 5179, 5189, 5197, 5209, 5227,
5231, 5233, 5237, 5261, 5273, 5279, 5281, 5297, 5303, 5309,
5323, 5333, 5347, 5351, 5381, 5387, 5393, 5399, 5407, 5413,
5417, 5419, 5431, 5437, 5441, 5443, 5449, 5471, 5477, 5479,
5483, 5501, 5503, 5507, 5519, 5521, 5527, 5531, 5557, 5563,
5569, 5573, 5581, 5591, 5623, 5639, 5641, 5647, 5651, 5653,
5657, 5659, 5669, 5683, 5689, 5693, 5701, 5711, 5717, 5737,
5741, 5743, 5749, 5779, 5783, 5791, 5801, 5807, 5813, 5821,
5827, 5839, 5843, 5849, 5851, 5857, 5861, 5867, 5869, 5879,
5881, 5897, 5903, 5923, 5927, 5939, 5953, 5981, 5987, 6007,
6011, 6029, 6037, 6043, 6047, 6053, 6067, 6073, 6079, 6089,
6091, 6101, 6113, 6121, 6131, 6133, 6143, 6151, 6163, 6173,
6197, 6199, 6203, 6211, 6217, 6221, 6229, 6247, 6257, 6263,
6269, 6271, 6277, 6287, 6299, 6301, 6311, 6317, 6323, 6329,
6337, 6343, 6353, 6359, 6361, 6367, 6373, 6379, 6389, 6397,
6421, 6427, 6449, 6451, 6469, 6473, 6481, 6491, 6521, 6529,
6547, 6551, 6553, 6563, 6569, 6571, 6577, 6581, 6599, 6607,
6619, 6637, 6653, 6659, 6661, 6673, 6679, 6689, 6691, 6701,
6703, 6709, 6719, 6733, 6737, 6761, 6763, 6779, 6781, 6791,
6793, 6803, 6823, 6827, 6829, 6833, 6841, 6857, 6863, 6869,
6871, 6883, 6899, 6907, 6911, 6917, 6947, 6949, 6959, 6961,
6967, 6971, 6977, 6983, 6991, 6997, 7001, 7013, 7019, 7027,
7039, 7043, 7057, 7069, 7079, 7103, 7109, 7121, 7127, 7129,
7151, 7159, 7177, 7187, 7193, 7207, 7211, 7213, 7219, 7229,
7237, 7243, 7247, 7253, 7283, 7297, 7307, 7309, 7321, 7331,
7333, 7349, 7351, 7369, 7393, 7411, 7417, 7433, 7451, 7457,

7459, 7477, 7481, 7487, 7489, 7499, 7507, 7517, 7523, 7529,
7537, 7541, 7547, 7549, 7559, 7561, 7573, 7577, 7583, 7589,
7591, 7603, 7607, 7621, 7639, 7643, 7649, 7669, 7673, 7681,
7687, 7691, 7699, 7703, 7717, 7723, 7727, 7741, 7753, 7757,
7759, 7789, 7793, 7817, 7823, 7829, 7841, 7853, 7867, 7873,
7877, 7879, 7883, 7901, 7907, 7919, 7927, 7933, 7937, 7949,
7951, 7963, 7993, 8009, 8011, 8017, 8039, 8053, 8059, 8069,
8081, 8087, 8089, 8093, 8101, 8111, 8117, 8123, 8147, 8161,
8167, 8171, 8179, 8191, 8209, 8219, 8221, 8231, 8233, 8237,
8243, 8263, 8269, 8273, 8287, 8291, 8293, 8297, 8311, 8317,
8329, 8353, 8363, 8369, 8377, 8387, 8389, 8419, 8423, 8429,
8431, 8443, 8447, 8461, 8467, 8501, 8513, 8521, 8527, 8537,
8539, 8543, 8563, 8573, 8581, 8597, 8599, 8609, 8623, 8627,
8629, 8641, 8647, 8663, 8669, 8677, 8681, 8689, 8693, 8699,
8707, 8713, 8719, 8731, 8737, 8741, 8747, 8753, 8761, 8779,
8783, 8803, 8807, 8819, 8821, 8831, 8837, 8839, 8849, 8861,
8863, 8867, 8887, 8893, 8923, 8929, 8933, 8941, 8951, 8963,
8969, 8971, 8999, 9001, 9007, 9011, 9013, 9029, 9041, 9043,
9049, 9059, 9067, 9091, 9103, 9109, 9127, 9133, 9137, 9151,
9157, 9161, 9173, 9181, 9187, 9199, 9203, 9209, 9221, 9227,
9239, 9241, 9257, 9277, 9281, 9283, 9293, 9311, 9319, 9323,
9337, 9341, 9343, 9349, 9371, 9377, 9391, 9397, 9403, 9413,
9419, 9421, 9431, 9433, 9437, 9439, 9461, 9463, 9467, 9473,
9479, 9491, 9497, 9511, 9521, 9533, 9539, 9547, 9551, 9587,
9601, 9613, 9619, 9623, 9629, 9631, 9643, 9649, 9661, 9677,
9679, 9689, 9697, 9719, 9721, 9733, 9739, 9743, 9749, 9767,
9769, 9781, 9787, 9791, 9803, 9811, 9817, 9829, 9833, 9839,
9851, 9857, 9859, 9871, 9883, 9887, 9901, 9907, 9923, 9929,
9931, 9941, 9949, 9967, 9973, 10007, 10009, 10037, 10039,
10061, 10067, 10069, 10079, 10091, 10093, 10099, 10103,
10111, 10133, 10139, 10141, 10151, 10159, 10163, 10169,
10177, 10181, 10193, 10211, 10223, 10243, 10247, 10253,
10259, 10267, 10271, 10273, 10289, 10301, 10303, 10313,
10321, 10331, 10333, 10337, 10343, 10357, 10369, 10391,
10399, 10427, 10429, 10433, 10453, 10457, 10459, 10463,
10477, 10487, 10499, 10501, 10513, 10529, 10531, 10559,

10567, 10589, 10597, 10601, 10607, 10613, 10627, 10631,
10639, 10651, 10657, 10663, 10667, 10687, 10691, 10709,
10711, 10723, 10729, 10733, 10739, 10753, 10771, 10781,
10789, 10799, 10831, 10837, 10847, 10853, 10859, 10861,
10867, 10883, 10889, 10891, 10903, 10909, 10937, 10939,
10949, 10957, 10973, 10979, 10987, 10993, 11003, 11027,
11047, 11057, 11059, 11069, 11071, 11083, 11087, 11093,
11113, 11117, 11119, 11131, 11149, 11159, 11161, 11171,
11173, 11177, 11197, 11213, 11239, 11243, 11251, 11257,
11261, 11273, 11279, 11287, 11299, 11311, 11317, 11321,
11329, 11351, 11353, 11369, 11383, 11393, 11399, 11411,
11423, 11437, 11443, 11447, 11467, 11471, 11483, 11489,
11491, 11497, 11503, 11519, 11527, 11549, 11551, 11579,
11587, 11593, 11597, 11617, 11621, 11633, 11657, 11677,
11681, 11689, 11699, 11701, 11717, 11719, 11731, 11743,
11777, 11779, 11783, 11789, 11801, 11807, 11813, 11821,
11827, 11831, 11833, 11839, 11863, 11867, 11887, 11897,
11903, 11909, 11923, 11927, 11933, 11939, 11941, 11953,
11959, 11969, 11971, 11981, 11987, 12007, 12011, 12037,
12041, 12043, 12049, 12071, 12073, 12097, 12101, 12107,
12109, 12113, 12119, 12143, 12149, 12157, 12161, 12163,
12197, 12203, 12211, 12227, 12239, 12241, 12251, 12253,
12263, 12269, 12277, 12281, 12289, 12301, 12323, 12329,
12343, 12347, 12373, 12377, 12379, 12391, 12401, 12409,
12413, 12421, 12433, 12437, 12451, 12457, 12473, 12479,
12487, 12491, 12497, 12503, 12511, 12517, 12527, 12539,
12541, 12547, 12553, 12569, 12577, 12583, 12589, 12601,
12611, 12613, 12619, 12637, 12641, 12647, 12653, 12659,
12671, 12689, 12697, 12703, 12713, 12721, 12739, 12743,
12757, 12763, 12781, 12791, 12799, 12809, 12821, 12823,
12829, 12841, 12853, 12889, 12893, 12899, 12907, 12911,
12917, 12919, 12923, 12941, 12953, 12959, 12967, 12973,
12979, 12983, 13001, 13003, 13007, 13009, 13033, 13037,
13043, 13049, 13063, 13093, 13099, 13103, 13109, 13121,
13127, 13147, 13151, 13159, 13163, 13171, 13177, 13183,
13187, 13217, 13219, 13229, 13241, 13249, 13259, 13267,

13291, 13297, 13309, 13313, 13327, 13331, 13337, 13339, 13367, 13381, 13397, 13399, 13411, 13417, 13421, 13441, 13451, 13457, 13463, 13469, 13477, 13487, 13499, 13513, 13523, 13537, 13553, 13567, 13577, 13591, 13597, 13613, 13619, 13627, 13633, 13649, 13669, 13679, 13681, 13687, 13691, 13693, 13697, 13709, 13711, 13721, 13723, 13729, 13751, 13757, 13759, 13763, 13781, 13789, 13799, 13807, 13829, 13831, 13841, 13859, 13873, 13877, 13879, 13883, 13901, 13903, 13907, 13913, 13921, 13931, 13933, 13963, 13967, 13997, 13999, 14009, 14011, 14029, 14033, 14051, 14057, 14071, 14081, 14083, 14087, 14107, 14143, 14149, 14153, 14159, 14173, 14177, 14197, 14207, 14221, 14243, 14249, 14251, 14281, 14293, 14303, 14321, 14323, 14327, 14341, 14347, 14369, 14387, 14389, 14401, 14407, 14411, 14419, 14423, 14431, 14437, 14447, 14449, 14461, 14479, 14489, 14503, 14519, 14533, 14537, 14543, 14549, 14551, 14557, 14561, 14563, 14591, 14593, 14621, 14627, 14629, 14633, 14639, 14653, 14657, 14669, 14683, 14699, 14713, 14717, 14723, 14731, 14737, 14741, 14747, 14753, 14759, 14767, 14771, 14779, 14783, 14797, 14813, 14821, 14827, 14831, 14843, 14851, 14867, 14869, 14879, 14887, 14891, 14897, 14923, 14929, 14939, 14947, 14951, 14957, 14969, 14983, 15013, 15017, 15031, 15053, 15061, 15073, 15077, 15083, 15091, 15101, 15107, 15121, 15131, 15137, 15139, 15149, 15161, 15173, 15187, 15193, 15199, 15217, 15227, 15233, 15241, 15259, 15263, 15269, 15271, 15277, 15287, 15289, 15299, 15307, 15313, 15319, 15329, 15331, 15349, 15359, 15361, 15373, 15377, 15383, 15391, 15401, 15413, 15427, 15439, 15443, 15451, 15461, 15467, 15473, 15493, 15497, 15511, 15527, 15541, 15551, 15559, 15569, 15581, 15583, 15601, 15607, 15619, 15629, 15641, 15643, 15647, 15649, 15661, 15667, 15671, 15679, 15683, 15727, 15731, 15733, 15737, 15739, 15749, 15761, 15767, 15773, 15787, 15791, 15797, 15803, 15809, 15817, 15823, 15859, 15877, 15881, 15887, 15889, 15901, 15907, 15913, 15919, 15923, 15937, 15959, 15971, 15973, 15991, 16001, 16007, 16033,

16057, 16061, 16063, 16067, 16069, 16073, 16087, 16091,
16097, 16103, 16111, 16127, 16139, 16141, 16183, 16187,
16189, 16193, 16217, 16223, 16229, 16231, 16249, 16253,
16267, 16273, 16301, 16319, 16333, 16339, 16349, 16361,
16363, 16369, 16381, 16411, 16417, 16421, 16427, 16433,
16447, 16451, 16453, 16477, 16481, 16487, 16493, 16519,
16529, 16547, 16553, 16561, 16567, 16573, 16603, 16607,
16619, 16631, 16633, 16649, 16651, 16657, 16661, 16673,
16691, 16693, 16699, 16703, 16729, 16741, 16747, 16759,
16763, 16787, 16811, 16823, 16829, 16831, 16843, 16871,
16879, 16883, 16889, 16901, 16903, 16921, 16927, 16931,
16937, 16943, 16963, 16979, 16981, 16987, 16993, 17011,
17021, 17027, 17029, 17033, 17041, 17047, 17053, 17077,
17093, 17099, 17107, 17117, 17123, 17137, 17159, 17167,
17183, 17189, 17191, 17203, 17207, 17209, 17231, 17239,
17257, 17291, 17293, 17299, 17317, 17321, 17327, 17333,
17341, 17351, 17359, 17377, 17383, 17387, 17389, 17393,
17401, 17417, 17419, 17431, 17443, 17449, 17467, 17471,
17477, 17483, 17489, 17491, 17497, 17509, 17519, 17539,
17551, 17569, 17573, 17579, 17581, 17597, 17599, 17609,
17623, 17627, 17657, 17659, 17669, 17681, 17683, 17707,
17713, 17729, 17737, 17747, 17749, 17761, 17783, 17789,
17791, 17807, 17827, 17837, 17839, 17851, 17863, 17881,
17891, 17903, 17909, 17911, 17921, 17923, 17929, 17939,
17957, 17959, 17971, 17977, 17981, 17987, 17989, 18013,
18041, 18043, 18047, 18049, 18059, 18061, 18077, 18089,
18097, 18119, 18121, 18127, 18131, 18133, 18143, 18149,
18169, 18181, 18191, 18199, 18211, 18217, 18223, 18229,
18233, 18251, 18253, 18257, 18269, 18287, 18289, 18301,
18307, 18311, 18313, 18329, 18341, 18353, 18367, 18371,
18379, 18397, 18401, 18413, 18427, 18433, 18439, 18443,
18451, 18457, 18461, 18481, 18493, 18503, 18517, 18521,
18523, 18539, 18541, 18553, 18583, 18587, 18593, 18617,
18637, 18661, 18671, 18679, 18691, 18701, 18713, 18719,
18731, 18743, 18749, 18757, 18773, 18787, 18793, 18797,
18803, 18839, 18859, 18869, 18899, 18911, 18913, 18917,

18919, 18947, 18959, 18973, 18979, 19001, 19009, 19013,
19031, 19037, 19051, 19069, 19073, 19079, 19081, 19087,
19121, 19139, 19141, 19157, 19163, 19181, 19183, 19207,
19211, 19213, 19219, 19231, 19237, 19249, 19259, 19267,
19273, 19289, 19301, 19309, 19319, 19333, 19373, 19379,
19381, 19387, 19391, 19403, 19417, 19421, 19423, 19427,
19429, 19433, 19441, 19447, 19457, 19463, 19469, 19471,
19477, 19483, 19489, 19501, 19507, 19531, 19541, 19543,
19553, 19559, 19571, 19577, 19583, 19597, 19603, 19609,
19661, 19681, 19687, 19697, 19699, 19709, 19717, 19727,
19739, 19751, 19753, 19759, 19763, 19777, 19793, 19801,
19813, 19819, 19841, 19843, 19853, 19861, 19867, 19889,
19891, 19913, 19919, 19927, 19937, 19949, 19961, 19963,
19973, 19979, 19991, 19993, 19997, 20011, 20021, 20023,
20029, 20047, 20051, 20063, 20071, 20089, 20101, 20107,
20113, 20117, 20123, 20129, 20143, 20147, 20149, 20161,
20173, 20177, 20183, 20201, 20219, 20231, 20233, 20249,
20261, 20269, 20287, 20297, 20323, 20327, 20333, 20341,
20347, 20353, 20357, 20359, 20369, 20389, 20393, 20399,
20407, 20411, 20431, 20441, 20443, 20477, 20479, 20483,
20507, 20509, 20521, 20533, 20543, 20549, 20551, 20563,
20593, 20599, 20611, 20627, 20639, 20641, 20663, 20681,
20693, 20707, 20717, 20719, 20731, 20743, 20747, 20749,
20753, 20759, 20771, 20773, 20789, 20807, 20809, 20849,
20857, 20873, 20879, 20887, 20897, 20899, 20903, 20921,
20929, 20939, 20947, 20959, 20963, 20981, 20983, 21001,
21011, 21013, 21017, 21019, 21023, 21031, 21059, 21061,
21067, 21089, 21101, 21107, 21121, 21139, 21143, 21149,
21157, 21163, 21169, 21179, 21187, 21191, 21193, 21211,
21221, 21227, 21247, 21269, 21277, 21283, 21313, 21317,
21319, 21323, 21341, 21347, 21377, 21379, 21383, 21391,
21397, 21401, 21407, 21419, 21433, 21467, 21481, 21487,
21491, 21493, 21499, 21503, 21517, 21521, 21523, 21529,
21557, 21559, 21563, 21569, 21577, 21587, 21589, 21599,
21601, 21611, 21613, 21617, 21647, 21649, 21661, 21673,
21683, 21701, 21713, 21727, 21737, 21739, 21751, 21757,

PRIME PANORAMA

21767, 21773, 21787, 21799, 21803, 21817, 21821, 21839,
21841, 21851, 21859, 21863, 21871, 21881, 21893, 21911,
21929, 21937, 21943, 21961, 21977, 21991, 21997, 22003,
22013, 22027, 22031, 22037, 22039, 22051, 22063, 22067,
22073, 22079, 22091, 22093, 22109, 22111, 22123, 22129,
22133, 22147, 22153, 22157, 22159, 22171, 22189, 22193,
22229, 22247, 22259, 22271, 22273, 22277, 22279, 22283,
22291, 22303, 22307, 22343, 22349, 22367, 22369, 22381,
22391, 22397, 22409, 22433, 22441, 22447, 22453, 22469,
22481, 22483, 22501, 22511, 22531, 22541, 22543, 22549,
22567, 22571, 22573, 22613, 22619, 22621, 22637, 22639,
22643, 22651, 22669, 22679, 22691, 22697, 22699, 22709,
22717, 22721, 22727, 22739, 22741, 22751, 22769, 22777,
22783, 22787, 22807, 22811, 22817, 22853, 22859, 22861,
22871, 22877, 22901, 22907, 22921, 22937, 22943, 22961,
22963, 22973, 22993, 23003, 23011, 23017, 23021, 23027,
23029, 23039, 23041, 23053, 23057, 23059, 23063, 23071,
23081, 23087, 23099, 23117, 23131, 23143, 23159, 23167,
23173, 23189, 23197, 23201, 23203, 23209, 23227, 23251,
23269, 23279, 23291, 23293, 23297, 23311, 23321, 23327,
23333, 23339, 23357, 23369, 23371, 23399, 23417, 23431,
23447, 23459, 23473, 23497, 23509, 23531, 23537, 23539,
23549, 23557, 23561, 23563, 23567, 23581, 23593, 23599,
23603, 23609, 23623, 23627, 23629, 23633, 23663, 23669,
23671, 23677, 23687, 23689, 23719, 23741, 23743, 23747,
23753, 23761, 23767, 23773, 23789, 23801, 23813, 23819,
23827, 23831, 23833, 23857, 23869, 23873, 23879, 23887,
23893, 23899, 23909, 23911, 23917, 23929, 23957, 23971,
23977, 23981, 23993, 24001, 24007, 24019, 24023, 24029,
24043, 24049, 24061, 24071, 24077, 24083, 24091, 24097,
24103, 24107, 24109, 24113, 24121, 24133, 24137, 24151,
24169, 24179, 24181, 24197, 24203, 24223, 24229, 24239,
24247, 24251, 24281, 24317, 24329, 24337, 24359, 24371,
24373, 24379, 24391, 24407, 24413, 24419, 24421, 24439,
24443, 24469, 24473, 24481, 24499, 24509, 24517, 24527,
24533, 24547, 24551, 24571, 24593, 24611, 24623, 24631,

24659, 24671, 24677, 24683, 24691, 24697, 24709, 24733,
24749, 24763, 24767, 24781, 24793, 24799, 24809, 24821,
24841, 24847, 24851, 24859, 24877, 24889, 24907, 24917,
24919, 24923, 24943, 24953, 24967, 24971, 24977, 24979,
24989, 25013, 25031, 25033, 25037, 25057, 25073, 25087,
25097, 25111, 25117, 25121, 25127, 25147, 25153, 25163,
25169, 25171, 25183, 25189, 25219, 25229, 25237, 25243,
25247, 25253, 25261, 25301, 25303, 25307, 25309, 25321,
25339, 25343, 25349, 25357, 25367, 25373, 25391, 25409,
25411, 25423, 25439, 25447, 25453, 25457, 25463, 25469,
25471, 25523, 25537, 25541, 25561, 25577, 25579, 25583,
25589, 25601, 25603, 25609, 25621, 25633, 25639, 25643,
25657, 25667, 25673, 25679, 25693, 25703, 25717, 25733,
25741, 25747, 25759, 25763, 25771, 25793, 25799, 25801,
25819, 25841, 25847, 25849, 25867, 25873, 25889, 25903,
25913, 25919, 25931, 25933, 25939, 25943, 25951, 25969,
25981, 25997, 25999, 26003, 26017, 26021, 26029, 26041,
26053, 26083, 26099, 26107, 26111, 26113, 26119, 26141,
26153, 26161, 26171, 26177, 26183, 26189, 26203, 26209,
26227, 26237, 26249, 26251, 26261, 26263, 26267, 26293,
26297, 26309, 26317, 26321, 26339, 26347, 26357, 26371,
26387, 26393, 26399, 26407, 26417, 26423, 26431, 26437,
26449, 26459, 26479, 26489, 26497, 26501, 26513, 26539,
26557, 26561, 26573, 26591, 26597, 26627, 26633, 26641,
26647, 26669, 26681, 26683, 26687, 26693, 26699, 26701,
26711, 26713, 26717, 26723, 26729, 26731, 26737, 26759,
26777, 26783, 26801, 26813, 26821, 26833, 26839, 26849,
26861, 26863, 26879, 26881, 26891, 26893, 26903, 26921,
26927, 26947, 26951, 26953, 26959, 26981, 26987, 26993,
27011, 27017, 27031, 27043, 27059, 27061, 27067, 27073,
27077, 27091, 27103, 27107, 27109, 27127, 27143, 27179,
27191, 27197, 27211, 27239, 27241, 27253, 27259, 27271,
27277, 27281, 27283, 27299, 27329, 27337, 27361, 27367,
27397, 27407, 27409, 27427, 27431, 27437, 27449, 27457,
27479, 27481, 27487, 27509, 27527, 27529, 27539, 27541,
27551, 27581, 27583, 27611, 27617, 27631, 27647, 27653,

27673, 27689, 27691, 27697, 27701, 27733, 27737, 27739,
27743, 27749, 27751, 27763, 27767, 27773, 27779, 27791,
27793, 27799, 27803, 27809, 27817, 27823, 27827, 27847,
27851, 27883, 27893, 27901, 27917, 27919, 27941, 27943,
27947, 27953, 27961, 27967, 27983, 27997, 28001, 28019,
28027, 28031, 28051, 28057, 28069, 28081, 28087, 28097,
28099, 28109, 28111, 28123, 28151, 28163, 28181, 28183,
28201, 28211, 28219, 28229, 28277, 28279, 28283, 28289,
28297, 28307, 28309, 28319, 28349, 28351, 28387, 28393,
28403, 28409, 28411, 28429, 28433, 28439, 28447, 28463,
28477, 28493, 28499, 28513, 28517, 28537, 28541, 28547,
28549, 28559, 28571, 28573, 28579, 28591, 28597, 28603,
28607, 28619, 28621, 28627, 28631, 28643, 28649, 28657,
28661, 28663, 28669, 28687, 28697, 28703, 28711, 28723,
28729, 28751, 28753, 28759, 28771, 28789, 28793, 28807,
28813, 28817, 28837, 28843, 28859, 28867, 28871, 28879,
28901, 28909, 28921, 28927, 28933, 28949, 28961, 28979,
29009, 29017, 29021, 29023, 29027, 29033, 29059, 29063,
29077, 29101, 29123, 29129, 29131, 29137, 29147, 29153,
29167, 29173, 29179, 29191, 29201, 29207, 29209, 29221,
29231, 29243, 29251, 29269, 29287, 29297, 29303, 29311,
29327, 29333, 29339, 29347, 29363, 29383, 29387, 29389,
29399, 29401, 29411, 29423, 29429, 29437, 29443, 29453,
29473, 29483, 29501, 29527, 29531, 29537, 29567, 29569,
29573, 29581, 29587, 29599, 29611, 29629, 29633, 29641,
29663, 29669, 29671, 29683, 29717, 29723, 29741, 29753,
29759, 29761, 29789, 29803, 29819, 29833, 29837, 29851,
29863, 29867, 29873, 29879, 29881, 29917, 29921, 29927,
29947, 29959, 29983, 29989, 30011, 30013, 30029, 30047,
30059, 30071, 30089, 30091, 30097, 30103, 30109, 30113,
30119, 30133, 30137, 30139, 30161, 30169, 30181, 30187,
30197, 30203, 30211, 30223, 30241, 30253, 30259, 30269,
30271, 30293, 30307, 30313, 30319, 30323, 30341, 30347,
30367, 30389, 30391, 30403, 30427, 30431, 30449, 30467,
30469, 30491, 30493, 30497, 30509, 30517, 30529, 30539,
30553, 30557, 30559, 30577, 30593, 30631, 30637, 30643,

30649, 30661, 30671, 30677, 30689, 30697, 30703, 30707,
30713, 30727, 30757, 30763, 30773, 30781, 30803, 30809,
30817, 30829, 30839, 30841, 30851, 30853, 30859, 30869,
30871, 30881, 30893, 30911, 30931, 30937, 30941, 30949,
30971, 30977, 30983, 31013, 31019, 31033, 31039, 31051,
31063, 31069, 31079, 31081, 31091, 31121, 31123, 31139,
31147, 31151, 31153, 31159, 31177, 31181, 31183, 31189,
31193, 31219, 31223, 31231, 31237, 31247, 31249, 31253,
31259, 31267, 31271, 31277, 31307, 31319, 31321, 31327,
31333, 31337, 31357, 31379, 31387, 31391, 31393, 31397,
31469, 31477, 31481, 31489, 31511, 31513, 31517, 31531,
31541, 31543, 31547, 31567, 31573, 31583, 31601, 31607,
31627, 31643, 31649, 31657, 31663, 31667, 31687, 31699,
31721, 31723, 31727, 31729, 31741, 31751, 31769, 31771,
31793, 31799, 31817, 31847, 31849, 31859, 31873, 31883,
31891, 31907, 31957, 31963, 31973, 31981, 31991, 32003,
32009, 32027, 32029, 32051, 32057, 32059, 32063, 32069,
32077, 32083, 32089, 32099, 32117, 32119, 32141, 32143,
32159, 32173, 32183, 32189, 32191, 32203, 32213, 32233,
32237, 32251, 32257, 32261, 32297, 32299, 32303, 32309,
32321, 32323, 32327, 32341, 32353, 32359, 32363, 32369,
32371, 32377, 32381, 32401, 32411, 32413, 32423, 32429,
32441, 32443, 32467, 32479, 32491, 32497, 32503, 32507,
32531, 32533, 32537, 32561, 32563, 32569, 32573, 32579,
32587, 32603, 32609, 32611, 32621, 32633, 32647, 32653,
32687, 32693, 32707, 32713, 32717, 32719, 32749, 32771,
32779, 32783, 32789, 32797, 32801, 32803, 32831, 32833,
32839, 32843, 32869, 32887, 32909, 32911, 32917, 32933,
32939, 32941, 32957, 32969, 32971, 32983, 32987, 32993,
32999, 33013, 33023, 33029, 33037, 33049, 33053, 33071,
33073, 33083, 33091, 33107, 33113, 33119, 33149, 33151,
33161, 33179, 33181, 33191, 33199, 33203, 33211, 33223,
33247, 33287, 33289, 33301, 33311, 33317, 33329, 33331,
33343, 33347, 33349, 33353, 33359, 33377, 33391, 33403,
33409, 33413, 33427, 33457, 33461, 33469, 33479, 33487,
33493, 33503, 33521, 33529, 33533, 33547, 33563, 33569,

33577, 33581, 33587, 33589, 33599, 33601, 33613, 33617,
33619, 33623, 33629, 33637, 33641, 33647, 33679, 33703,
33713, 33721, 33739, 33749, 33751, 33757, 33767, 33769,
33773, 33791, 33797, 33809, 33811, 33827, 33829, 33851,
33857, 33863, 33871, 33889, 33893, 33911, 33923, 33931,
33937, 33941, 33961, 33967, 33997, 34019, 34031, 34033,
34039, 34057, 34061, 34123, 34127, 34129, 34141, 34147,
34157, 34159, 34171, 34183, 34211, 34213, 34217, 34231,
34253, 34259, 34261, 34267, 34273, 34283, 34297, 34301,
34303, 34313, 34319, 34327, 34337, 34351, 34361, 34367,
34369, 34381, 34403, 34421, 34429, 34439, 34457, 34469,
34471, 34483, 34487, 34499, 34501, 34511, 34513, 34519,
34537, 34543, 34549, 34583, 34589, 34591, 34603, 34607,
34613, 34631, 34649, 34651, 34667, 34673, 34679, 34687,
34693, 34703, 34721, 34729, 34739, 34747, 34757, 34759,
34763, 34781, 34807, 34819, 34841, 34843, 34847, 34849,
34871, 34877, 34883, 34897, 34913, 34919, 34939, 34949,
34961, 34963, 34981, 35023, 35027, 35051, 35053, 35059,
35069, 35081, 35083, 35089, 35099, 35107, 35111, 35117,
35129, 35141, 35149, 35153, 35159, 35171, 35201, 35221,
35227, 35251, 35257, 35267, 35279, 35281, 35291, 35311,
35317, 35323, 35327, 35339, 35353, 35363, 35381, 35393,
35401, 35407, 35419, 35423, 35437, 35447, 35449, 35461,
35491, 35507, 35509, 35521, 35527, 35531, 35533, 35537,
35543, 35569, 35573, 35591, 35593, 35597, 35603, 35617,
35671, 35677, 35729, 35731, 35747, 35753, 35759, 35771,
35797, 35801, 35803, 35809, 35831, 35837, 35839, 35851,
35863, 35869, 35879, 35897, 35899, 35911, 35923, 35933,
35951, 35963, 35969, 35977, 35983, 35993, 35999, 36007,
36011, 36013, 36017, 36037, 36061, 36067, 36073, 36083,
36097, 36107, 36109, 36131, 36137, 36151, 36161, 36187,
36191, 36209, 36217, 36229, 36241, 36251, 36263, 36269,
36277, 36293, 36299, 36307, 36313, 36319, 36341, 36343,
36353, 36373, 36383, 36389, 36433, 36451, 36457, 36467,
36469, 36473, 36479, 36493, 36497, 36523, 36527, 36529,
36541, 36551, 36559, 36563, 36571, 36583, 36587, 36599,

36607, 36629, 36637, 36643, 36653, 36671, 36677, 36683,
36691, 36697, 36709, 36713, 36721, 36739, 36749, 36761,
36767, 36779, 36781, 36787, 36791, 36793, 36809, 36821,
36833, 36847, 36857, 36871, 36877, 36887, 36899, 36901,
36913, 36919, 36923, 36929, 36931, 36943, 36947, 36973,
36979, 36997, 37003, 37013, 37019, 37021, 37039, 37049,
37057, 37061, 37087, 37097, 37117, 37123, 37139, 37159,
37171, 37181, 37189, 37199, 37201, 37217, 37223, 37243,
37253, 37273, 37277, 37307, 37309, 37313, 37321, 37337,
37339, 37357, 37361, 37363, 37369, 37379, 37397, 37409,
37423, 37441, 37447, 37463, 37483, 37489, 37493, 37501,
37507, 37511, 37517, 37529, 37537, 37547, 37549, 37561,
37567, 37571, 37573, 37579, 37589, 37591, 37607, 37619,
37633, 37643, 37649, 37657, 37663, 37691, 37693, 37699,
37717, 37747, 37781, 37783, 37799, 37811, 37813, 37831,
37847, 37853, 37861, 37871, 37879, 37889, 37897, 37907,
37951, 37957, 37963, 37967, 37987, 37991, 37993, 37997,
38011, 38039, 38047, 38053, 38069, 38083, 38113, 38119,
38149, 38153, 38167, 38177, 38183, 38189, 38197, 38201,
38219, 38231, 38237, 38239, 38261, 38273, 38281, 38287,
38299, 38303, 38317, 38321, 38327, 38329, 38333, 38351,
38371, 38377, 38393, 38431, 38447, 38449, 38453, 38459,
38461, 38501, 38543, 38557, 38561, 38567, 38569, 38593,
38603, 38609, 38611, 38629, 38639, 38651, 38653, 38669,
38671, 38677, 38693, 38699, 38707, 38711, 38713, 38723,
38729, 38737, 38747, 38749, 38767, 38783, 38791, 38803,
38821, 38833, 38839, 38851, 38861, 38867, 38873, 38891,
38903, 38917, 38921, 38923, 38933, 38953, 38959, 38971,
38977, 38993, 39019, 39023, 39041, 39043, 39047, 39079,
39089, 39097, 39103, 39107, 39113, 39119, 39133, 39139,
39157, 39161, 39163, 39181, 39191, 39199, 39209, 39217,
39227, 39229, 39233, 39239, 39241, 39251, 39293, 39301,
39313, 39317, 39323, 39341, 39343, 39359, 39367, 39371,
39373, 39383, 39397, 39409, 39419, 39439, 39443, 39451,
39461, 39499, 39503, 39509, 39511, 39521, 39541, 39551,
39563, 39569, 39581, 39607, 39619, 39623, 39631, 39659,

PRIME PANORAMA

39667, 39671, 39679, 39703, 39709, 39719, 39727, 39733,
39749, 39761, 39769, 39779, 39791, 39799, 39821, 39827,
39829, 39839, 39841, 39847, 39857, 39863, 39869, 39877,
39883, 39887, 39901, 39929, 39937, 39953, 39971, 39979,
39983, 39989, 40009, 40013, 40031, 40037, 40039, 40063,
40087, 40093, 40099, 40111, 40123, 40127, 40129, 40151,
40153, 40163, 40169, 40177, 40189, 40193, 40213, 40231,
40237, 40241, 40253, 40277, 40283, 40289, 40343, 40351,
40357, 40361, 40387, 40423, 40427, 40429, 40433, 40459,
40471, 40483, 40487, 40493, 40499, 40507, 40519, 40529,
40531, 40543, 40559, 40577, 40583, 40591, 40597, 40609,
40627, 40637, 40639, 40693, 40697, 40699, 40709, 40739,
40751, 40759, 40763, 40771, 40787, 40801, 40813, 40819,
40823, 40829, 40841, 40847, 40849, 40853, 40867, 40879,
40883, 40897, 40903, 40927, 40933, 40939, 40949, 40961,
40973, 40993, 41011, 41017, 41023, 41039, 41047, 41051,
41057, 41077, 41081, 41113, 41117, 41131, 41141, 41143,
41149, 41161, 41177, 41179, 41183, 41189, 41201, 41203,
41213, 41221, 41227, 41231, 41233, 41243, 41257, 41263,
41269, 41281, 41299, 41333, 41341, 41351, 41357, 41381,
41387, 41389, 41399, 41411, 41413, 41443, 41453, 41467,
41479, 41491, 41507, 41513, 41519, 41521, 41539, 41543,
41549, 41579, 41593, 41597, 41603, 41609, 41611, 41617,
41621, 41627, 41641, 41647, 41651, 41659, 41669, 41681,
41687, 41719, 41729, 41737, 41759, 41761, 41771, 41777,
41801, 41809, 41813, 41843, 41849, 41851, 41863, 41879,
41887, 41893, 41897, 41903, 41911, 41927, 41941, 41947,
41953, 41957, 41959, 41969, 41981, 41983, 41999, 42013,
42017, 42019, 42023, 42043, 42061, 42071, 42073, 42083,
42089, 42101, 42131, 42139, 42157, 42169, 42179, 42181,
42187, 42193, 42197, 42209, 42221, 42223, 42227, 42239,
42257, 42281, 42283, 42293, 42299, 42307, 42323, 42331,
42337, 42349, 42359, 42373, 42379, 42391, 42397, 42403,
42407, 42409, 42433, 42437, 42443, 42451, 42457, 42461,
42463, 42467, 42473, 42487, 42491, 42499, 42509, 42533,
42557, 42569, 42571, 42577, 42589, 42611, 42641, 42643,

42649, 42667, 42677, 42683, 42689, 42697, 42701, 42703,
42709, 42719, 42727, 42737, 42743, 42751, 42767, 42773,
42787, 42793, 42797, 42821, 42829, 42839, 42841, 42853,
42859, 42863, 42899, 42901, 42923, 42929, 42937, 42943,
42953, 42961, 42967, 42979, 42989, 43003, 43013, 43019,
43037, 43049, 43051, 43063, 43067, 43093, 43103, 43117,
43133, 43151, 43159, 43177, 43189, 43201, 43207, 43223,
43237, 43261, 43271, 43283, 43291, 43313, 43319, 43321,
43331, 43391, 43397, 43399, 43403, 43411, 43427, 43441,
43451, 43457, 43481, 43487, 43499, 43517, 43541, 43543,
43573, 43577, 43579, 43591, 43597, 43607, 43609, 43613,
43627, 43633, 43649, 43651, 43661, 43669, 43691, 43711,
43717, 43721, 43753, 43759, 43777, 43781, 43783, 43787,
43789, 43793, 43801, 43853, 43867, 43889, 43891, 43913,
43933, 43943, 43951, 43961, 43963, 43969, 43973, 43987,
43991, 43997, 44017, 44021, 44027, 44029, 44041, 44053,
44059, 44071, 44087, 44089, 44101, 44111, 44119, 44123,
44129, 44131, 44159, 44171, 44179, 44189, 44201, 44203,
44207, 44221, 44249, 44257, 44263, 44267, 44269, 44273,
44279, 44281, 44293, 44351, 44357, 44371, 44381, 44383,
44389, 44417, 44449, 44453, 44483, 44491, 44497, 44501,
44507, 44519, 44531, 44533, 44537, 44543, 44549, 44563,
44579, 44587, 44617, 44621, 44623, 44633, 44641, 44647,
44651, 44657, 44683, 44687, 44699, 44701, 44711, 44729,
44741, 44753, 44771, 44773, 44777, 44789, 44797, 44809,
44819, 44839, 44843, 44851, 44867, 44879, 44887, 44893,
44909, 44917, 44927, 44939, 44953, 44959, 44963, 44971,
44983, 44987, 45007, 45013, 45053, 45061, 45077, 45083,
45119, 45121, 45127, 45131, 45137, 45139, 45161, 45179,
45181, 45191, 45197, 45233, 45247, 45259, 45263, 45281,
45289, 45293, 45307, 45317, 45319, 45329, 45337, 45341,
45343, 45361, 45377, 45389, 45403, 45413, 45427, 45433,
45439, 45481, 45491, 45497, 45503, 45523, 45533, 45541,
45553, 45557, 45569, 45587, 45589, 45599, 45613, 45631,
45641, 45659, 45667, 45673, 45677, 45691, 45697, 45707,
45737, 45751, 45757, 45763, 45767, 45779, 45817, 45821,

45823, 45827, 45833, 45841, 45853, 45863, 45869, 45887,
45893, 45943, 45949, 45953, 45959, 45971, 45979, 45989,
46021, 46027, 46049, 46051, 46061, 46073, 46091, 46093,
46099, 46103, 46133, 46141, 46147, 46153, 46171, 46181,
46183, 46187, 46199, 46219, 46229, 46237, 46261, 46271,
46273, 46279, 46301, 46307, 46309, 46327, 46337, 46349,
46351, 46381, 46399, 46411, 46439, 46441, 46447, 46451,
46457, 46471, 46477, 46489, 46499, 46507, 46511, 46523,
46549, 46559, 46567, 46573, 46589, 46591, 46601, 46619,
46633, 46639, 46643, 46649, 46663, 46679, 46681, 46687,
46691, 46703, 46723, 46727, 46747, 46751, 46757, 46769,
46771, 46807, 46811, 46817, 46819, 46829, 46831, 46853,
46861, 46867, 46877, 46889, 46901, 46919, 46933, 46957,
46993, 46997, 47017, 47041, 47051, 47057, 47059, 47087,
47093, 47111, 47119, 47123, 47129, 47137, 47143, 47147,
47149, 47161, 47189, 47207, 47221, 47237, 47251, 47269,
47279, 47287, 47293, 47297, 47303, 47309, 47317, 47339,
47351, 47353, 47363, 47381, 47387, 47389, 47407, 47417,
47419, 47431, 47441, 47459, 47491, 47497, 47501, 47507,
47513, 47521, 47527, 47533, 47543, 47563, 47569, 47581,
47591, 47599, 47609, 47623, 47629, 47639, 47653, 47657,
47659, 47681, 47699, 47701, 47711, 47713, 47717, 47737,
47741, 47743, 47777, 47779, 47791, 47797, 47807, 47809,
47819, 47837, 47843, 47857, 47869, 47881, 47903, 47911,
47917, 47933, 47939, 47947, 47951, 47963, 47969, 47977,
47981, 48017, 48023, 48029, 48049, 48073, 48079, 48091,
48109, 48119, 48121, 48131, 48157, 48163, 48179, 48187,
48193, 48197, 48221, 48239, 48247, 48259, 48271, 48281,
48299, 48311, 48313, 48337, 48341, 48353, 48371, 48383,
48397, 48407, 48409, 48413, 48437, 48449, 48463, 48473,
48479, 48481, 48487, 48491, 48497, 48523, 48527, 48533,
48539, 48541, 48563, 48571, 48589, 48593, 48611, 48619,
48623, 48647, 48649, 48661, 48673, 48677, 48679, 48731,
48733, 48751, 48757, 48761, 48767, 48779, 48781, 48787,
48799, 48809, 48817, 48821, 48823, 48847, 48857, 48859,
48869, 48871, 48883, 48889, 48907, 48947, 48953, 48973,

48989, 48991, 49003, 49009, 49019, 49031, 49033, 49037,
49043, 49057, 49069, 49081, 49103, 49109, 49117, 49121,
49123, 49139, 49157, 49169, 49171, 49177, 49193, 49199,
49201, 49207, 49211, 49223, 49253, 49261, 49277, 49279,
49297, 49307, 49331, 49333, 49339, 49363, 49367, 49369,
49391, 49393, 49409, 49411, 49417, 49429, 49433, 49451,
49459, 49463, 49477, 49481, 49499, 49523, 49529, 49531,
49537, 49547, 49549, 49559, 49597, 49603, 49613, 49627,
49633, 49639, 49663, 49667, 49669, 49681, 49697, 49711,
49727, 49739, 49741, 49747, 49757, 49783, 49787, 49789,
49801, 49807, 49811, 49823, 49831, 49843, 49853, 49871,
49877, 49891, 49919, 49921, 49927, 49937, 49939, 49943,
49957, 49991, 49993, 49999, 50021, 50023, 50033, 50047,
50051, 50053, 50069, 50077, 50087, 50093, 50101, 50111,
50119, 50123, 50129, 50131, 50147, 50153, 50159, 50177,
50207, 50221, 50227, 50231, 50261, 50263, 50273, 50287,
50291, 50311, 50321, 50329, 50333, 50341, 50359, 50363,
50377, 50383, 50387, 50411, 50417, 50423, 50441, 50459,
50461, 50497, 50503, 50513, 50527, 50539, 50543, 50549,
50551, 50581, 50587, 50591, 50593, 50599, 50627, 50647,
50651, 50671, 50683, 50707, 50723, 50741, 50753, 50767,
50773, 50777, 50789, 50821, 50833, 50839, 50849, 50857,
50867, 50873, 50891, 50893, 50909, 50923, 50929, 50951,
50957, 50969, 50971, 50989, 50993, 51001, 51031, 51043,
51047, 51059, 51061, 51071, 51109, 51131, 51133, 51137,
51151, 51157, 51169, 51193, 51197, 51199, 51203, 51217,
51229, 51239, 51241, 51257, 51263, 51283, 51287, 51307,
51329, 51341, 51343, 51347, 51349, 51361, 51383, 51407,
51413, 51419, 51421, 51427, 51431, 51437, 51439, 51449,
51461, 51473, 51479, 51481, 51487, 51503, 51511, 51517,
51521, 51539, 51551, 51563, 51577, 51581, 51593, 51599,
51607, 51613, 51631, 51637, 51647, 51659, 51673, 51679,
51683, 51691, 51713, 51719, 51721, 51749, 51767, 51769,
51787, 51797, 51803, 51817, 51827, 51829, 51839, 51853,
51859, 51869, 51871, 51893, 51899, 51907, 51913, 51929,
51941, 51949, 51971, 51973, 51977, 51991, 52009, 52021,

PRIME PANORAMA

52027, 52051, 52057, 52067, 52069, 52081, 52103, 52121,
52127, 52147, 52153, 52163, 52177, 52181, 52183, 52189,
52201, 52223, 52237, 52249, 52253, 52259, 52267, 52289,
52291, 52301, 52313, 52321, 52361, 52363, 52369, 52379,
52387, 52391, 52433, 52453, 52457, 52489, 52501, 52511,
52517, 52529, 52541, 52543, 52553, 52561, 52567, 52571,
52579, 52583, 52609, 52627, 52631, 52639, 52667, 52673,
52691, 52697, 52709, 52711, 52721, 52727, 52733, 52747,
52757, 52769, 52783, 52807, 52813, 52817, 52837, 52859,
52861, 52879, 52883, 52889, 52901, 52903, 52919, 52937,
52951, 52957, 52963, 52967, 52973, 52981, 52999, 53003,
53017, 53047, 53051, 53069, 53077, 53087, 53089, 53093,
53101, 53113, 53117, 53129, 53147, 53149, 53161, 53171,
53173, 53189, 53197, 53201, 53231, 53233, 53239, 53267,
53269, 53279, 53281, 53299, 53309, 53323, 53327, 53353,
53359, 53377, 53381, 53401, 53407, 53411, 53419, 53437,
53441, 53453, 53479, 53503, 53507, 53527, 53549, 53551,
53569, 53591, 53593, 53597, 53609, 53611, 53617, 53623,
53629, 53633, 53639, 53653, 53657, 53681, 53693, 53699,
53717, 53719, 53731, 53759, 53773, 53777, 53783, 53791,
53813, 53819, 53831, 53849, 53857, 53861, 53881, 53887,
53891, 53897, 53899, 53917, 53923, 53927, 53939, 53951,
53959, 53987, 53993, 54001, 54011, 54013, 54037, 54049,
54059, 54083, 54091, 54101, 54121, 54133, 54139, 54151,
54163, 54167, 54181, 54193, 54217, 54251, 54269, 54277,
54287, 54293, 54311, 54319, 54323, 54331, 54347, 54361,
54367, 54371, 54377, 54401, 54403, 54409, 54413, 54419,
54421, 54437, 54443, 54449, 54469, 54493, 54497, 54499,
54503, 54517, 54521, 54539, 54541, 54547, 54559, 54563,
54577, 54581, 54583, 54601, 54617, 54623, 54629, 54631,
54647, 54667, 54673, 54679, 54709, 54713, 54721, 54727,
54751, 54767, 54773, 54779, 54787, 54799, 54829, 54833,
54851, 54869, 54877, 54881, 54907, 54917, 54919, 54941,
54949, 54959, 54973, 54979, 54983, 55001, 55009, 55021,
55049, 55051, 55057, 55061, 55073, 55079, 55103, 55109,
55117, 55127, 55147, 55163, 55171, 55201, 55207, 55213,

55217, 55219, 55229, 55243, 55249, 55259, 55291, 55313,
55331, 55333, 55337, 55339, 55343, 55351, 55373, 55381,
55399, 55411, 55439, 55441, 55457, 55469, 55487, 55501,
55511, 55529, 55541, 55547, 55579, 55589, 55603, 55609,
55619, 55621, 55631, 55633, 55639, 55661, 55663, 55667,
55673, 55681, 55691, 55697, 55711, 55717, 55721, 55733,
55763, 55787, 55793, 55799, 55807, 55813, 55817, 55819,
55823, 55829, 55837, 55843, 55849, 55871, 55889, 55897,
55901, 55903, 55921, 55927, 55931, 55933, 55949, 55967,
55987, 55997, 56003, 56009, 56039, 56041, 56053, 56081,
56087, 56093, 56099, 56101, 56113, 56123, 56131, 56149,
56167, 56171, 56179, 56197, 56207, 56209, 56237, 56239,
56249, 56263, 56267, 56269, 56299, 56311, 56333, 56359,
56369, 56377, 56383, 56393, 56401, 56417, 56431, 56437,
56443, 56453, 56467, 56473, 56477, 56479, 56489, 56501,
56503, 56509, 56519, 56527, 56531, 56533, 56543, 56569,
56591, 56597, 56599, 56611, 56629, 56633, 56659, 56663,
56671, 56681, 56687, 56701, 56711, 56713, 56731, 56737,
56747, 56767, 56773, 56779, 56783, 56807, 56809, 56813,
56821, 56827, 56843, 56857, 56873, 56891, 56893, 56897,
56909, 56911, 56921, 56923, 56929, 56941, 56951, 56957,
56963, 56983, 56989, 56993, 56999, 57037, 57041, 57047,
57059, 57073, 57077, 57089, 57097, 57107, 57119, 57131,
57139, 57143, 57149, 57163, 57173, 57179, 57191, 57193,
57203, 57221, 57223, 57241, 57251, 57259, 57269, 57271,
57283, 57287, 57301, 57329, 57331, 57347, 57349, 57367,
57373, 57383, 57389, 57397, 57413, 57427, 57457, 57467,
57487, 57493, 57503, 57527, 57529, 57557, 57559, 57571,
57587, 57593, 57601, 57637, 57641, 57649, 57653, 57667,
57679, 57689, 57697, 57709, 57713, 57719, 57727, 57731,
57737, 57751, 57773, 57781, 57787, 57791, 57793, 57803,
57809, 57829, 57839, 57847, 57853, 57859, 57881, 57899,
57901, 57917, 57923, 57943, 57947, 57973, 57977, 57991,
58013, 58027, 58031, 58043, 58049, 58057, 58061, 58067,
58073, 58099, 58109, 58111, 58129, 58147, 58151, 58153,
58169, 58171, 58189, 58193, 58199, 58207, 58211, 58217,

58229, 58231, 58237, 58243, 58271, 58309, 58313, 58321,
58337, 58363, 58367, 58369, 58379, 58391, 58393, 58403,
58411, 58417, 58427, 58439, 58441, 58451, 58453, 58477,
58481, 58511, 58537, 58543, 58549, 58567, 58573, 58579,
58601, 58603, 58613, 58631, 58657, 58661, 58679, 58687,
58693, 58699, 58711, 58727, 58733, 58741, 58757, 58763,
58771, 58787, 58789, 58831, 58889, 58897, 58901, 58907,
58909, 58913, 58921, 58937, 58943, 58963, 58967, 58979,
58991, 58997, 59009, 59011, 59021, 59023, 59029, 59051,
59053, 59063, 59069, 59077, 59083, 59093, 59107, 59113,
59119, 59123, 59141, 59149, 59159, 59167, 59183, 59197,
59207, 59209, 59219, 59221, 59233, 59239, 59243, 59263,
59273, 59281, 59333, 59341, 59351, 59357, 59359, 59369,
59377, 59387, 59393, 59399, 59407, 59417, 59419, 59441,
59443, 59447, 59453, 59467, 59471, 59473, 59497, 59509,
59513, 59539, 59557, 59561, 59567, 59581, 59611, 59617,
59621, 59627, 59629, 59651, 59659, 59663, 59669, 59671,
59693, 59699, 59707, 59723, 59729, 59743, 59747, 59753,
59771, 59779, 59791, 59797, 59809, 59833, 59863, 59879,
59887, 59921, 59929, 59951, 59957, 59971, 59981, 59999,
60013, 60017, 60029, 60037, 60041, 60077, 60083, 60089,
60091, 60101, 60103, 60107, 60127, 60133, 60139, 60149,
60161, 60167, 60169, 60209, 60217, 60223, 60251, 60257,
60259, 60271, 60289, 60293, 60317, 60331, 60337, 60343,
60353, 60373, 60383, 60397, 60413, 60427, 60443, 60449,
60457, 60493, 60497, 60509, 60521, 60527, 60539, 60589,
60601, 60607, 60611, 60617, 60623, 60631, 60637, 60647,
60649, 60659, 60661, 60679, 60689, 60703, 60719, 60727,
60733, 60737, 60757, 60761, 60763, 60773, 60779, 60793,
60811, 60821, 60859, 60869, 60887, 60889, 60899, 60901,
60913, 60917, 60919, 60923, 60937, 60943, 60953, 60961,
61001, 61007, 61027, 61031, 61043, 61051, 61057, 61091,
61099, 61121, 61129, 61141, 61151, 61153, 61169, 61211,
61223, 61231, 61253, 61261, 61283, 61291, 61297, 61331,
61333, 61339, 61343, 61357, 61363, 61379, 61381, 61403,
61409, 61417, 61441, 61463, 61469, 61471, 61483, 61487,

61493, 61507, 61511, 61519, 61543, 61547, 61553, 61559,
61561, 61583, 61603, 61609, 61613, 61627, 61631, 61637,
61643, 61651, 61657, 61667, 61673, 61681, 61687, 61703,
61717, 61723, 61729, 61751, 61757, 61781, 61813, 61819,
61837, 61843, 61861, 61871, 61879, 61909, 61927, 61933,
61949, 61961, 61967, 61979, 61981, 61987, 61991, 62003,
62011, 62017, 62039, 62047, 62053, 62057, 62071, 62081,
62099, 62119, 62129, 62131, 62137, 62141, 62143, 62171,
62189, 62191, 62201, 62207, 62213, 62219, 62233, 62273,
62297, 62299, 62303, 62311, 62323, 62327, 62347, 62351,
62383, 62401, 62417, 62423, 62459, 62467, 62473, 62477,
62483, 62497, 62501, 62507, 62533, 62539, 62549, 62563,
62581, 62591, 62597, 62603, 62617, 62627, 62633, 62639,
62653, 62659, 62683, 62687, 62701, 62723, 62731, 62743,
62753, 62761, 62773, 62791, 62801, 62819, 62827, 62851,
62861, 62869, 62873, 62897, 62903, 62921, 62927, 62929,
62939, 62969, 62971, 62981, 62983, 62987, 62989, 63029,
63031, 63059, 63067, 63073, 63079, 63097, 63103, 63113,
63127, 63131, 63149, 63179, 63197, 63199, 63211, 63241,
63247, 63277, 63281, 63299, 63311, 63313, 63317, 63331,
63337, 63347, 63353, 63361, 63367, 63377, 63389, 63391,
63397, 63409, 63419, 63421, 63439, 63443, 63463, 63467,
63473, 63487, 63493, 63499, 63521, 63527, 63533, 63541,
63559, 63577, 63587, 63589, 63599, 63601, 63607, 63611,
63617, 63629, 63647, 63649, 63659, 63667, 63671, 63689,
63691, 63697, 63703, 63709, 63719, 63727, 63737, 63743,
63761, 63773, 63781, 63793, 63799, 63803, 63809, 63823,
63839, 63841, 63853, 63857, 63863, 63901, 63907, 63913,
63929, 63949, 63977, 63997, 64007, 64013, 64019, 64033,
64037, 64063, 64067, 64081, 64091, 64109, 64123, 64151,
64153, 64157, 64171, 64187, 64189, 64217, 64223, 64231,
64237, 64271, 64279, 64283, 64301, 64303, 64319, 64327,
64333, 64373, 64381, 64399, 64403, 64433, 64439, 64451,
64453, 64483, 64489, 64499, 64513, 64553, 64567, 64577,
64579, 64591, 64601, 64609, 64613, 64621, 64627, 64633,
64661, 64663, 64667, 64679, 64693, 64709, 64717, 64747,

64763, 64781, 64783, 64793, 64811, 64817, 64849, 64853,
64871, 64877, 64879, 64891, 64901, 64919, 64921, 64927,
64937, 64951, 64969, 64997, 65003, 65011, 65027, 65029,
65033, 65053, 65063, 65071, 65089, 65099, 65101, 65111,
65119, 65123, 65129, 65141, 65147, 65167, 65171, 65173,
65179, 65183, 65203, 65213, 65239, 65257, 65267, 65269,
65287, 65293, 65309, 65323, 65327, 65353, 65357, 65371,
65381, 65393, 65407, 65413, 65419, 65423, 65437, 65447,
65449, 65479, 65497, 65519, 65521, 65537, 65539, 65543,
65551, 65557, 65563, 65579, 65581, 65587, 65599, 65609,
65617, 65629, 65633, 65647, 65651, 65657, 65677, 65687,
65699, 65701, 65707, 65713, 65717, 65719, 65729, 65731,
65761, 65777, 65789, 65809, 65827, 65831, 65837, 65839,
65843, 65851, 65867, 65881, 65899, 65921, 65927, 65929,
65951, 65957, 65963, 65981, 65983, 65993, 66029, 66037,
66041, 66047, 66067, 66071, 66083, 66089, 66103, 66107,
66109, 66137, 66161, 66169, 66173, 66179, 66191, 66221,
66239, 66271, 66293, 66301, 66337, 66343, 66347, 66359,
66361, 66373, 66377, 66383, 66403, 66413, 66431, 66449,
66457, 66463, 66467, 66491, 66499, 66509, 66523, 66529,
66533, 66541, 66553, 66569, 66571, 66587, 66593, 66601,
66617, 66629, 66643, 66653, 66683, 66697, 66701, 66713,
66721, 66733, 66739, 66749, 66751, 66763, 66791, 66797,
66809, 66821, 66841, 66851, 66853, 66863, 66877, 66883,
66889, 66919, 66923, 66931, 66943, 66947, 66949, 66959,
66973, 66977, 67003, 67021, 67033, 67043, 67049, 67057,
67061, 67073, 67079, 67103, 67121, 67129, 67139, 67141,
67153, 67157, 67169, 67181, 67187, 67189, 67211, 67213,
67217, 67219, 67231, 67247, 67261, 67271, 67273, 67289,
67307, 67339, 67343, 67349, 67369, 67391, 67399, 67409,
67411, 67421, 67427, 67429, 67433, 67447, 67453, 67477,
67481, 67489, 67493, 67499, 67511, 67523, 67531, 67537,
67547, 67559, 67567, 67577, 67579, 67589, 67601, 67607,
67619, 67631, 67651, 67679, 67699, 67709, 67723, 67733,
67741, 67751, 67757, 67759, 67763, 67777, 67783, 67789,
67801, 67807, 67819, 67829, 67843, 67853, 67867, 67883,

67891, 67901, 67927, 67931, 67933, 67939, 67943, 67957,
67961, 67967, 67979, 67987, 67993, 68023, 68041, 68053,
68059, 68071, 68087, 68099, 68111, 68113, 68141, 68147,
68161, 68171, 68207, 68209, 68213, 68219, 68227, 68239,
68261, 68279, 68281, 68311, 68329, 68351, 68371, 68389,
68399, 68437, 68443, 68447, 68449, 68473, 68477, 68483,
68489, 68491, 68501, 68507, 68521, 68531, 68539, 68543,
68567, 68581, 68597, 68611, 68633, 68639, 68659, 68669,
68683, 68687, 68699, 68711, 68713, 68729, 68737, 68743,
68749, 68767, 68771, 68777, 68791, 68813, 68819, 68821,
68863, 68879, 68881, 68891, 68897, 68899, 68903, 68909,
68917, 68927, 68947, 68963, 68993, 69001, 69011, 69019,
69029, 69031, 69061, 69067, 69073, 69109, 69119, 69127,
69143, 69149, 69151, 69163, 69191, 69193, 69197, 69203,
69221, 69233, 69239, 69247, 69257, 69259, 69263, 69313,
69317, 69337, 69341, 69371, 69379, 69383, 69389, 69401,
69403, 69427, 69431, 69439, 69457, 69463, 69467, 69473,
69481, 69491, 69493, 69497, 69499, 69539, 69557, 69593,
69623, 69653, 69661, 69677, 69691, 69697, 69709, 69737,
69739, 69761, 69763, 69767, 69779, 69809, 69821, 69827,
69829, 69833, 69847, 69857, 69859, 69877, 69899, 69911,
69929, 69931, 69941, 69959, 69991, 69997, 70001, 70003,
70009, 70019, 70039, 70051, 70061, 70067, 70079, 70099,
70111, 70117, 70121, 70123, 70139, 70141, 70157, 70163,
70177, 70181, 70183, 70199, 70201, 70207, 70223, 70229,
70237, 70241, 70249, 70271, 70289, 70297, 70309, 70313,
70321, 70327, 70351, 70373, 70379, 70381, 70393, 70423,
70429, 70439, 70451, 70457, 70459, 70481, 70487, 70489,
70501, 70507, 70529, 70537, 70549, 70571, 70573, 70583,
70589, 70607, 70619, 70621, 70627, 70639, 70657, 70663,
70667, 70687, 70709, 70717, 70729, 70753, 70769, 70783,
70793, 70823, 70841, 70843, 70849, 70853, 70867, 70877,
70879, 70891, 70901, 70913, 70919, 70921, 70937, 70949,
70951, 70957, 70969, 70979, 70981, 70991, 70997, 70999,
71011, 71023, 71039, 71059, 71069, 71081, 71089, 71119,
71129, 71143, 71147, 71153, 71161, 71167, 71171, 71191,

71209, 71233, 71237, 71249, 71257, 71261, 71263, 71287,
71293, 71317, 71327, 71329, 71333, 71339, 71341, 71347,
71353, 71359, 71363, 71387, 71389, 71399, 71411, 71413,
71419, 71429, 71437, 71443, 71453, 71471, 71473, 71479,
71483, 71503, 71527, 71537, 71549, 71551, 71563, 71569,
71593, 71597, 71633, 71647, 71663, 71671, 71693, 71699,
71707, 71711, 71713, 71719, 71741, 71761, 71777, 71789,
71807, 71809, 71821, 71837, 71843, 71849, 71861, 71867,
71879, 71881, 71887, 71899, 71909, 71917, 71933, 71941,
71947, 71963, 71971, 71983, 71987, 71993, 71999, 72019,
72031, 72043, 72047, 72053, 72073, 72077, 72089, 72091,
72101, 72103, 72109, 72139, 72161, 72167, 72169, 72173,
72211, 72221, 72223, 72227, 72229, 72251, 72253, 72269,
72271, 72277, 72287, 72307, 72313, 72337, 72341, 72353,
72367, 72379, 72383, 72421, 72431, 72461, 72467, 72469,
72481, 72493, 72497, 72503, 72533, 72547, 72551, 72559,
72577, 72613, 72617, 72623, 72643, 72647, 72649, 72661,
72671, 72673, 72679, 72689, 72701, 72707, 72719, 72727,
72733, 72739, 72763, 72767, 72797, 72817, 72823, 72859,
72869, 72871, 72883, 72889, 72893, 72901, 72907, 72911,
72923, 72931, 72937, 72949, 72953, 72959, 72973, 72977,
72997, 73009, 73013, 73019, 73037, 73039, 73043, 73061,
73063, 73079, 73091, 73121, 73127, 73133, 73141, 73181,
73189, 73237, 73243, 73259, 73277, 73291, 73303, 73309,
73327, 73331, 73351, 73361, 73363, 73369, 73379, 73387,
73417, 73421, 73433, 73453, 73459, 73471, 73477, 73483,
73517, 73523, 73529, 73547, 73553, 73561, 73571, 73583,
73589, 73597, 73607, 73609, 73613, 73637, 73643, 73651,
73673, 73679, 73681, 73693, 73699, 73709, 73721, 73727,
73751, 73757, 73771, 73783, 73819, 73823, 73847, 73849,
73859, 73867, 73877, 73883, 73897, 73907, 73939, 73943,
73951, 73961, 73973, 73999, 74017, 74021, 74027, 74047,
74051, 74071, 74077, 74093, 74099, 74101, 74131, 74143,
74149, 74159, 74161, 74167, 74177, 74189, 74197, 74201,
74203, 74209, 74219, 74231, 74257, 74279, 74287, 74293,
74297, 74311, 74317, 74323, 74353, 74357, 74363, 74377,

74381, 74383, 74411, 74413, 74419, 74441, 74449, 74453,
74471, 74489, 74507, 74509, 74521, 74527, 74531, 74551,
74561, 74567, 74573, 74587, 74597, 74609, 74611, 74623,
74653, 74687, 74699, 74707, 74713, 74717, 74719, 74729,
74731, 74747, 74759, 74761, 74771, 74779, 74797, 74821,
74827, 74831, 74843, 74857, 74861, 74869, 74873, 74887,
74891, 74897, 74903, 74923, 74929, 74933, 74941, 74959,
75011, 75013, 75017, 75029, 75037, 75041, 75079, 75083,
75109, 75133, 75149, 75161, 75167, 75169, 75181, 75193,
75209, 75211, 75217, 75223, 75227, 75239, 75253, 75269,
75277, 75289, 75307, 75323, 75329, 75337, 75347, 75353,
75367, 75377, 75389, 75391, 75401, 75403, 75407, 75431,
75437, 75479, 75503, 75511, 75521, 75527, 75533, 75539,
75541, 75553, 75557, 75571, 75577, 75583, 75611, 75617,
75619, 75629, 75641, 75653, 75659, 75679, 75683, 75689,
75703, 75707, 75709, 75721, 75731, 75743, 75767, 75773,
75781, 75787, 75793, 75797, 75821, 75833, 75853, 75869,
75883, 75913, 75931, 75937, 75941, 75967, 75979, 75983,
75989, 75991, 75997, 76001, 76003, 76031, 76039, 76079,
76081, 76091, 76099, 76103, 76123, 76129, 76147, 76157,
76159, 76163, 76207, 76213, 76231, 76243, 76249, 76253,
76259, 76261, 76283, 76289, 76303, 76333, 76343, 76367,
76369, 76379, 76387, 76403, 76421, 76423, 76441, 76463,
76471, 76481, 76487, 76493, 76507, 76511, 76519, 76537,
76541, 76543, 76561, 76579, 76597, 76603, 76607, 76631,
76649, 76651, 76667, 76673, 76679, 76697, 76717, 76733,
76753, 76757, 76771, 76777, 76781, 76801, 76819, 76829,
76831, 76837, 76847, 76871, 76873, 76883, 76907, 76913,
76919, 76943, 76949, 76961, 76963, 76991, 77003, 77017,
77023, 77029, 77041, 77047, 77069, 77081, 77093, 77101,
77137, 77141, 77153, 77167, 77171, 77191, 77201, 77213,
77237, 77239, 77243, 77249, 77261, 77263, 77267, 77269,
77279, 77291, 77317, 77323, 77339, 77347, 77351, 77359,
77369, 77377, 77383, 77417, 77419, 77431, 77447, 77471,
77477, 77479, 77489, 77491, 77509, 77513, 77521, 77527,
77543, 77549, 77551, 77557, 77563, 77569, 77573, 77587,

PRIME PANORAMA

77591, 77611, 77617, 77621, 77641, 77647, 77659, 77681,
77687, 77689, 77699, 77711, 77713, 77719, 77723, 77731,
77743, 77747, 77761, 77773, 77783, 77797, 77801, 77813,
77839, 77849, 77863, 77867, 77893, 77899, 77929, 77933,
77951, 77969, 77977, 77983, 77999, 78007, 78017, 78031,
78041, 78049, 78059, 78079, 78101, 78121, 78137, 78139,
78157, 78163, 78167, 78173, 78179, 78191, 78193, 78203,
78229, 78233, 78241, 78259, 78277, 78283, 78301, 78307,
78311, 78317, 78341, 78347, 78367, 78401, 78427, 78437,
78439, 78467, 78479, 78487, 78497, 78509, 78511, 78517,
78539, 78541, 78553, 78569, 78571, 78577, 78583, 78593,
78607, 78623, 78643, 78649, 78653, 78691, 78697, 78707,
78713, 78721, 78737, 78779, 78781, 78787, 78791, 78797,
78803, 78809, 78823, 78839, 78853, 78857, 78877, 78887,
78889, 78893, 78901, 78919, 78929, 78941, 78977, 78979,
78989, 79031, 79039, 79043, 79063, 79087, 79103, 79111,
79133, 79139, 79147, 79151, 79153, 79159, 79181, 79187,
79193, 79201, 79229, 79231, 79241, 79259, 79273, 79279,
79283, 79301, 79309, 79319, 79333, 79337, 79349, 79357,
79367, 79379, 79393, 79397, 79399, 79411, 79423, 79427,
79433, 79451, 79481, 79493, 79531, 79537, 79549, 79559,
79561, 79579, 79589, 79601, 79609, 79613, 79621, 79627,
79631, 79633, 79657, 79669, 79687, 79691, 79693, 79697,
79699, 79757, 79769, 79777, 79801, 79811, 79813, 79817,
79823, 79829, 79841, 79843, 79847, 79861, 79867, 79873,
79889, 79901, 79903, 79907, 79939, 79943, 79967, 79973,
79979, 79987, 79997, 79999, 80021, 80039, 80051, 80071,
80077, 80107, 80111, 80141, 80147, 80149, 80153, 80167,
80173, 80177, 80191, 80207, 80209, 80221, 80231, 80233,
80239, 80251, 80263, 80273, 80279, 80287, 80309, 80317,
80329, 80341, 80347, 80363, 80369, 80387, 80407, 80429,
80447, 80449, 80471, 80473, 80489, 80491, 80513, 80527,
80537, 80557, 80567, 80599, 80603, 80611, 80621, 80627,
80629, 80651, 80657, 80669, 80671, 80677, 80681, 80683,
80687, 80701, 80713, 80737, 80747, 80749, 80761, 80777,
80779, 80783, 80789, 80803, 80809, 80819, 80831, 80833,

80849, 80863, 80897, 80909, 80911, 80917, 80923, 80929,
80933, 80953, 80963, 80989, 81001, 81013, 81017, 81019,
81023, 81031, 81041, 81043, 81047, 81049, 81071, 81077,
81083, 81097, 81101, 81119, 81131, 81157, 81163, 81173,
81181, 81197, 81199, 81203, 81223, 81233, 81239, 81281,
81283, 81293, 81299, 81307, 81331, 81343, 81349, 81353,
81359, 81371, 81373, 81401, 81409, 81421, 81439, 81457,
81463, 81509, 81517, 81527, 81533, 81547, 81551, 81553,
81559, 81563, 81569, 81611, 81619, 81629, 81637, 81647,
81649, 81667, 81671, 81677, 81689, 81701, 81703, 81707,
81727, 81737, 81749, 81761, 81769, 81773, 81799, 81817,
81839, 81847, 81853, 81869, 81883, 81899, 81901, 81919,
81929, 81931, 81937, 81943, 81953, 81967, 81971, 81973,
82003, 82007, 82009, 82013, 82021, 82031, 82037, 82039,
82051, 82067, 82073, 82129, 82139, 82141, 82153, 82163,
82171, 82183, 82189, 82193, 82207, 82217, 82219, 82223,
82231, 82237, 82241, 82261, 82267, 82279, 82301, 82307,
82339, 82349, 82351, 82361, 82373, 82387, 82393, 82421,
82457, 82463, 82469, 82471, 82483, 82487, 82493, 82499,
82507, 82529, 82531, 82549, 82559, 82561, 82567, 82571,
82591, 82601, 82609, 82613, 82619, 82633, 82651, 82657,
82699, 82721, 82723, 82727, 82729, 82757, 82759, 82763,
82781, 82787, 82793, 82799, 82811, 82813, 82837, 82847,
82883, 82889, 82891, 82903, 82913, 82939, 82963, 82981,
82997, 83003, 83009, 83023, 83047, 83059, 83063, 83071,
83077, 83089, 83093, 83101, 83117, 83137, 83177, 83203,
83207, 83219, 83221, 83227, 83231, 83233, 83243, 83257,
83267, 83269, 83273, 83299, 83311, 83339, 83341, 83357,
83383, 83389, 83399, 83401, 83407, 83417, 83423, 83431,
83437, 83443, 83449, 83459, 83471, 83477, 83497, 83537,
83557, 83561, 83563, 83579, 83591, 83597, 83609, 83617,
83621, 83639, 83641, 83653, 83663, 83689, 83701, 83717,
83719, 83737, 83761, 83773, 83777, 83791, 83813, 83833,
83843, 83857, 83869, 83873, 83891, 83903, 83911, 83921,
83933, 83939, 83969, 83983, 83987, 84011, 84017, 84047,
84053, 84059, 84061, 84067, 84089, 84121, 84127, 84131,

84137, 84143, 84163, 84179, 84181, 84191, 84199, 84211,
84221, 84223, 84229, 84239, 84247, 84263, 84299, 84307,
84313, 84317, 84319, 84347, 84349, 84377, 84389, 84391,
84401, 84407, 84421, 84431, 84437, 84443, 84449, 84457,
84463, 84467, 84481, 84499, 84503, 84509, 84521, 84523,
84533, 84551, 84559, 84589, 84629, 84631, 84649, 84653,
84659, 84673, 84691, 84697, 84701, 84713, 84719, 84731,
84737, 84751, 84761, 84787, 84793, 84809, 84811, 84827,
84857, 84859, 84869, 84871, 84913, 84919, 84947, 84961,
84967, 84977, 84979, 84991, 85009, 85021, 85027, 85037,
85049, 85061, 85081, 85087, 85091, 85093, 85103, 85109,
85121, 85133, 85147, 85159, 85193, 85199, 85201, 85213,
85223, 85229, 85237, 85243, 85247, 85259, 85297, 85303,
85313, 85331, 85333, 85361, 85363, 85369, 85381, 85411,
85427, 85429, 85439, 85447, 85451, 85453, 85469, 85487,
85513, 85517, 85523, 85531, 85549, 85571, 85577, 85597,
85601, 85607, 85619, 85621, 85627, 85639, 85643, 85661,
85667, 85669, 85691, 85703, 85711, 85717, 85733, 85751,
85781, 85793, 85817, 85819, 85829, 85831, 85837, 85843,
85847, 85853, 85889, 85903, 85909, 85931, 85933, 85991,
85999, 86011, 86017, 86027, 86029, 86069, 86077, 86083,
86111, 86113, 86117, 86131, 86137, 86143, 86161, 86171,
86179, 86183, 86197, 86201, 86209, 86239, 86243, 86249,
86257, 86263, 86269, 86287, 86291, 86293, 86297, 86311,
86323, 86341, 86351, 86353, 86357, 86369, 86371, 86381,
86389, 86399, 86413, 86423, 86441, 86453, 86461, 86467,
86477, 86491, 86501, 86509, 86531, 86533, 86539, 86561,
86573, 86579, 86587, 86599, 86627, 86629, 86677, 86689,
86693, 86711, 86719, 86729, 86743, 86753, 86767, 86771,
86783, 86813, 86837, 86843, 86851, 86857, 86861, 86869,
86923, 86927, 86929, 86939, 86951, 86959, 86969, 86981,
86993, 87011, 87013, 87037, 87041, 87049, 87071, 87083,
87103, 87107, 87119, 87121, 87133, 87149, 87151, 87179,
87181, 87187, 87211, 87221, 87223, 87251, 87253, 87257,
87277, 87281, 87293, 87299, 87313, 87317, 87323, 87337,
87359, 87383, 87403, 87407, 87421, 87427, 87433, 87443,

87473, 87481, 87491, 87509, 87511, 87517, 87523, 87539,
87541, 87547, 87553, 87557, 87559, 87583, 87587, 87589,
87613, 87623, 87629, 87631, 87641, 87643, 87649, 87671,
87679, 87683, 87691, 87697, 87701, 87719, 87721, 87739,
87743, 87751, 87767, 87793, 87797, 87803, 87811, 87833,
87853, 87869, 87877, 87881, 87887, 87911, 87917, 87931,
87943, 87959, 87961, 87973, 87977, 87991, 88001, 88003,
88007, 88019, 88037, 88069, 88079, 88093, 88117, 88129,
88169, 88177, 88211, 88223, 88237, 88241, 88259, 88261,
88289, 88301, 88321, 88327, 88337, 88339, 88379, 88397,
88411, 88423, 88427, 88463, 88469, 88471, 88493, 88499,
88513, 88523, 88547, 88589, 88591, 88607, 88609, 88643,
88651, 88657, 88661, 88663, 88667, 88681, 88721, 88729,
88741, 88747, 88771, 88789, 88793, 88799, 88801, 88807,
88811, 88813, 88817, 88819, 88843, 88853, 88861, 88867,
88873, 88883, 88897, 88903, 88919, 88937, 88951, 88969,
88993, 88997, 89003, 89009, 89017, 89021, 89041, 89051,
89057, 89069, 89071, 89083, 89087, 89101, 89107, 89113,
89119, 89123, 89137, 89153, 89189, 89203, 89209, 89213,
89227, 89231, 89237, 89261, 89269, 89273, 89293, 89303,
89317, 89329, 89363, 89371, 89381, 89387, 89393, 89399,
89413, 89417, 89431, 89443, 89449, 89459, 89477, 89491,
89501, 89513, 89519, 89521, 89527, 89533, 89561, 89563,
89567, 89591, 89597, 89599, 89603, 89611, 89627, 89633,
89653, 89657, 89659, 89669, 89671, 89681, 89689, 89753,
89759, 89767, 89779, 89783, 89797, 89809, 89819, 89821,
89833, 89839, 89849, 89867, 89891, 89897, 89899, 89909,
89917, 89923, 89939, 89959, 89963, 89977, 89983, 89989,
90001, 90007, 90011, 90017, 90019, 90023, 90031, 90053,
90059, 90067, 90071, 90073, 90089, 90107, 90121, 90127,
90149, 90163, 90173, 90187, 90191, 90197, 90199, 90203,
90217, 90227, 90239, 90247, 90263, 90271, 90281, 90289,
90313, 90353, 90359, 90371, 90373, 90379, 90397, 90401,
90403, 90407, 90437, 90439, 90469, 90473, 90481, 90499,
90511, 90523, 90527, 90529, 90533, 90547, 90583, 90599,
90617, 90619, 90631, 90641, 90647, 90659, 90677, 90679,

90697, 90703, 90709, 90731, 90749, 90787, 90793, 90803,
90821, 90823, 90833, 90841, 90847, 90863, 90887, 90901,
90907, 90911, 90917, 90931, 90947, 90971, 90977, 90989,
90997, 91009, 91019, 91033, 91079, 91081, 91097, 91099,
91121, 91127, 91129, 91139, 91141, 91151, 91153, 91159,
91163, 91183, 91193, 91199, 91229, 91237, 91243, 91249,
91253, 91283, 91291, 91297, 91303, 91309, 91331, 91367,
91369, 91373, 91381, 91387, 91393, 91397, 91411, 91423,
91433, 91453, 91457, 91459, 91463, 91493, 91499, 91513,
91529, 91541, 91571, 91573, 91577, 91583, 91591, 91621,
91631, 91639, 91673, 91691, 91703, 91711, 91733, 91753,
91757, 91771, 91781, 91801, 91807, 91811, 91813, 91823,
91837, 91841, 91867, 91873, 91909, 91921, 91939, 91943,
91951, 91957, 91961, 91967, 91969, 91997, 92003, 92009,
92033, 92041, 92051, 92077, 92083, 92107, 92111, 92119,
92143, 92153, 92173, 92177, 92179, 92189, 92203, 92219,
92221, 92227, 92233, 92237, 92243, 92251, 92269, 92297,
92311, 92317, 92333, 92347, 92353, 92357, 92363, 92369,
92377, 92381, 92383, 92387, 92399, 92401, 92413, 92419,
92431, 92459, 92461, 92467, 92479, 92489, 92503, 92507,
92551, 92557, 92567, 92569, 92581, 92593, 92623, 92627,
92639, 92641, 92647, 92657, 92669, 92671, 92681, 92683,
92693, 92699, 92707, 92717, 92723, 92737, 92753, 92761,
92767, 92779, 92789, 92791, 92801, 92809, 92821, 92831,
92849, 92857, 92861, 92863, 92867, 92893, 92899, 92921,
92927, 92941, 92951, 92957, 92959, 92987, 92993, 93001,
93047, 93053, 93059, 93077, 93083, 93089, 93097, 93103,
93113, 93131, 93133, 93139, 93151, 93169, 93179, 93187,
93199, 93229, 93239, 93241, 93251, 93253, 93257, 93263,
93281, 93283, 93287, 93307, 93319, 93323, 93329, 93337,
93371, 93377, 93383, 93407, 93419, 93427, 93463, 93479,
93481, 93487, 93491, 93493, 93497, 93503, 93523, 93529,
93553, 93557, 93559, 93563, 93581, 93601, 93607, 93629,
93637, 93683, 93701, 93703, 93719, 93739, 93761, 93763,
93787, 93809, 93811, 93827, 93851, 93871, 93887, 93889,
93893, 93901, 93911, 93913, 93923, 93937, 93941, 93949,

93967, 93971, 93979, 93983, 93997, 94007, 94009, 94033,
94049, 94057, 94063, 94079, 94099, 94109, 94111, 94117,
94121, 94151, 94153, 94169, 94201, 94207, 94219, 94229,
94253, 94261, 94273, 94291, 94307, 94309, 94321, 94327,
94331, 94343, 94349, 94351, 94379, 94397, 94399, 94421,
94427, 94433, 94439, 94441, 94447, 94463, 94477, 94483,
94513, 94529, 94531, 94541, 94543, 94547, 94559, 94561,
94573, 94583, 94597, 94603, 94613, 94621, 94649, 94651,
94687, 94693, 94709, 94723, 94727, 94747, 94771, 94777,
94781, 94789, 94793, 94811, 94819, 94823, 94837, 94841,
94847, 94849, 94873, 94889, 94903, 94907, 94933, 94949,
94951, 94961, 94993, 94999, 95003, 95009, 95021, 95027,
95063, 95071, 95083, 95087, 95089, 95093, 95101, 95107,
95111, 95131, 95143, 95153, 95177, 95189, 95191, 95203,
95213, 95219, 95231, 95233, 95239, 95257, 95261, 95267,
95273, 95279, 95287, 95311, 95317, 95327, 95339, 95369,
95383, 95393, 95401, 95413, 95419, 95429, 95441, 95443,
95461, 95467, 95471, 95479, 95483, 95507, 95527, 95531,
95539, 95549, 95561, 95569, 95581, 95597, 95603, 95617,
95621, 95629, 95633, 95651, 95701, 95707, 95713, 95717,
95723, 95731, 95737, 95747, 95773, 95783, 95789, 95791,
95801, 95803, 95813, 95819, 95857, 95869, 95873, 95881,
95891, 95911, 95917, 95923, 95929, 95947, 95957, 95959,
95971, 95987, 95989, 96001, 96013, 96017, 96043, 96053,
96059, 96079, 96097, 96137, 96149, 96157, 96167, 96179,
96181, 96199, 96211, 96221, 96223, 96233, 96259, 96263,
96269, 96281, 96289, 96293, 96323, 96329, 96331, 96337,
96353, 96377, 96401, 96419, 96431, 96443, 96451, 96457,
96461, 96469, 96479, 96487, 96493, 96497, 96517, 96527,
96553, 96557, 96581, 96587, 96589, 96601, 96643, 96661,
96667, 96671, 96697, 96703, 96731, 96737, 96739, 96749,
96757, 96763, 96769, 96779, 96787, 96797, 96799, 96821,
96823, 96827, 96847, 96851, 96857, 96893, 96907, 96911,
96931, 96953, 96959, 96973, 96979, 96989, 96997, 97001,
97003, 97007, 97021, 97039, 97073, 97081, 97103, 97117,
97127,

PRIME PANORAMA

97151, 97157, 97159, 97169, 97171, 97177, 97187, 97213,
97231, 97241, 97259, 97283, 97301, 97303, 97327, 97367,
97369, 97373, 97379, 97381, 97387, 97397, 97423, 97429,
97441, 97453, 97459, 97463, 97499, 97501, 97511, 97523,
97547, 97549, 97553, 97561, 97571, 97577, 97579, 97583,
97607, 97609, 97613, 97649, 97651, 97673, 97687, 97711,
97729, 97771, 97777, 97787, 97789, 97813, 97829, 97841,
97843, 97847, 97849, 97859, 97861, 97871, 97879, 97883,
97919, 97927, 97931, 97943, 97961, 97967, 97973, 97987,
98009, 98011, 98017, 98041, 98047, 98057, 98081, 98101,
98123, 98129, 98143, 98179, 98207, 98213, 98221, 98227,
98251, 98257, 98269, 98297, 98299, 98317, 98321, 98323,
98327, 98347, 98369, 98377, 98387, 98389, 98407, 98411,
98419, 98429, 98443, 98453, 98459, 98467, 98473, 98479,
98491, 98507, 98519, 98533, 98543, 98561, 98563, 98573,
98597, 98621, 98627, 98639, 98641, 98663, 98669, 98689,
98711, 98713, 98717, 98729, 98731, 98737, 98773, 98779,
98801, 98807, 98809, 98837, 98849, 98867, 98869, 98873,
98887, 98893, 98897, 98899, 98909, 98911, 98927, 98929,
98939, 98947, 98953, 98963, 98981, 98993, 98999, 99013,
99017, 99023, 99041, 99053, 99079, 99083, 99089, 99103,
99109, 99119, 99131, 99133, 99137, 99139, 99149, 99173,
99181, 99191, 99223, 99233, 99241, 99251, 99257, 99259,
99277, 99289, 99317, 99347, 99349, 99367, 99371, 99377,
99391, 99397, 99401, 99409, 99431, 99439, 99469, 99487,
99497, 99523, 99527, 99529, 99551, 99559, 99563, 99571,
99577, 99581, 99607, 99611, 99623, 99643, 99661, 99667,
99679, 99689, 99707, 99709, 99713, 99719, 99721, 99733,
99761, 99767, 99787, 99793, 99809, 99817, 99823, 99829,
99833, 99839, 99859, 99871, 99877, 99881, 99901, 99907,
99923, 99929, 99961, 99971, 99989, 99991, 100003, 100019,
100043, 100049, 100057, 100069, 100103, 100109, 100129,
100151, 100153, 100169, 100183, 100189, 100193, 100207,
100213, 100237, 100267, 100271, 100279, 100291, 100297,
100313, 100333, 100343, 100357, 100361, 100363, 100379,
100391, 100393, 100403, 100411, 100417, 100447, 100459,

100469, 100483, 100493, 100501, 100511, 100517, 100519,
100523, 100537, 100547, 100549, 100559, 100591, 100609,
100613, 100621, 100649, 100669, 100673, 100693, 100699,
100703, 100733, 100741, 100747, 100769, 100787, 100799,
100801, 100811, 100823, 100829, 100847, 100853, 100907,
100913, 100927, 100931, 100937, 100943, 100957, 100981,
100987, 100999, 101009, 101021, 101027, 101051, 101063,
101081, 101089, 101107, 101111, 101113, 101117, 101119,
101141, 101149, 101159, 101161, 101173, 101183, 101197,
101203, 101207, 101209, 101221, 101267, 101273, 101279,
101281, 101287, 101293, 101323, 101333, 101341, 101347,
101359, 101363, 101377, 101383, 101399, 101411, 101419,
101429, 101449, 101467, 101477, 101483, 101489, 101501,
101503, 101513, 101527, 101531, 101533, 101537, 101561,
101573, 101581, 101599, 101603, 101611, 101627, 101641,
101653, 101663, 101681, 101693, 101701, 101719, 101723,
101737, 101741, 101747, 101749, 101771, 101789, 101797,
101807, 101833, 101837, 101839, 101863, 101869, 101873,
101879, 101891, 101917, 101921, 101929, 101939, 101957,
101963, 101977, 101987, 101999, 102001, 102013, 102019,
102023, 102031, 102043, 102059, 102061, 102071, 102077,
102079, 102101, 102103, 102107, 102121, 102139, 102149,
102161, 102181, 102191, 102197, 102199, 102203, 102217,
102229, 102233, 102241, 102251, 102253, 102259, 102293,
102299, 102301, 102317, 102329, 102337, 102359, 102367,
102397, 102407, 102409, 102433, 102437, 102451, 102461,
102481, 102497, 102499, 102503, 102523, 102533, 102539,
102547, 102551, 102559, 102563, 102587, 102593, 102607,
102611, 102643, 102647, 102653, 102667, 102673, 102677,
102679, 102701, 102761, 102763, 102769, 102793, 102797,
102811, 102829, 102841, 102859, 102871, 102877, 102881,
102911, 102913, 102929, 102931, 102953, 102967, 102983,
103001, 103007, 103043, 103049, 103067, 103069, 103079,
103087, 103091, 103093, 103099, 103123, 103141, 103171,
103177, 103183, 103217, 103231, 103237, 103289, 103291,
103307, 103319, 103333, 103349, 103357, 103387, 103391,

103393, 103399, 103409, 103421, 103423, 103451, 103457,
103471, 103483, 103511, 103529, 103549, 103553, 103561,
103567, 103573, 103577, 103583, 103591, 103613, 103619,
103643, 103651, 103657, 103669, 103681, 103687, 103699,
103703, 103723, 103769, 103787, 103801, 103811, 103813,
103837, 103841, 103843, 103867, 103889, 103903, 103913,
103919, 103951, 103963, 103967, 103969, 103979, 103981,
103991, 103993, 103997, 104003, 104009, 104021, 104033,
104047, 104053, 104059, 104087, 104089, 104107, 104113,
104119, 104123, 104147, 104149, 104161, 104173, 104179,
104183, 104207, 104231, 104233, 104239, 104243, 104281,
104287, 104297, 104309, 104311, 104323, 104327, 104347,
104369, 104381, 104383, 104393, 104399, 104417, 104459,
104471, 104473, 104479, 104491, 104513, 104527, 104537,
104543, 104549, 104551, 104561, 104579, 104593, 104597,
104623, 104639, 104651, 104659, 104677, 104681, 104683,
104693, 104701, 104707, 104711, 104717, 104723, 104729,
104743, 104759, 104761, 104773, 104779, 104789, 104801,
104803, 104827, 104831, 104849, 104851, 104869, 104879,
104891, 104911, 104917, 104933, 104947, 104953, 104959,
104971, 104987, 104999, 105019, 105023, 105031, 105037,
105071, 105097, 105107, 105137, 105143, 105167, 105173,
105199, 105211, 105227, 105229, 105239, 105251, 105253,
105263, 105269, 105277, 105319, 105323, 105331, 105337,
105341, 105359, 105361, 105367, 105373, 105379, 105389,
105397, 105401, 105407, 105437, 105449, 105467, 105491,
105499, 105503, 105509, 105517, 105527, 105529, 105533,
105541, 105557, 105563, 105601, 105607, 105613, 105619,
105649, 105653, 105667, 105673, 105683, 105691, 105701,
105727, 105733, 105751, 105761, 105767, 105769, 105817,
105829, 105863, 105871, 105883, 105899, 105907, 105913,
105929, 105943, 105953, 105967, 105971, 105977, 105983,
105997, 106013, 106019, 106031, 106033, 106087, 106103,
106109, 106121, 106123, 106129, 106163, 106181, 106187,
106189, 106207, 106213, 106217, 106219, 106243, 106261,
106273, 106277, 106279, 106291, 106297, 106303, 106307,

106319, 106321, 106331, 106349, 106357, 106363, 106367,
106373, 106391, 106397, 106411, 106417, 106427, 106433,
106441, 106451, 106453, 106487, 106501, 106531, 106537,
106541, 106543, 106591, 106619, 106621, 106627, 106637,
106649, 106657, 106661, 106663, 106669, 106681, 106693,
106699, 106703, 106721, 106727, 106739, 106747, 106751,
106753, 106759, 106781, 106783, 106787, 106801, 106823,
106853, 106859, 106861, 106867, 106871, 106877, 106903,
106907, 106921, 106937, 106949, 106957, 106961, 106963,
106979, 106993, 107021, 107033, 107053, 107057, 107069,
107071, 107077, 107089, 107099, 107101, 107119, 107123,
107137, 107171, 107183, 107197, 107201, 107209, 107227,
107243, 107251, 107269, 107273, 107279, 107309, 107323,
107339, 107347, 107351, 107357, 107377, 107441, 107449,
107453, 107467, 107473, 107507, 107509, 107563, 107581,
107599, 107603, 107609, 107621, 107641, 107647, 107671,
107687, 107693, 107699, 107713, 107717, 107719, 107741,
107747, 107761, 107773, 107777, 107791, 107827, 107837,
107839, 107843, 107857, 107867, 107873, 107881, 107897,
107903, 107923, 107927, 107941, 107951, 107971, 107981,
107999, 108007, 108011, 108013, 108023, 108037, 108041,
108061, 108079, 108089, 108107, 108109, 108127, 108131,
108139, 108161, 108179, 108187, 108191, 108193, 108203,
108211, 108217, 108223, 108233, 108247, 108263, 108271,
108287, 108289, 108293, 108301, 108343, 108347, 108359,
108377, 108379, 108401, 108413, 108421, 108439, 108457,
108461, 108463, 108497, 108499, 108503, 108517, 108529,
108533, 108541, 108553, 108557, 108571, 108587, 108631,
108637, 108643, 108649, 108677, 108707, 108709, 108727,
108739, 108751, 108761, 108769, 108791, 108793, 108799,
108803, 108821, 108827, 108863, 108869, 108877, 108881,
108883, 108887, 108893, 108907, 108917, 108923, 108929,
108943, 108947, 108949, 108959, 108961, 108967, 108971,
108991, 109001, 109013, 109037, 109049, 109063, 109073,
109097, 109103, 109111, 109121, 109133, 109139, 109141,
109147, 109159, 109169, 109171, 109199, 109201, 109211,

109229, 109253, 109267, 109279, 109297, 109303, 109313,
109321, 109331, 109357, 109363, 109367, 109379, 109387,
109391, 109397, 109423, 109433, 109441, 109451, 109453,
109469, 109471, 109481, 109507, 109517, 109519, 109537,
109541, 109547, 109567, 109579, 109583, 109589, 109597,
109609, 109619, 109621, 109639, 109661, 109663, 109673,
109717, 109721, 109741, 109751, 109789, 109793, 109807,
109819, 109829, 109831, 109841, 109843, 109847, 109849,
109859, 109873, 109883, 109891, 109897, 109903, 109913,
109919, 109937, 109943, 109961, 109987, 110017, 110023,
110039, 110051, 110059, 110063, 110069, 110083, 110119,
110129, 110161, 110183, 110221, 110233, 110237, 110251,
110261, 110269, 110273, 110281, 110291, 110311, 110321,
110323, 110339, 110359, 110419, 110431, 110437, 110441,
110459, 110477, 110479, 110491, 110501, 110503, 110527,
110533, 110543, 110557, 110563, 110567, 110569, 110573,
110581, 110587, 110597, 110603, 110609, 110623, 110629,
110641, 110647, 110651, 110681, 110711, 110729, 110731,
110749, 110753, 110771, 110777, 110807, 110813, 110819,
110821, 110849, 110863, 110879, 110881, 110899, 110909,
110917, 110921, 110923, 110927, 110933, 110939, 110947,
110951, 110969, 110977, 110989, 111029, 111031, 111043,
111049, 111053, 111091, 111103, 111109, 111119, 111121,
111127, 111143, 111149, 111187, 111191, 111211, 111217,
111227, 111229, 111253, 111263, 111269, 111271, 111301,
111317, 111323, 111337, 111341, 111347, 111373, 111409,
111427, 111431, 111439, 111443, 111467, 111487, 111491,
111493, 111497, 111509, 111521, 111533, 111539, 111577,
111581, 111593, 111599, 111611, 111623, 111637, 111641,
111653, 111659, 111667, 111697, 111721, 111731, 111733,
111751, 111767, 111773, 111779, 111781, 111791, 111799,
111821, 111827, 111829, 111833, 111847, 111857, 111863,
111869, 111871, 111893, 111913, 111919, 111949, 111953,
111959, 111973, 111977, 111997, 112019, 112031, 112061,
112067, 112069, 112087, 112097, 112103, 112111, 112121,
112129, 112139, 112153, 112163, 112181, 112199, 112207,

112213, 112223, 112237, 112241, 112247, 112249, 112253,
112261, 112279, 112289, 112291, 112297, 112303, 112327,
112331, 112337, 112339, 112349, 112361, 112363, 112397,
112403, 112429, 112459, 112481, 112501, 112507, 112543,
112559, 112571, 112573, 112577, 112583, 112589, 112601,
112603, 112621, 112643, 112657, 112663, 112687, 112691,
112741, 112757, 112759, 112771, 112787, 112799, 112807,
112831, 112843, 112859, 112877, 112901, 112909, 112913,
112919, 112921, 112927, 112939, 112951, 112967, 112979,
112997, 113011, 113017, 113021, 113023, 113027, 113039,
113041, 113051, 113063, 113081, 113083, 113089, 113093,
113111, 113117, 113123, 113131, 113143, 113147, 113149,
113153, 113159, 113161, 113167, 113171, 113173, 113177,
113189, 113209, 113213, 113227, 113233, 113279, 113287,
113327, 113329, 113341, 113357, 113359, 113363, 113371,
113381, 113383, 113417, 113437, 113453, 113467, 113489,
113497, 113501, 113513, 113537, 113539, 113557, 113567,
113591, 113621, 113623, 113647, 113657, 113683, 113717,
113719, 113723, 113731, 113749, 113759, 113761, 113777,
113779, 113783, 113797, 113809, 113819, 113837, 113843,
113891, 113899, 113903, 113909, 113921, 113933, 113947,
113957, 113963, 113969, 113983, 113989, 114001, 114013,
114031, 114041, 114043, 114067, 114073, 114077, 114083,
114089, 114113, 114143, 114157, 114161, 114167, 114193,
114197, 114199, 114203, 114217, 114221, 114229, 114259,
114269, 114277, 114281, 114299, 114311, 114319, 114329,
114343, 114371, 114377, 114407, 114419, 114451, 114467,
114473, 114479, 114487, 114493, 114547, 114553, 114571,
114577, 114593, 114599, 114601, 114613, 114617, 114641,
114643, 114649, 114659, 114661, 114671, 114679, 114689,
114691, 114713, 114743, 114749, 114757, 114761, 114769,
114773, 114781, 114797, 114799, 114809, 114827, 114833,
114847, 114859, 114883, 114889, 114901, 114913, 114941,
114967, 114973, 114997, 115001, 115013, 115019, 115021,
115057, 115061, 115067, 115079, 115099, 115117, 115123,
115127, 115133, 115151, 115153, 115163, 115183, 115201,

115211, 115223, 115237, 115249, 115259, 115279, 115301,
115303, 115309, 115319, 115321, 115327, 115331, 115337,
115343, 115361, 115363, 115399, 115421, 115429, 115459,
115469, 115471, 115499, 115513, 115523, 115547, 115553,
115561, 115571, 115589, 115597, 115601, 115603, 115613,
115631, 115637, 115657, 115663, 115679, 115693, 115727,
115733, 115741, 115751, 115757, 115763, 115769, 115771,
115777, 115781, 115783, 115793, 115807, 115811, 115823,
115831, 115837, 115849, 115853, 115859, 115861, 115873,
115877, 115879, 115883, 115891, 115901, 115903, 115931,
115933, 115963, 115979, 115981, 115987, 116009, 116027,
116041, 116047, 116089, 116099, 116101, 116107, 116113,
116131, 116141, 116159, 116167, 116177, 116189, 116191,
116201, 116239, 116243, 116257, 116269, 116273, 116279,
116293, 116329, 116341, 116351, 116359, 116371, 116381,
116387, 116411, 116423, 116437, 116443, 116447, 116461,
116471, 116483, 116491, 116507, 116531, 116533, 116537,
116539, 116549, 116579, 116593, 116639, 116657, 116663,
116681, 116687, 116689, 116707, 116719, 116731, 116741,
116747, 116789, 116791, 116797, 116803, 116819, 116827,
116833, 116849, 116867, 116881, 116903, 116911, 116923,
116927, 116929, 116933, 116953, 116959, 116969, 116981,
116989, 116993, 117017, 117023, 117037, 117041, 117043,
117053, 117071, 117101, 117109, 117119, 117127, 117133,
117163, 117167, 117191, 117193, 117203, 117209, 117223,
117239, 117241, 117251, 117259, 117269, 117281, 117307,
117319, 117329, 117331, 117353, 117361, 117371, 117373,
117389, 117413, 117427, 117431, 117437, 117443, 117497,
117499, 117503, 117511, 117517, 117529, 117539, 117541,
117563, 117571, 117577, 117617, 117619, 117643, 117659,
117671, 117673, 117679, 117701, 117703, 117709, 117721,
117727, 117731, 117751, 117757, 117763, 117773, 117779,
117787, 117797, 117809, 117811, 117833, 117839, 117841,
117851, 117877, 117881, 117883, 117889, 117899, 117911,
117917, 117937, 117959, 117973, 117977, 117979, 117989,
117991, 118033, 118037, 118043, 118051, 118057, 118061,

118081, 118093, 118127, 118147, 118163, 118169, 118171,
118189, 118211, 118213, 118219, 118247, 118249, 118253,
118259, 118273, 118277, 118297, 118343, 118361, 118369,
118373, 118387, 118399, 118409, 118411, 118423, 118429,
118453, 118457, 118463, 118471, 118493, 118529, 118543,
118549, 118571, 118583, 118589, 118603, 118619, 118621,
118633, 118661, 118669, 118673, 118681, 118687, 118691,
118709, 118717, 118739, 118747, 118751, 118757, 118787,
118799, 118801, 118819, 118831, 118843, 118861, 118873,
118891, 118897, 118901, 118903, 118907, 118913, 118927,
118931, 118967, 118973, 119027, 119033, 119039, 119047,
119057, 119069, 119083, 119087, 119089, 119099, 119101,
119107, 119129, 119131, 119159, 119173, 119179, 119183,
119191, 119227, 119233, 119237, 119243, 119267, 119291,
119293, 119297, 119299, 119311, 119321, 119359, 119363,
119389, 119417, 119419, 119429, 119447, 119489, 119503,
119513, 119533, 119549, 119551, 119557, 119563, 119569,
119591, 119611, 119617, 119627, 119633, 119653, 119657,
119659, 119671, 119677, 119687, 119689, 119699, 119701,
119723, 119737, 119747, 119759, 119771, 119773, 119783,
119797, 119809, 119813, 119827, 119831, 119839, 119849,
119851, 119869, 119881, 119891, 119921, 119923, 119929,
119953, 119963, 119971, 119981, 119983, 119993, 120011,
120017, 120041, 120047, 120049, 120067, 120077, 120079,
120091, 120097, 120103, 120121, 120157, 120163, 120167,
120181, 120193, 120199, 120209, 120223, 120233, 120247,
120277, 120283, 120293, 120299, 120319, 120331, 120349,
120371, 120383, 120391, 120397, 120401, 120413, 120427,
120431, 120473, 120503, 120511, 120539, 120551, 120557,
120563, 120569, 120577, 120587, 120607, 120619, 120623,
120641, 120647, 120661, 120671, 120677, 120689, 120691,
120709, 120713, 120721, 120737, 120739, 120749, 120763,
120767, 120779, 120811, 120817, 120823, 120829, 120833,
120847, 120851, 120863, 120871, 120877, 120889, 120899,
120907, 120917, 120919, 120929, 120937, 120941, 120943,
120947, 120977, 120997, 121001, 121007, 121013, 121019,

121021, 121039, 121061, 121063, 121067, 121081, 121123,
121139, 121151, 121157, 121169, 121171, 121181, 121189,
121229, 121259, 121267, 121271, 121283, 121291, 121309,
121313, 121321, 121327, 121333, 121343, 121349, 121351,
121357, 121367, 121369, 121379, 121403, 121421, 121439,
121441, 121447, 121453, 121469, 121487, 121493, 121501,
121507, 121523, 121531, 121547, 121553, 121559, 121571,
121577, 121579, 121591, 121607, 121609, 121621, 121631,
121633, 121637, 121661, 121687, 121697, 121711, 121721,
121727, 121763, 121787, 121789, 121843, 121853, 121867,
121883, 121889, 121909, 121921, 121931, 121937, 121949,
121951, 121963, 121967, 121993, 121997, 122011, 122021,
122027, 122029, 122033, 122039, 122041, 122051, 122053,
122069, 122081, 122099, 122117, 122131, 122147, 122149,
122167, 122173, 122201, 122203, 122207, 122209, 122219,
122231, 122251, 122263, 122267, 122273, 122279, 122299,
122321, 122323, 122327, 122347, 122363, 122387, 122389,
122393, 122399, 122401, 122443, 122449, 122453, 122471,
122477, 122489, 122497, 122501, 122503, 122509, 122527,
122533, 122557, 122561, 122579, 122597, 122599, 122609,
122611, 122651, 122653, 122663, 122693, 122701, 122719,
122741, 122743, 122753, 122761, 122777, 122789, 122819,
122827, 122833, 122839, 122849, 122861, 122867, 122869,
122887, 122891, 122921, 122929, 122939, 122953, 122957,
122963, 122971, 123001, 123007, 123017, 123031, 123049,
123059, 123077, 123083, 123091, 123113, 123121, 123127,
123143, 123169, 123191, 123203, 123209, 123217, 123229,
123239, 123259, 123269, 123289, 123307, 123311, 123323,
123341, 123373, 123377, 123379, 123397, 123401, 123407,
123419, 123427, 123433, 123439, 123449, 123457, 123479,
123491, 123493, 123499, 123503, 123517, 123527, 123547,
123551, 123553, 123581, 123583, 123593, 123601, 123619,
123631, 123637, 123653, 123661, 123667, 123677, 123701,
123707, 123719, 123727, 123731, 123733, 123737, 123757,
123787, 123791, 123803, 123817, 123821, 123829, 123833,
123853, 123863, 123887, 123911, 123923, 123931, 123941,

123953, 123973, 123979, 123983, 123989, 123997, 124001,
124021, 124067, 124087, 124097, 124121, 124123, 124133,
124139, 124147, 124153, 124171, 124181, 124183, 124193,
124199, 124213, 124231, 124247, 124249, 124277, 124291,
124297, 124301, 124303, 124309, 124337, 124339, 124343,
124349, 124351, 124363, 124367, 124427, 124429, 124433,
124447, 124459, 124471, 124477, 124489, 124493, 124513,
124529, 124541, 124543, 124561, 124567, 124577, 124601,
124633, 124643, 124669, 124673, 124679, 124693, 124699,
124703, 124717, 124721, 124739, 124753, 124759, 124769,
124771, 124777, 124781, 124783, 124793, 124799, 124819,
124823, 124847, 124853, 124897, 124907, 124909, 124919,
124951, 124979, 124981, 124987, 124991, 125003, 125017,
125029, 125053, 125063, 125093, 125101, 125107, 125113,
125117, 125119, 125131, 125141, 125149, 125183, 125197,
125201, 125207, 125219, 125221, 125231, 125243, 125261,
125269, 125287, 125299, 125303, 125311, 125329, 125339,
125353, 125371, 125383, 125387, 125399, 125407, 125423,
125429, 125441, 125453, 125471, 125497, 125507, 125509,
125527, 125539, 125551, 125591, 125597, 125617, 125621,
125627, 125639, 125641, 125651, 125659, 125669, 125683,
125687, 125693, 125707, 125711, 125717, 125731, 125737,
125743, 125753, 125777, 125789, 125791, 125803, 125813,
125821, 125863, 125887, 125897, 125899, 125921, 125927,
125929, 125933, 125941, 125959, 125963, 126001, 126011,
126013, 126019, 126023, 126031, 126037, 126041, 126047,
126067, 126079, 126097, 126107, 126127, 126131, 126143,
126151, 126173, 126199, 126211, 126223, 126227, 126229,
126233, 126241, 126257, 126271, 126307, 126311, 126317,
126323, 126337, 126341, 126349, 126359, 126397, 126421,
126433, 126443, 126457, 126461, 126473, 126481, 126487,
126491, 126493, 126499, 126517, 126541, 126547, 126551,
126583, 126601, 126611, 126613, 126631, 126641, 126653,
126683, 126691, 126703, 126713, 126719, 126733, 126739,
126743, 126751, 126757, 126761, 126781, 126823, 126827,
126839, 126851, 126857, 126859, 126913, 126923, 126943,

126949, 126961, 126967, 126989, 127031, 127033, 127037,
127051, 127079, 127081, 127103, 127123, 127133, 127139,
127157, 127163, 127189, 127207, 127217, 127219, 127241,
127247, 127249, 127261, 127271, 127277, 127289, 127291,
127297, 127301, 127321, 127331, 127343, 127363, 127373,
127399, 127403, 127423, 127447, 127453, 127481, 127487,
127493, 127507, 127529, 127541, 127549, 127579, 127583,
127591, 127597, 127601, 127607, 127609, 127637, 127643,
127649, 127657, 127663, 127669, 127679, 127681, 127691,
127703, 127709, 127711, 127717, 127727, 127733, 127739,
127747, 127763, 127781, 127807, 127817, 127819, 127837,
127843, 127849, 127859, 127867, 127873, 127877, 127913,
127921, 127931, 127951, 127973, 127979, 127997, 128021,
128033, 128047, 128053, 128099, 128111, 128113, 128119,
128147, 128153, 128159, 128173, 128189, 128201, 128203,
128213, 128221, 128237, 128239, 128257, 128273, 128287,
128291, 128311, 128321, 128327, 128339, 128341, 128347,
128351, 128377, 128389, 128393, 128399, 128411, 128413,
128431, 128437, 128449, 128461, 128467, 128473, 128477,
128483, 128489, 128509, 128519, 128521, 128549, 128551,
128563, 128591, 128599, 128603, 128621, 128629, 128657,
128659, 128663, 128669, 128677, 128683, 128693, 128717,
128747, 128749, 128761, 128767, 128813, 128819, 128831,
128833, 128837, 128857, 128861, 128873, 128879, 128903,
128923, 128939, 128941, 128951, 128959, 128969, 128971,
128981, 128983, 128987, 128993, 129001, 129011, 129023,
129037, 129049, 129061, 129083, 129089, 129097, 129113,
129119, 129121, 129127, 129169, 129187, 129193, 129197,
129209, 129221, 129223, 129229, 129263, 129277, 129281,
129287, 129289, 129293, 129313, 129341, 129347, 129361,
129379, 129401, 129403, 129419, 129439, 129443, 129449,
129457, 129461, 129469, 129491, 129497, 129499, 129509,
129517, 129527, 129529, 129533, 129539, 129553, 129581,
129587, 129589, 129593, 129607, 129629, 129631, 129641,
129643, 129671, 129707, 129719, 129733, 129737, 129749,
129757, 129763, 129769, 129793, 129803, 129841, 129853,

129887, 129893, 129901, 129917, 129919, 129937, 129953,
129959, 129967, 129971, 130003, 130021, 130027, 130043,
130051, 130057, 130069, 130073, 130079, 130087, 130099,
130121, 130127, 130147, 130171, 130183, 130199, 130201,
130211, 130223, 130241, 130253, 130259, 130261, 130267,
130279, 130303, 130307, 130337, 130343, 130349, 130363,
130367, 130369, 130379, 130399, 130409, 130411, 130423,
130439, 130447, 130457, 130469, 130477, 130483, 130489,
130513, 130517, 130523, 130531, 130547, 130553, 130579,
130589, 130619, 130621, 130631, 130633, 130639, 130643,
130649, 130651, 130657, 130681, 130687, 130693, 130699,
130729, 130769, 130783, 130787, 130807, 130811, 130817,
130829, 130841, 130843, 130859, 130873, 130927, 130957,
130969, 130973, 130981, 130987, 131009, 131011, 131023,
131041, 131059, 131063, 131071, 131101, 131111, 131113,
131129, 131143, 131149, 131171, 131203, 131213, 131221,
131231, 131249, 131251, 131267, 131293, 131297, 131303,
131311, 131317, 131321, 131357, 131363, 131371, 131381,
131413, 131431, 131437, 131441, 131447, 131449, 131477,
131479, 131489, 131497, 131501, 131507, 131519, 131543,
131561, 131581, 131591, 131611, 131617, 131627, 131639,
131641, 131671, 131687, 131701, 131707, 131711, 131713,
131731, 131743, 131749, 131759, 131771, 131777, 131779,
131783, 131797, 131837, 131839, 131849, 131861, 131891,
131893, 131899, 131909, 131927, 131933, 131939, 131941,
131947, 131959, 131969, 132001, 132019, 132047, 132049,
132059, 132071, 132103, 132109, 132113, 132137, 132151,
132157, 132169, 132173, 132199, 132229, 132233, 132241,
132247, 132257, 132263, 132283, 132287, 132299, 132313,
132329, 132331, 132347, 132361, 132367, 132371, 132383,
132403, 132409, 132421, 132437, 132439, 132469, 132491,
132499, 132511, 132523, 132527, 132529, 132533, 132541,
132547, 132589, 132607, 132611, 132619, 132623, 132631,
132637, 132647, 132661, 132667, 132679, 132689, 132697,
132701, 132707, 132709, 132721, 132739, 132749, 132751,
132757, 132761, 132763, 132817, 132833, 132851, 132857,

132859, 132863, 132887, 132893, 132911, 132929, 132947,
132949, 132953, 132961, 132967, 132971, 132989, 133013,
133033, 133039, 133051, 133069, 133073, 133087, 133097,
133103, 133109, 133117, 133121, 133153, 133157, 133169,
133183, 133187, 133201, 133213, 133241, 133253, 133261,
133271, 133277, 133279, 133283, 133303, 133319, 133321,
133327, 133337, 133349, 133351, 133379, 133387, 133391,
133403, 133417, 133439, 133447, 133451, 133481, 133493,
133499, 133519, 133541, 133543, 133559, 133571, 133583,
133597, 133631, 133633, 133649, 133657, 133669, 133673,
133691, 133697, 133709, 133711, 133717, 133723, 133733,
133769, 133781, 133801, 133811, 133813, 133831, 133843,
133853, 133873, 133877, 133919, 133949, 133963, 133967,
133979, 133981, 133993, 133999, 134033, 134039, 134047,
134053, 134059, 134077, 134081, 134087, 134089, 134093,
134129, 134153, 134161, 134171, 134177, 134191, 134207,
134213, 134219, 134227, 134243, 134257, 134263, 134269,
134287, 134291, 134293, 134327, 134333, 134339, 134341,
134353, 134359, 134363, 134369, 134371, 134399, 134401,
134417, 134437, 134443, 134471, 134489, 134503, 134507,
134513, 134581, 134587, 134591, 134593, 134597, 134609,
134639, 134669, 134677, 134681, 134683, 134699, 134707,
134731, 134741, 134753, 134777, 134789, 134807, 134837,
134839, 134851, 134857, 134867, 134873, 134887, 134909,
134917, 134921, 134923, 134947, 134951, 134989, 134999,
135007, 135017, 135019, 135029, 135043, 135049, 135059,
135077, 135089, 135101, 135119, 135131, 135151, 135173,
135181, 135193, 135197, 135209, 135211, 135221, 135241,
135257, 135271, 135277, 135281, 135283, 135301, 135319,
135329, 135347, 135349, 135353, 135367, 135389, 135391,
135403, 135409, 135427, 135431, 135433, 135449, 135461,
135463, 135467, 135469, 135479, 135497, 135511, 135533,
135559, 135571, 135581, 135589, 135593, 135599, 135601,
135607, 135613, 135617, 135623, 135637, 135647, 135649,
135661, 135671, 135697, 135701, 135719, 135721, 135727,
135731, 135743, 135757, 135781, 135787, 135799, 135829,

135841, 135851, 135859, 135887, 135893, 135899, 135911,
135913, 135929, 135937, 135977, 135979, 136013, 136027,
136033, 136043, 136057, 136067, 136069, 136093, 136099,
136111, 136133, 136139, 136163, 136177, 136189, 136193,
136207, 136217, 136223, 136237, 136247, 136261, 136273,
136277, 136303, 136309, 136319, 136327, 136333, 136337,
136343, 136351, 136361, 136373, 136379, 136393, 136397,
136399, 136403, 136417, 136421, 136429, 136447, 136453,
136463, 136471, 136481, 136483, 136501, 136511, 136519,
136523, 136531, 136537, 136541, 136547, 136559, 136573,
136601, 136603, 136607, 136621, 136649, 136651, 136657,
136691, 136693, 136709, 136711, 136727, 136733, 136739,
136751, 136753, 136769, 136777, 136811, 136813, 136841,
136849, 136859, 136861, 136879, 136883, 136889, 136897,
136943, 136949, 136951, 136963, 136973, 136979, 136987,
136991, 136993, 136999, 137029, 137077, 137087, 137089,
137117, 137119, 137131, 137143, 137147, 137153, 137177,
137183, 137191, 137197, 137201, 137209, 137219, 137239,
137251, 137273, 137279, 137303, 137321, 137339, 137341,
137353, 137359, 137363, 137369, 137383, 137387, 137393,
137399, 137413, 137437, 137443, 137447, 137453, 137477,
137483, 137491, 137507, 137519, 137537, 137567, 137573,
137587, 137593, 137597, 137623, 137633, 137639, 137653,
137659, 137699, 137707, 137713, 137723, 137737, 137743,
137771, 137777, 137791, 137803, 137827, 137831, 137849,
137867, 137869, 137873, 137909, 137911, 137927, 137933,
137941, 137947, 137957, 137983, 137993, 137999, 138007,
138041, 138053, 138059, 138071, 138077, 138079, 138101,
138107, 138113, 138139, 138143, 138157, 138163, 138179,
138181, 138191, 138197, 138209, 138239, 138241, 138247,
138251, 138283, 138289, 138311, 138319, 138323, 138337,
138349, 138371, 138373, 138389, 138401, 138403, 138407,
138427, 138433, 138449, 138451, 138461, 138469, 138493,
138497, 138511, 138517, 138547, 138559, 138563, 138569,
138571, 138577, 138581, 138587, 138599, 138617, 138629,
138637, 138641, 138647, 138661, 138679, 138683, 138727,

138731, 138739, 138763, 138793, 138797, 138799, 138821,
138829, 138841, 138863, 138869, 138883, 138889, 138893,
138899, 138917, 138923, 138937, 138959, 138967, 138977,
139021, 139033, 139067, 139079, 139091, 139109, 139121,
139123, 139133, 139169, 139177, 139187, 139199, 139201,
139241, 139267, 139273, 139291, 139297, 139301, 139303,
139309, 139313, 139333, 139339, 139343, 139361, 139367,
139369, 139387, 139393, 139397, 139409, 139423, 139429,
139439, 139457, 139459, 139483, 139487, 139493, 139501,
139511, 139537, 139547, 139571, 139589, 139591, 139597,
139609, 139619, 139627, 139661, 139663, 139681, 139697,
139703, 139709, 139721, 139729, 139739, 139747, 139753,
139759, 139787, 139801, 139813, 139831, 139837, 139861,
139871, 139883, 139891, 139901, 139907, 139921, 139939,
139943, 139967, 139969, 139981, 139987, 139991, 139999,
140009, 140053, 140057, 140069, 140071, 140111, 140123,
140143, 140159, 140167, 140171, 140177, 140191, 140197,
140207, 140221, 140227, 140237, 140249, 140263, 140269,
140281, 140297, 140317, 140321, 140333, 140339, 140351,
140363, 140381, 140401, 140407, 140411, 140417, 140419,
140423, 140443, 140449, 140453, 140473, 140477, 140521,
140527, 140533, 140549, 140551, 140557, 140587, 140593,
140603, 140611, 140617, 140627, 140629, 140639, 140659,
140663, 140677, 140681, 140683, 140689, 140717, 140729,
140731, 140741, 140759, 140761, 140773, 140779, 140797,
140813, 140827, 140831, 140837, 140839, 140863, 140867,
140869, 140891, 140893, 140897, 140909, 140929, 140939,
140977, 140983, 140989, 141023, 141041, 141061, 141067,
141073, 141079, 141101, 141107, 141121, 141131, 141157,
141161, 141179, 141181, 141199, 141209, 141221, 141223,
141233, 141241, 141257, 141263, 141269, 141277, 141283,
141301, 141307, 141311, 141319, 141353, 141359, 141371,
141397, 141403, 141413, 141439, 141443, 141461, 141481,
141497, 141499, 141509, 141511, 141529, 141539, 141551,
141587, 141601, 141613, 141619, 141623, 141629, 141637,
141649, 141653, 141667, 141671, 141677, 141679, 141689,

141697, 141707, 141709, 141719, 141731, 141761, 141767,
141769, 141773, 141793, 141803, 141811, 141829, 141833,
141851, 141853, 141863, 141871, 141907, 141917, 141931,
141937, 141941, 141959, 141961, 141971, 141991, 142007,
142019, 142031, 142039, 142049, 142057, 142061, 142067,
142097, 142099, 142111, 142123, 142151, 142157, 142159,
142169, 142183, 142189, 142193, 142211, 142217, 142223,
142231, 142237, 142271, 142297, 142319, 142327, 142357,
142369, 142381, 142391, 142403, 142421, 142427, 142433,
142453, 142469, 142501, 142529, 142537, 142543, 142547,
142553, 142559, 142567, 142573, 142589, 142591, 142601,
142607, 142609, 142619, 142657, 142673, 142697, 142699,
142711, 142733, 142757, 142759, 142771, 142787, 142789,
142799, 142811, 142837, 142841, 142867, 142871, 142873,
142897, 142903, 142907, 142939, 142949, 142963, 142969,
142973, 142979, 142981, 142993, 143053, 143063, 143093,
143107, 143111, 143113, 143137, 143141, 143159, 143177,
143197, 143239, 143243, 143249, 143257, 143261, 143263,
143281, 143287, 143291, 143329, 143333, 143357, 143387,
143401, 143413, 143419, 143443, 143461, 143467, 143477,
143483, 143489, 143501, 143503, 143509, 143513, 143519,
143527, 143537, 143551, 143567, 143569, 143573, 143593,
143609, 143617, 143629, 143651, 143653, 143669, 143677,
143687, 143699, 143711, 143719, 143729, 143743, 143779,
143791, 143797, 143807, 143813, 143821, 143827, 143831,
143833, 143873, 143879, 143881, 143909, 143947, 143953,
143971, 143977, 143981, 143999, 144013, 144031, 144037,
144061, 144071, 144073, 144103, 144139, 144161, 144163,
144167, 144169, 144173, 144203, 144223, 144241, 144247,
144253, 144259, 144271, 144289, 144299, 144307, 144311,
144323, 144341, 144349, 144379, 144383, 144407, 144409,
144413, 144427, 144439, 144451, 144461, 144479, 144481,
144497, 144511, 144539, 144541, 144563, 144569, 144577,
144583, 144589, 144593, 144611, 144629, 144659, 144667,
144671, 144701, 144709, 144719, 144731, 144737, 144751,
144757, 144763, 144773, 144779, 144791, 144817, 144829,

144839, 144847, 144883, 144887, 144889, 144899, 144917,
144931, 144941, 144961, 144967, 144973, 144983, 145007,
145009, 145021, 145031, 145037, 145043, 145063, 145069,
145091, 145109, 145121, 145133, 145139, 145177, 145193,
145207, 145213, 145219, 145253, 145259, 145267, 145283,
145289, 145303, 145307, 145349, 145361, 145381, 145391,
145399, 145417, 145423, 145433, 145441, 145451, 145459,
145463, 145471, 145477, 145487, 145501, 145511, 145513,
145517, 145531, 145543, 145547, 145549, 145577, 145589,
145601, 145603, 145633, 145637, 145643, 145661, 145679,
145681, 145687, 145703, 145709, 145721, 145723, 145753,
145757, 145759, 145771, 145777, 145799, 145807, 145819,
145823, 145829, 145861, 145879, 145897, 145903, 145931,
145933, 145949, 145963, 145967, 145969, 145987, 145991,
146009, 146011, 146021, 146023, 146033, 146051, 146057,
146059, 146063, 146077, 146093, 146099, 146117, 146141,
146161, 146173, 146191, 146197, 146203, 146213, 146221,
146239, 146249, 146273, 146291, 146297, 146299, 146309,
146317, 146323, 146347, 146359, 146369, 146381, 146383,
146389, 146407, 146417, 146423, 146437, 146449, 146477,
146513, 146519, 146521, 146527, 146539, 146543, 146563,
146581, 146603, 146609, 146617, 146639, 146647, 146669,
146677, 146681, 146683, 146701, 146719, 146743, 146749,
146767, 146777, 146801, 146807, 146819, 146833, 146837,
146843, 146849, 146857, 146891, 146893, 146917, 146921,
146933, 146941, 146953, 146977, 146983, 146987, 146989,
147011, 147029, 147031, 147047, 147073, 147083, 147089,
147097, 147107, 147137, 147139, 147151, 147163, 147179,
147197, 147209, 147211, 147221, 147227, 147229, 147253,
147263, 147283, 147289, 147293, 147299, 147311, 147319,
147331, 147341, 147347, 147353, 147377, 147391, 147397,
147401, 147409, 147419, 147449, 147451, 147457, 147481,
147487, 147503, 147517, 147541, 147547, 147551, 147557,
147571, 147583, 147607, 147613, 147617, 147629, 147647,
147661, 147671, 147673, 147689, 147703, 147709, 147727,
147739, 147743, 147761, 147769, 147773, 147779, 147787,

147793, 147799, 147811, 147827, 147853, 147859, 147863,
147881, 147919, 147937, 147949, 147977, 147997, 148013,
148021, 148061, 148063, 148073, 148079, 148091, 148123,
148139, 148147, 148151, 148153, 148157, 148171, 148193,
148199, 148201, 148207, 148229, 148243, 148249, 148279,
148301, 148303, 148331, 148339, 148361, 148367, 148381,
148387, 148399, 148403, 148411, 148429, 148439, 148457,
148469, 148471, 148483, 148501, 148513, 148517, 148531,
148537, 148549, 148573, 148579, 148609, 148627, 148633,
148639, 148663, 148667, 148669, 148691, 148693, 148711,
148721, 148723, 148727, 148747, 148763, 148781, 148783,
148793, 148817, 148829, 148853, 148859, 148861, 148867,
148873, 148891, 148913, 148921, 148927, 148931, 148933,
148949, 148957, 148961, 148991, 148997, 149011, 149021,
149027, 149033, 149053, 149057, 149059, 149069, 149077,
149087, 149099, 149101, 149111, 149113, 149119, 149143,
149153, 149159, 149161, 149173, 149183, 149197, 149213,
149239, 149249, 149251, 149257, 149269, 149287, 149297,
149309, 149323, 149333, 149341, 149351, 149371, 149377,
149381, 149393, 149399, 149411, 149417, 149419, 149423,
149441, 149459, 149489, 149491, 149497, 149503, 149519,
149521, 149531, 149533, 149543, 149551, 149561, 149563,
149579, 149603, 149623, 149627, 149629, 149689, 149711,
149713, 149717, 149729, 149731, 149749, 149759, 149767,
149771, 149791, 149803, 149827, 149837, 149839, 149861,
149867, 149873, 149893, 149899, 149909, 149911, 149921,
149939, 149953, 149969, 149971, 149993, 150001, 150011,
150041, 150053, 150061, 150067, 150077, 150083, 150089,
150091, 150097, 150107, 150131, 150151, 150169, 150193,
150197, 150203, 150209, 150211, 150217, 150221, 150223,
150239, 150247, 150287, 150299, 150301, 150323, 150329,
150343, 150373, 150377, 150379, 150383, 150401, 150407,
150413, 150427, 150431, 150439, 150473, 150497, 150503,
150517, 150523, 150533, 150551, 150559, 150571, 150583,
150587, 150589, 150607, 150611, 150617, 150649, 150659,
150697, 150707, 150721, 150743, 150767, 150769, 150779,

150791, 150797, 150827, 150833, 150847, 150869, 150881,
150883, 150889, 150893, 150901, 150907, 150919, 150929,
150959, 150961, 150967, 150979, 150989, 150991, 151007,
151009, 151013, 151027, 151049, 151051, 151057, 151091,
151121, 151141, 151153, 151157, 151163, 151169, 151171,
151189, 151201, 151213, 151237, 151241, 151243, 151247,
151253, 151273, 151279, 151289, 151303, 151337, 151339,
151343, 151357, 151379, 151381, 151391, 151397, 151423,
151429, 151433, 151451, 151471, 151477, 151483, 151499,
151507, 151517, 151523, 151531, 151537, 151549, 151553,
151561, 151573, 151579, 151597, 151603, 151607, 151609,
151631, 151637, 151643, 151651, 151667, 151673, 151681,
151687, 151693, 151703, 151717, 151729, 151733, 151769,
151771, 151783, 151787, 151799, 151813, 151817, 151841,
151847, 151849, 151871, 151883, 151897, 151901, 151903,
151909, 151937, 151939, 151967, 151969, 152003, 152017,
152027, 152029, 152039, 152041, 152063, 152077, 152081,
152083, 152093, 152111, 152123, 152147, 152183, 152189,
152197, 152203, 152213, 152219, 152231, 152239, 152249,
152267, 152287, 152293, 152297, 152311, 152363, 152377,
152381, 152389, 152393, 152407, 152417, 152419, 152423,
152429, 152441, 152443, 152459, 152461, 152501, 152519,
152531, 152533, 152539, 152563, 152567, 152597, 152599,
152617, 152623, 152629, 152639, 152641, 152657, 152671,
152681, 152717, 152723, 152729, 152753, 152767, 152777,
152783, 152791, 152809, 152819, 152821, 152833, 152837,
152839, 152843, 152851, 152857, 152879, 152897, 152899,
152909, 152939, 152941, 152947, 152953, 152959, 152981,
152989, 152993, 153001, 153059, 153067, 153071, 153073,
153077, 153089, 153107, 153113, 153133, 153137, 153151,
153191, 153247, 153259, 153269, 153271, 153277, 153281,
153287, 153313, 153319, 153337, 153343, 153353, 153359,
153371, 153379, 153407, 153409, 153421, 153427, 153437,
153443, 153449, 153457, 153469, 153487, 153499, 153509,
153511, 153521, 153523, 153529, 153533, 153557, 153563,
153589, 153607, 153611, 153623, 153641, 153649, 153689,

153701, 153719, 153733, 153739, 153743, 153749, 153757,
153763, 153817, 153841, 153871, 153877, 153887, 153889,
153911, 153913, 153929, 153941, 153947, 153949, 153953,
153991, 153997, 154001, 154027, 154043, 154057, 154061,
154067, 154073, 154079, 154081, 154087, 154097, 154111,
154127, 154153, 154157, 154159, 154181, 154183, 154211,
154213, 154229, 154243, 154247, 154267, 154277, 154279,
154291, 154303, 154313, 154321, 154333, 154339, 154351,
154369, 154373, 154387, 154409, 154417, 154423, 154439,
154459, 154487, 154493, 154501, 154523, 154543, 154571,
154573, 154579, 154589, 154591, 154613, 154619, 154621,
154643, 154667, 154669, 154681, 154691, 154699, 154723,
154727, 154733, 154747, 154753, 154769, 154787, 154789,
154799, 154807, 154823, 154841, 154849, 154871, 154873,
154877, 154883, 154897, 154927, 154933, 154937, 154943,
154981, 154991, 155003, 155009, 155017, 155027, 155047,
155069, 155081, 155083, 155087, 155119, 155137, 155153,
155161, 155167, 155171, 155191, 155201, 155203, 155209,
155219, 155231, 155251, 155269, 155291, 155299, 155303,
155317, 155327, 155333, 155371, 155377, 155381, 155383,
155387, 155399, 155413, 155423, 155443, 155453, 155461,
155473, 155501, 155509, 155521, 155537, 155539, 155557,
155569, 155579, 155581, 155593, 155599, 155609, 155621,
155627, 155653, 155657, 155663, 155671, 155689, 155693,
155699, 155707, 155717, 155719, 155723, 155731, 155741,
155747, 155773, 155777, 155783, 155797, 155801, 155809,
155821, 155833, 155849, 155851, 155861, 155863, 155887,
155891, 155893, 155921, 156007, 156011, 156019, 156041,
156059, 156061, 156071, 156089, 156109, 156119, 156127,
156131, 156139, 156151, 156157, 156217, 156227, 156229,
156241, 156253, 156257, 156259, 156269, 156307, 156319,
156329, 156347, 156353, 156361, 156371, 156419, 156421,
156437, 156467, 156487, 156491, 156493, 156511, 156521,
156539, 156577, 156589, 156593, 156601, 156619, 156623,
156631, 156641, 156659, 156671, 156677, 156679, 156683,
156691, 156703, 156707, 156719, 156727, 156733, 156749,

156781, 156797, 156799, 156817, 156823, 156833, 156841,
156887, 156899, 156901, 156913, 156941, 156943, 156967,
156971, 156979, 157007, 157013, 157019, 157037, 157049,
157051, 157057, 157061, 157081, 157103, 157109, 157127,
157133, 157141, 157163, 157177, 157181, 157189, 157207,
157211, 157217, 157219, 157229, 157231, 157243, 157247,
157253, 157259, 157271, 157273, 157277, 157279, 157291,
157303, 157307, 157321, 157327, 157349, 157351, 157363,
157393, 157411, 157427, 157429, 157433, 157457, 157477,
157483, 157489, 157513, 157519, 157523, 157543, 157559,
157561, 157571, 157579, 157627, 157637, 157639, 157649,
157667, 157669, 157679, 157721, 157733, 157739, 157747,
157769, 157771, 157793, 157799, 157813, 157823, 157831,
157837, 157841, 157867, 157877, 157889, 157897, 157901,
157907, 157931, 157933, 157951, 157991, 157999, 158003,
158009, 158017, 158029, 158047, 158071, 158077, 158113,
158129, 158141, 158143, 158161, 158189, 158201, 158209,
158227, 158231, 158233, 158243, 158261, 158269, 158293,
158303, 158329, 158341, 158351, 158357, 158359, 158363,
158371, 158393, 158407, 158419, 158429, 158443, 158449,
158489, 158507, 158519, 158527, 158537, 158551, 158563,
158567, 158573, 158581, 158591, 158597, 158611, 158617,
158621, 158633, 158647, 158657, 158663, 158699, 158731,
158747, 158749, 158759, 158761, 158771, 158777, 158791,
158803, 158843, 158849, 158863, 158867, 158881, 158909,
158923, 158927, 158941, 158959, 158981, 158993, 159013,
159017, 159023, 159059, 159073, 159079, 159097, 159113,
159119, 159157, 159161, 159167, 159169, 159179, 159191,
159193, 159199, 159209, 159223, 159227, 159233, 159287,
159293, 159311, 159319, 159337, 159347, 159349, 159361,
159389, 159403, 159407, 159421, 159431, 159437, 159457,
159463, 159469, 159473, 159491, 159499, 159503, 159521,
159539, 159541, 159553, 159563, 159569, 159571, 159589,
159617, 159623, 159629, 159631, 159667, 159671, 159673,
159683, 159697, 159701, 159707, 159721, 159737, 159739,
159763, 159769, 159773, 159779, 159787, 159791, 159793,

159799, 159811, 159833, 159839, 159853, 159857, 159869,
159871, 159899, 159911, 159931, 159937, 159977, 159979,
160001, 160009, 160019, 160031, 160033, 160049, 160073,
160079, 160081, 160087, 160091, 160093, 160117, 160141,
160159, 160163, 160169, 160183, 160201, 160207, 160217,
160231, 160243, 160253, 160309, 160313, 160319, 160343,
160357, 160367, 160373, 160387, 160397, 160403, 160409,
160423, 160441, 160453, 160481, 160483, 160499, 160507,
160541, 160553, 160579, 160583, 160591, 160603, 160619,
160621, 160627, 160637, 160639, 160649, 160651, 160663,
160669, 160681, 160687, 160697, 160709, 160711, 160723,
160739, 160751, 160753, 160757, 160781, 160789, 160807,
160813, 160817, 160829, 160841, 160861, 160877, 160879,
160883, 160903, 160907, 160933, 160967, 160969, 160981,
160997, 161009, 161017, 161033, 161039, 161047, 161053,
161059, 161071, 161087, 161093, 161123, 161137, 161141,
161149, 161159, 161167, 161201, 161221, 161233, 161237,
161263, 161267, 161281, 161303, 161309, 161323, 161333,
161339, 161341, 161363, 161377, 161387, 161407, 161411,
161453, 161459, 161461, 161471, 161503, 161507, 161521,
161527, 161531, 161543, 161561, 161563, 161569, 161573,
161591, 161599, 161611, 161627, 161639, 161641, 161659,
161683, 161717, 161729, 161731, 161741, 161743, 161753,
161761, 161771, 161773, 161779, 161783, 161807, 161831,
161839, 161869, 161873, 161879, 161881, 161911, 161921,
161923, 161947, 161957, 161969, 161971, 161977, 161983,
161999, 162007, 162011, 162017, 162053, 162059, 162079,
162091, 162109, 162119, 162143, 162209, 162221, 162229,
162251, 162257, 162263, 162269, 162277, 162287, 162289,
162293, 162343, 162359, 162389, 162391, 162413, 162419,
162439, 162451, 162457, 162473, 162493, 162499, 162517,
162523, 162527, 162529, 162553, 162557, 162563, 162577,
162593, 162601, 162611, 162623, 162629, 162641, 162649,
162671, 162677, 162683, 162691, 162703, 162709, 162713,
162727, 162731, 162739, 162749, 162751, 162779, 162787,
162791, 162821, 162823, 162829, 162839, 162847, 162853,

162859, 162881, 162889, 162901, 162907, 162917, 162937,
162947, 162971, 162973, 162989, 162997, 163003, 163019,
163021, 163027, 163061, 163063, 163109, 163117, 163127,
163129, 163147, 163151, 163169, 163171, 163181, 163193,
163199, 163211, 163223, 163243, 163249, 163259, 163307,
163309, 163321, 163327, 163337, 163351, 163363, 163367,
163393, 163403, 163409, 163411, 163417, 163433, 163469,
163477, 163481, 163483, 163487, 163517, 163543, 163561,
163567, 163573, 163601, 163613, 163621, 163627, 163633,
163637, 163643, 163661, 163673, 163679, 163697, 163729,
163733, 163741, 163753, 163771, 163781, 163789, 163811,
163819, 163841, 163847, 163853, 163859, 163861, 163871,
163883, 163901, 163909, 163927, 163973, 163979, 163981,
163987, 163991, 163993, 163997, 164011, 164023, 164039,
164051, 164057, 164071, 164089, 164093, 164113, 164117,
164147, 164149, 164173, 164183, 164191, 164201, 164209,
164231, 164233, 164239, 164249, 164251, 164267, 164279,
164291, 164299, 164309, 164321, 164341, 164357, 164363,
164371, 164377, 164387, 164413, 164419, 164429, 164431,
164443, 164447, 164449, 164471, 164477, 164503, 164513,
164531, 164569, 164581, 164587, 164599, 164617, 164621,
164623, 164627, 164653, 164663, 164677, 164683, 164701,
164707, 164729, 164743, 164767, 164771, 164789, 164809,
164821, 164831, 164837, 164839, 164881, 164893, 164911,
164953, 164963, 164987, 164999, 165001, 165037, 165041,
165047, 165049, 165059, 165079, 165083, 165089, 165103,
165133, 165161, 165173, 165181, 165203, 165211, 165229,
165233, 165247, 165287, 165293, 165311, 165313, 165317,
165331, 165343, 165349, 165367, 165379, 165383, 165391,
165397, 165437, 165443, 165449, 165457, 165463, 165469,
165479, 165511, 165523, 165527, 165533, 165541, 165551,
165553, 165559, 165569, 165587, 165589, 165601, 165611,
165617, 165653, 165667, 165673, 165701, 165703, 165707,
165709, 165713, 165719, 165721, 165749, 165779, 165799,
165811, 165817, 165829, 165833, 165857, 165877, 165883,
165887, 165901, 165931, 165941, 165947, 165961, 165983,

166013, 166021, 166027, 166031, 166043, 166063, 166081,
166099, 166147, 166151, 166157, 166169, 166183, 166189,
166207, 166219, 166237, 166247, 166259, 166273, 166289,
166297, 166301, 166303, 166319, 166349, 166351, 166357,
166363, 166393, 166399, 166403, 166409, 166417, 166429,
166457, 166471, 166487, 166541, 166561, 166567, 166571,
166597, 166601, 166603, 166609, 166613, 166619, 166627,
166631, 166643, 166657, 166667, 166669, 166679, 166693,
166703, 166723, 166739, 166741, 166781, 166783, 166799,
166807, 166823, 166841, 166843, 166847, 166849, 166853,
166861, 166867, 166871, 166909, 166919, 166931, 166949,
166967, 166973, 166979, 166987, 167009, 167017, 167021,
167023, 167033, 167039, 167047, 167051, 167071, 167077,
167081, 167087, 167099, 167107, 167113, 167117, 167119,
167149, 167159, 167173, 167177, 167191, 167197, 167213,
167221, 167249, 167261, 167267, 167269, 167309, 167311,
167317, 167329, 167339, 167341, 167381, 167393, 167407,
167413, 167423, 167429, 167437, 167441, 167443, 167449,
167471, 167483, 167491, 167521, 167537, 167543, 167593,
167597, 167611, 167621, 167623, 167627, 167633, 167641,
167663, 167677, 167683, 167711, 167729, 167747, 167759,
167771, 167777, 167779, 167801, 167809, 167861, 167863,
167873, 167879, 167887, 167891, 167899, 167911, 167917,
167953, 167971, 167987, 168013, 168023, 168029, 168037,
168043, 168067, 168071, 168083, 168089, 168109, 168127,
168143, 168151, 168193, 168197, 168211, 168227, 168247,
168253, 168263, 168269, 168277, 168281, 168293, 168323,
168331, 168347, 168353, 168391, 168409, 168433, 168449,
168451, 168457, 168463, 168481, 168491, 168499, 168523,
168527, 168533, 168541, 168559, 168599, 168601, 168617,
168629, 168631, 168643, 168673, 168677, 168697, 168713,
168719, 168731, 168737, 168743, 168761, 168769, 168781,
168803, 168851, 168863, 168869, 168887, 168893, 168899,
168901, 168913, 168937, 168943, 168977, 168991, 169003,
169007, 169009, 169019, 169049, 169063, 169067, 169069,
169079, 169093, 169097, 169111, 169129, 169151, 169159,

169177, 169181, 169199, 169217, 169219, 169241, 169243,
169249, 169259, 169283, 169307, 169313, 169319, 169321,
169327, 169339, 169343, 169361, 169369, 169373, 169399,
169409, 169427, 169457, 169471, 169483, 169489, 169493,
169501, 169523, 169531, 169553, 169567, 169583, 169591,
169607, 169627, 169633, 169639, 169649, 169657, 169661,
169667, 169681, 169691, 169693, 169709, 169733, 169751,
169753, 169769, 169777, 169783, 169789, 169817, 169823,
169831, 169837, 169843, 169859, 169889, 169891, 169909,
169913, 169919, 169933, 169937, 169943, 169951, 169957,
169987, 169991, 170003, 170021, 170029, 170047, 170057,
170063, 170081, 170099, 170101, 170111, 170123, 170141,
170167, 170179, 170189, 170197, 170207, 170213, 170227,
170231, 170239, 170243, 170249, 170263, 170267, 170279,
170293, 170299, 170327, 170341, 170347, 170351, 170353,
170363, 170369, 170371, 170383, 170389, 170393, 170413,
170441, 170447, 170473, 170483, 170497, 170503, 170509,
170537, 170539, 170551, 170557, 170579, 170603, 170609,
170627, 170633, 170641, 170647, 170669, 170689, 170701,
170707, 170711, 170741, 170749, 170759, 170761, 170767,
170773, 170777, 170801, 170809, 170813, 170827, 170837,
170843, 170851, 170857, 170873, 170881, 170887, 170899,
170921, 170927, 170953, 170957, 170971, 171007, 171023,
171029, 171043, 171047, 171049, 171053, 171077, 171079,
171091, 171103, 171131, 171161, 171163, 171167, 171169,
171179, 171203, 171233, 171251, 171253, 171263, 171271,
171293, 171299, 171317, 171329, 171341, 171383, 171401,
171403, 171427, 171439, 171449, 171467, 171469, 171473,
171481, 171491, 171517, 171529, 171539, 171541, 171553,
171559, 171571, 171583, 171617, 171629, 171637, 171641,
171653, 171659, 171671, 171673, 171679, 171697, 171707,
171713, 171719, 171733, 171757, 171761, 171763, 171793,
171799, 171803, 171811, 171823, 171827, 171851, 171863,
171869, 171877, 171881, 171889, 171917, 171923, 171929,
171937, 171947, 172001, 172009, 172021, 172027, 172031,
172049, 172069, 172079, 172093, 172097, 172127, 172147,

172153, 172157, 172169, 172171, 172181, 172199, 172213,
172217, 172219, 172223, 172243, 172259, 172279, 172283,
172297, 172307, 172313, 172321, 172331, 172343, 172351,
172357, 172373, 172399, 172411, 172421, 172423, 172427,
172433, 172439, 172441, 172489, 172507, 172517, 172519,
172541, 172553, 172561, 172573, 172583, 172589, 172597,
172603, 172607, 172619, 172633, 172643, 172649, 172657,
172663, 172673, 172681, 172687, 172709, 172717, 172721,
172741, 172751, 172759, 172787, 172801, 172807, 172829,
172849, 172853, 172859, 172867, 172871, 172877, 172883,
172933, 172969, 172973, 172981, 172987, 172993, 172999,
173021, 173023, 173039, 173053, 173059, 173081, 173087,
173099, 173137, 173141, 173149, 173177, 173183, 173189,
173191, 173207, 173209, 173219, 173249, 173263, 173267,
173273, 173291, 173293, 173297, 173309, 173347, 173357,
173359, 173429, 173431, 173473, 173483, 173491, 173497,
173501, 173531, 173539, 173543, 173549, 173561, 173573,
173599, 173617, 173629, 173647, 173651, 173659, 173669,
173671, 173683, 173687, 173699, 173707, 173713, 173729,
173741, 173743, 173773, 173777, 173779, 173783, 173807,
173819, 173827, 173839, 173851, 173861, 173867, 173891,
173897, 173909, 173917, 173923, 173933, 173969, 173977,
173981, 173993, 174007, 174017, 174019, 174047, 174049,
174061, 174067, 174071, 174077, 174079, 174091, 174101,
174121, 174137, 174143, 174149, 174157, 174169, 174197,
174221, 174241, 174257, 174259, 174263, 174281, 174289,
174299, 174311, 174329, 174331, 174337, 174347, 174367,
174389, 174407, 174413, 174431, 174443, 174457, 174467,
174469, 174481, 174487, 174491, 174527, 174533, 174569,
174571, 174583, 174599, 174613, 174617, 174631, 174637,
174649, 174653, 174659, 174673, 174679, 174703, 174721,
174737, 174749, 174761, 174763, 174767, 174773, 174799,
174821, 174829, 174851, 174859, 174877, 174893, 174901,
174907, 174917, 174929, 174931, 174943, 174959, 174989,
174991, 175003, 175013, 175039, 175061, 175067, 175069,
175079, 175081, 175103, 175129, 175141, 175211, 175229,

175261, 175267, 175277, 175291, 175303, 175309, 175327,
175333, 175349, 175361, 175391, 175393, 175403, 175411,
175433, 175447, 175453, 175463, 175481, 175493, 175499,
175519, 175523, 175543, 175573, 175601, 175621, 175631,
175633, 175649, 175663, 175673, 175687, 175691, 175699,
175709, 175723, 175727, 175753, 175757, 175759, 175781,
175783, 175811, 175829, 175837, 175843, 175853, 175859,
175873, 175891, 175897, 175909, 175919, 175937, 175939,
175949, 175961, 175963, 175979, 175991, 175993, 176017,
176021, 176023, 176041, 176047, 176051, 176053, 176063,
176081, 176087, 176089, 176123, 176129, 176153, 176159,
176161, 176179, 176191, 176201, 176207, 176213, 176221,
176227, 176237, 176243, 176261, 176299, 176303, 176317,
176321, 176327, 176329, 176333, 176347, 176353, 176357,
176369, 176383, 176389, 176401, 176413, 176417, 176419,
176431, 176459, 176461, 176467, 176489, 176497, 176503,
176507, 176509, 176521, 176531, 176537, 176549, 176551,
176557, 176573, 176591, 176597, 176599, 176609, 176611,
176629, 176641, 176651, 176677, 176699, 176711, 176713,
176741, 176747, 176753, 176777, 176779, 176789, 176791,
176797, 176807, 176809, 176819, 176849, 176857, 176887,
176899, 176903, 176921, 176923, 176927, 176933, 176951,
176977, 176983, 176989, 177007, 177011, 177013, 177019,
177043, 177091, 177101, 177109, 177113, 177127, 177131,
177167, 177173, 177209, 177211, 177217, 177223, 177239,
177257, 177269, 177283, 177301, 177319, 177323, 177337,
177347, 177379, 177383, 177409, 177421, 177427, 177431,
177433, 177467, 177473, 177481, 177487, 177493, 177511,
177533, 177539, 177553, 177589, 177601, 177623, 177647,
177677, 177679, 177691, 177739, 177743, 177761, 177763,
177787, 177791, 177797, 177811, 177823, 177839, 177841,
177883, 177887, 177889, 177893, 177907, 177913, 177917,
177929, 177943, 177949, 177953, 177967, 177979, 178001,
178021, 178037, 178039, 178067, 178069, 178091, 178093,
178103, 178117, 178127, 178141, 178151, 178169, 178183,
178187, 178207, 178223, 178231, 178247, 178249, 178259,

178261, 178289, 178301, 178307, 178327, 178333, 178349,
178351, 178361, 178393, 178397, 178403, 178417, 178439,
178441, 178447, 178469, 178481, 178487, 178489, 178501,
178513, 178531, 178537, 178559, 178561, 178567, 178571,
178597, 178601, 178603, 178609, 178613, 178621, 178627,
178639, 178643, 178681, 178691, 178693, 178697, 178753,
178757, 178781, 178793, 178799, 178807, 178813, 178817,
178819, 178831, 178853, 178859, 178873, 178877, 178889,
178897, 178903, 178907, 178909, 178921, 178931, 178933,
178939, 178951, 178973, 178987, 179021, 179029, 179033,
179041, 179051, 179057, 179083, 179089, 179099, 179107,
179111, 179119, 179143, 179161, 179167, 179173, 179203,
179209, 179213, 179233, 179243, 179261, 179269, 179281,
179287, 179317, 179321, 179327, 179351, 179357, 179369,
179381, 179383, 179393, 179407, 179411, 179429, 179437,
179441, 179453, 179461, 179471, 179479, 179483, 179497,
179519, 179527, 179533, 179549, 179563, 179573, 179579,
179581, 179591, 179593, 179603, 179623, 179633, 179651,
179657, 179659, 179671, 179687, 179689, 179693, 179717,
179719, 179737, 179743, 179749, 179779, 179801, 179807,
179813, 179819, 179821, 179827, 179833, 179849, 179897,
179899, 179903, 179909, 179917, 179923, 179939, 179947,
179951, 179953, 179957, 179969, 179981, 179989, 179999,
180001, 180007, 180023, 180043, 180053, 180071, 180073,
180077, 180097, 180137, 180161, 180179, 180181, 180211,
180221, 180233, 180239, 180241, 180247, 180259, 180263,
180281, 180287, 180289, 180307, 180311, 180317, 180331,
180337, 180347, 180361, 180371, 180379, 180391, 180413,
180419, 180437, 180463, 180473, 180491, 180497, 180503,
180511, 180533, 180539, 180541, 180547, 180563, 180569,
180617, 180623, 180629, 180647, 180667, 180679, 180701,
180731, 180749, 180751, 180773, 180779, 180793, 180797,
180799, 180811, 180847, 180871, 180883, 180907, 180949,
180959, 181001, 181003, 181019, 181031, 181039, 181061,
181063, 181081, 181087, 181123, 181141, 181157, 181183,
181193, 181199, 181201, 181211, 181213, 181219, 181243,

181253, 181273, 181277, 181283, 181297, 181301, 181303,
181361, 181387, 181397, 181399, 181409, 181421, 181439,
181457, 181459, 181499, 181501, 181513, 181523, 181537,
181549, 181553, 181603, 181607, 181609, 181619, 181639,
181667, 181669, 181693, 181711, 181717, 181721, 181729,
181739, 181751, 181757, 181759, 181763, 181777, 181787,
181789, 181813, 181837, 181871, 181873, 181889, 181891,
181903, 181913, 181919, 181927, 181931, 181943, 181957,
181967, 181981, 181997, 182009, 182011, 182027, 182029,
182041, 182047, 182057, 182059, 182089, 182099, 182101,
182107, 182111, 182123, 182129, 182131, 182141, 182159,
182167, 182177, 182179, 182201, 182209, 182233, 182239,
182243, 182261, 182279, 182297, 182309, 182333, 182339,
182341, 182353, 182387, 182389, 182417, 182423, 182431,
182443, 182453, 182467, 182471, 182473, 182489, 182503,
182509, 182519, 182537, 182549, 182561, 182579, 182587,
182593, 182599, 182603, 182617, 182627, 182639, 182641,
182653, 182657, 182659, 182681, 182687, 182701, 182711,
182713, 182747, 182773, 182779, 182789, 182803, 182813,
182821, 182839, 182851, 182857, 182867, 182887, 182893,
182899, 182921, 182927, 182929, 182933, 182953, 182957,
182969, 182981, 182999, 183023, 183037, 183041, 183047,
183059, 183067, 183089, 183091, 183119, 183151, 183167,
183191, 183203, 183247, 183259, 183263, 183283, 183289,
183299, 183301, 183307, 183317, 183319, 183329, 183343,
183349, 183361, 183373, 183377, 183383, 183389, 183397,
183437, 183439, 183451, 183461, 183473, 183479, 183487,
183497, 183499, 183503, 183509, 183511, 183523, 183527,
183569, 183571, 183577, 183581, 183587, 183593, 183611,
183637, 183661, 183683, 183691, 183697, 183707, 183709,
183713, 183761, 183763, 183797, 183809, 183823, 183829,
183871, 183877, 183881, 183907, 183917, 183919, 183943,
183949, 183959, 183971, 183973, 183979, 184003, 184007,
184013, 184031, 184039, 184043, 184057, 184073, 184081,
184087, 184111, 184117, 184133, 184153, 184157, 184181,
184187, 184189, 184199, 184211, 184231, 184241, 184259,

184271, 184273, 184279, 184291, 184309, 184321, 184333,
184337, 184351, 184369, 184409, 184417, 184441, 184447,
184463, 184477, 184487, 184489, 184511, 184517, 184523,
184553, 184559, 184567, 184571, 184577, 184607, 184609,
184627, 184631, 184633, 184649, 184651, 184669, 184687,
184693, 184703, 184711, 184721, 184727, 184733, 184753,
184777, 184823, 184829, 184831, 184837, 184843, 184859,
184879, 184901, 184903, 184913, 184949, 184957, 184967,
184969, 184993, 184997, 184999, 185021, 185027, 185051,
185057, 185063, 185069, 185071, 185077, 185089, 185099,
185123, 185131, 185137, 185149, 185153, 185161, 185167,
185177, 185183, 185189, 185221, 185233, 185243, 185267,
185291, 185299, 185303, 185309, 185323, 185327, 185359,
185363, 185369, 185371, 185401, 185429, 185441, 185467,
185477, 185483, 185491, 185519, 185527, 185531, 185533,
185539, 185543, 185551, 185557, 185567, 185569, 185593,
185599, 185621, 185641, 185651, 185677, 185681, 185683,
185693, 185699, 185707, 185711, 185723, 185737, 185747,
185749, 185753, 185767, 185789, 185797, 185813, 185819,
185821, 185831, 185833, 185849, 185869, 185873, 185893,
185897, 185903, 185917, 185923, 185947, 185951, 185957,
185959, 185971, 185987, 185993, 186007, 186013, 186019,
186023, 186037, 186041, 186049, 186071, 186097, 186103,
186107, 186113, 186119, 186149, 186157, 186161, 186163,
186187, 186191, 186211, 186227, 186229, 186239, 186247,
186253, 186259, 186271, 186283, 186299, 186301, 186311,
186317, 186343, 186377, 186379, 186391, 186397, 186419,
186437, 186451, 186469, 186479, 186481, 186551, 186569,
186581, 186583, 186587, 186601, 186619, 186629, 186647,
186649, 186653, 186671, 186679, 186689, 186701, 186707,
186709, 186727, 186733, 186743, 186757, 186761, 186763,
186773, 186793, 186799, 186841, 186859, 186869, 186871,
186877, 186883, 186889, 186917, 186947, 186959, 187003,
187009, 187027, 187043, 187049, 187067, 187069, 187073,
187081, 187091, 187111, 187123, 187127, 187129, 187133,
187139, 187141, 187163, 187171, 187177, 187181, 187189,

187193, 187211, 187217, 187219, 187223, 187237, 187273,
187277, 187303, 187337, 187339, 187349, 187361, 187367,
187373, 187379, 187387, 187393, 187409, 187417, 187423,
187433, 187441, 187463, 187469, 187471, 187477, 187507,
187513, 187531, 187547, 187559, 187573, 187597, 187631,
187633, 187637, 187639, 187651, 187661, 187669, 187687,
187699, 187711, 187721, 187751, 187763, 187787, 187793,
187823, 187843, 187861, 187871, 187877, 187883, 187897,
187907, 187909, 187921, 187927, 187931, 187951, 187963,
187973, 187987, 188011, 188017, 188021, 188029, 188107,
188137, 188143, 188147, 188159, 188171, 188179, 188189,
188197, 188249, 188261, 188273, 188281, 188291, 188299,
188303, 188311, 188317, 188323, 188333, 188351, 188359,
188369, 188389, 188401, 188407, 188417, 188431, 188437,
188443, 188459, 188473, 188483, 188491, 188519, 188527,
188533, 188563, 188579, 188603, 188609, 188621, 188633,
188653, 188677, 188681, 188687, 188693, 188701, 188707,
188711, 188719, 188729, 188753, 188767, 188779, 188791,
188801, 188827, 188831, 188833, 188843, 188857, 188861,
188863, 188869, 188891, 188911, 188927, 188933, 188939,
188941, 188953, 188957, 188983, 188999, 189011, 189017,
189019, 189041, 189043, 189061, 189067, 189127, 189139,
189149, 189151, 189169, 189187, 189199, 189223, 189229,
189239, 189251, 189253, 189257, 189271, 189307, 189311,
189337, 189347, 189349, 189353, 189361, 189377, 189389,
189391, 189401, 189407, 189421, 189433, 189437, 189439,
189463, 189467, 189473, 189479, 189491, 189493, 189509,
189517, 189523, 189529, 189547, 189559, 189583, 189593,
189599, 189613, 189617, 189619, 189643, 189653, 189661,
189671, 189691, 189697, 189701, 189713, 189733, 189743,
189757, 189767, 189797, 189799, 189817, 189823, 189851,
189853, 189859, 189877, 189881, 189887, 189901, 189913,
189929, 189947, 189949, 189961, 189967, 189977, 189983,
189989, 189997, 190027, 190031, 190051, 190063, 190093,
190097, 190121, 190129, 190147, 190159, 190181, 190207,
190243, 190249, 190261, 190271, 190283, 190297, 190301,

190313, 190321, 190331, 190339, 190357, 190367, 190369,
190387, 190391, 190403, 190409, 190471, 190507, 190523,
190529, 190537, 190543, 190573, 190577, 190579, 190583,
190591, 190607, 190613, 190633, 190639, 190649, 190657,
190667, 190669, 190699, 190709, 190711, 190717, 190753,
190759, 190763, 190769, 190783, 190787, 190793, 190807,
190811, 190823, 190829, 190837, 190843, 190871, 190889,
190891, 190901, 190909, 190913, 190921, 190979, 190997,
191021, 191027, 191033, 191039, 191047, 191057, 191071,
191089, 191099, 191119, 191123, 191137, 191141, 191143,
191161, 191173, 191189, 191227, 191231, 191237, 191249,
191251, 191281, 191297, 191299, 191339, 191341, 191353,
191413, 191441, 191447, 191449, 191453, 191459, 191461,
191467, 191473, 191491, 191497, 191507, 191509, 191519,
191531, 191533, 191537, 191551, 191561, 191563, 191579,
191599, 191621, 191627, 191657, 191669, 191671, 191677,
191689, 191693, 191699, 191707, 191717, 191747, 191749,
191773, 191783, 191791, 191801, 191803, 191827, 191831,
191833, 191837, 191861, 191899, 191903, 191911, 191929,
191953, 191969, 191977, 191999, 192007, 192013, 192029,
192037, 192043, 192047, 192053, 192091, 192097, 192103,
192113, 192121, 192133, 192149, 192161, 192173, 192187,
192191, 192193, 192229, 192233, 192239, 192251, 192259,
192263, 192271, 192307, 192317, 192319, 192323, 192341,
192343, 192347, 192373, 192377, 192383, 192391, 192407,
192431, 192461, 192463, 192497, 192499, 192529, 192539,
192547, 192553, 192557, 192571, 192581,
192583, 192587, 192601, 192611, 192613, 192617, 192629,
192631, 192637, 192667, 192677, 192697, 192737, 192743,
192749, 192757, 192767, 192781, 192791, 192799, 192811,
192817, 192833, 192847, 192853, 192859, 192877, 192883,
192887, 192889, 192917, 192923, 192931, 192949, 192961,
192971, 192977, 192979, 192991, 193003, 193009, 193013,
193031, 193043, 193051, 193057, 193073, 193093, 193133,
193139, 193147, 193153, 193163, 193181, 193183, 193189,
193201, 193243, 193247, 193261, 193283, 193301, 193327,

193337, 193357, 193367, 193373, 193379, 193381, 193387,
193393, 193423, 193433, 193441, 193447, 193451, 193463,
193469, 193493, 193507, 193513, 193541, 193549, 193559,
193573, 193577, 193597, 193601, 193603, 193607, 193619,
193649, 193663, 193679, 193703, 193723, 193727, 193741,
193751, 193757, 193763, 193771, 193789, 193793, 193799,
193811, 193813, 193841, 193847, 193859, 193861, 193871,
193873, 193877, 193883, 193891, 193937, 193939, 193943,
193951, 193957, 193979, 193993, 194003, 194017, 194027,
194057, 194069, 194071, 194083, 194087, 194093, 194101,
194113, 194119, 194141, 194149, 194167, 194179, 194197,
194203, 194239, 194263, 194267, 194269, 194309, 194323,
194353, 194371, 194377, 194413, 194431, 194443, 194471,
194479, 194483, 194507, 194521, 194527, 194543, 194569,
194581, 194591, 194609, 194647, 194653, 194659, 194671,
194681, 194683, 194687, 194707, 194713, 194717, 194723,
194729, 194749, 194767, 194771, 194809, 194813, 194819,
194827, 194839, 194861, 194863, 194867, 194869, 194891,
194899, 194911, 194917, 194933, 194963, 194977, 194981,
194989, 195023, 195029, 195043, 195047, 195049, 195053,
195071, 195077, 195089, 195103, 195121, 195127, 195131,
195137, 195157, 195161, 195163, 195193, 195197, 195203,
195229, 195241, 195253, 195259, 195271, 195277, 195281,
195311, 195319, 195329, 195341, 195343, 195353, 195359,
195389, 195401, 195407, 195413, 195427, 195443, 195457,
195469, 195479, 195493, 195497, 195511, 195527, 195539,
195541, 195581, 195593, 195599, 195659, 195677, 195691,
195697, 195709, 195731, 195733, 195737, 195739, 195743,
195751, 195761, 195781, 195787, 195791, 195809, 195817,
195863, 195869, 195883, 195887, 195893, 195907, 195913,
195919, 195929, 195931, 195967, 195971, 195973, 195977,
195991, 195997, 196003, 196033, 196039, 196043, 196051,
196073, 196081, 196087, 196111, 196117, 196139, 196159,
196169, 196171, 196177, 196181, 196187, 196193, 196201,
196247, 196271, 196277, 196279, 196291, 196303, 196307,
196331, 196337, 196379, 196387, 196429, 196439, 196453,

196459, 196477, 196499, 196501, 196519, 196523, 196541,
196543, 196549, 196561, 196579, 196583, 196597, 196613,
196643, 196657, 196661, 196663, 196681, 196687, 196699,
196709, 196717, 196727, 196739, 196751, 196769, 196771,
196799, 196817, 196831, 196837, 196853, 196871, 196873,
196879, 196901, 196907, 196919, 196927, 196961, 196991,
196993, 197003, 197009, 197023, 197033, 197059, 197063,
197077, 197083, 197089, 197101, 197117, 197123, 197137,
197147, 197159, 197161, 197203, 197207, 197221, 197233,
197243, 197257, 197261, 197269, 197273, 197279, 197293,
197297, 197299, 197311, 197339, 197341, 197347, 197359,
197369, 197371, 197381, 197383, 197389, 197419, 197423,
197441, 197453, 197479, 197507, 197521, 197539, 197551,
197567, 197569, 197573, 197597, 197599, 197609, 197621,
197641, 197647, 197651, 197677, 197683, 197689, 197699,
197711, 197713, 197741, 197753, 197759, 197767, 197773,
197779, 197803, 197807, 197831, 197837, 197887, 197891,
197893, 197909, 197921, 197927, 197933, 197947, 197957,
197959, 197963, 197969, 197971, 198013, 198017, 198031,
198043, 198047, 198073, 198083, 198091, 198097, 198109,
198127, 198139, 198173, 198179, 198193, 198197, 198221,
198223, 198241, 198251, 198257, 198259, 198277, 198281,
198301, 198313, 198323, 198337, 198347, 198349, 198377,
198391, 198397, 198409, 198413, 198427, 198437, 198439,
198461, 198463, 198469, 198479, 198491, 198503, 198529,
198533, 198553, 198571, 198589, 198593, 198599, 198613,
198623, 198637, 198641, 198647, 198659, 198673, 198689,
198701, 198719, 198733, 198761, 198769, 198811, 198817,
198823, 198827, 198829, 198833, 198839, 198841, 198851,
198859, 198899, 198901, 198929, 198937, 198941, 198943,
198953, 198959, 198967, 198971, 198977, 198997, 199021,
199033, 199037, 199039, 199049, 199081, 199103, 199109,
199151, 199153, 199181, 199193, 199207, 199211, 199247,
199261, 199267, 199289, 199313, 199321, 199337, 199343,
199357, 199373, 199379, 199399, 199403, 199411, 199417,
199429, 199447, 199453, 199457, 199483, 199487, 199489,

199499, 199501, 199523, 199559, 199567, 199583, 199601,
199603, 199621, 199637, 199657, 199669, 199673, 199679,
199687, 199697, 199721, 199729, 199739, 199741, 199751,
199753, 199777, 199783, 199799, 199807, 199811, 199813,
199819, 199831, 199853, 199873, 199877, 199889, 199909,
199921, 199931, 199933, 199961, 199967, 199999, 200003,
200009, 200017, 200023, 200029, 200033, 200041, 200063,
200087, 200117, 200131, 200153, 200159, 200171, 200177,
200183, 200191, 200201, 200227, 200231, 200237, 200257,
200273, 200293, 200297, 200323, 200329, 200341, 200351,
200357, 200363, 200371, 200381, 200383, 200401, 200407,
200437, 200443, 200461, 200467, 200483, 200513, 200569,
200573, 200579, 200587, 200591, 200597, 200609, 200639,
200657, 200671, 200689, 200699, 200713, 200723, 200731,
200771, 200779, 200789, 200797, 200807, 200843, 200861,
200867, 200869, 200881, 200891, 200899, 200903, 200909,
200927, 200929, 200971, 200983, 200987, 200989, 201007,
201011, 201031, 201037, 201049, 201073, 201101, 201107,
201119, 201121, 201139, 201151, 201163, 201167, 201193,
201203, 201209, 201211, 201233, 201247, 201251, 201281,
201287, 201307, 201329, 201337, 201359, 201389, 201401,
201403, 201413, 201437, 201449, 201451, 201473, 201491,
201493, 201497, 201499, 201511, 201517, 201547, 201557,
201577, 201581, 201589, 201599, 201611, 201623, 201629,
201653, 201661, 201667, 201673, 201683, 201701, 201709,
201731, 201743, 201757, 201767, 201769, 201781, 201787,
201791, 201797, 201809, 201821, 201823, 201827, 201829,
201833, 201847, 201881, 201889, 201893, 201907, 201911,
201919, 201923, 201937, 201947, 201953, 201961, 201973,
201979, 201997, 202001, 202021, 202031, 202049, 202061,
202063, 202067, 202087, 202099, 202109, 202121, 202127,
202129, 202183, 202187, 202201, 202219, 202231, 202243,
202277, 202289, 202291, 202309, 202327, 202339, 202343,
202357, 202361, 202381, 202387, 202393, 202403, 202409,
202441, 202471, 202481, 202493, 202519, 202529, 202549,
202567, 202577, 202591, 202613, 202621, 202627, 202637,

202639, 202661, 202667, 202679, 202693, 202717, 202729, 202733, 202747, 202751, 202753, 202757, 202777, 202799, 202817, 202823, 202841, 202859, 202877, 202879, 202889, 202907, 202921, 202931, 202933, 202949, 202967, 202973, 202981, 202987, 202999, 203011, 203017, 203023, 203039, 203051, 203057, 203117, 203141, 203173, 203183, 203207, 203209, 203213, 203221, 203227, 203233, 203249, 203279, 203293, 203309, 203311, 203317, 203321, 203323, 203339, 203341, 203351, 203353, 203363, 203381, 203383, 203387, 203393, 203417, 203419, 203429, 203431, 203449, 203459, 203461, 203531, 203549, 203563, 203569, 203579, 203591, 203617, 203627, 203641, 203653, 203657, 203659, 203663, 203669, 203713, 203761, 203767, 203771, 203773, 203789, 203807, 203809, 203821, 203843, 203857, 203869, 203873, 203897, 203909, 203911, 203921, 203947, 203953, 203969, 203971, 203977, 203989, 203999, 204007, 204013, 204019, 204023, 204047, 204059, 204067, 204101, 204107, 204133, 204137, 204143, 204151, 204161, 204163, 204173, 204233, 204251, 204299, 204301, 204311, 204319, 204329, 204331, 204353, 204359, 204361, 204367, 204371, 204377, 204397, 204427, 204431, 204437, 204439, 204443, 204461, 204481, 204487, 204509, 204511, 204517, 204521, 204557, 204563, 204583, 204587, 204599, 204601, 204613, 204623, 204641, 204667, 204679, 204707, 204719, 204733, 204749, 204751, 204781, 204791, 204793, 204797, 204803, 204821, 204857, 204859, 204871, 204887, 204913, 204917, 204923, 204931, 204947, 204973, 204979, 204983, 205019, 205031, 205033, 205043, 205063, 205069, 205081, 205097, 205103, 205111, 205129, 205133, 205141, 205151, 205157, 205171, 205187, 205201, 205211, 205213, 205223, 205237, 205253, 205267, 205297, 205307, 205319, 205327, 205339, 205357, 205391, 205397, 205399, 205417, 205421, 205423, 205427, 205433, 205441, 205453, 205463, 205477, 205483, 205487, 205493, 205507, 205519, 205529, 205537, 205549, 205553, 205559, 205589, 205603, 205607, 205619, 205627, 205633, 205651, 205657, 205661, 205663, 205703, 205721, 205759, 205763,

205783, 205817, 205823, 205837, 205847, 205879, 205883,
205913, 205937, 205949, 205951, 205957, 205963, 205967,
205981, 205991, 205993, 206009, 206021, 206027, 206033,
206039, 206047, 206051, 206069, 206077, 206081, 206083,
206123, 206153, 206177, 206179, 206183, 206191, 206197,
206203, 206209, 206221, 206233, 206237, 206249, 206251,
206263, 206273, 206279, 206281, 206291, 206299, 206303,
206341, 206347, 206351, 206369, 206383, 206399, 206407,
206411, 206413, 206419, 206447, 206461, 206467, 206477,
206483, 206489, 206501, 206519, 206527, 206543, 206551,
206593, 206597, 206603, 206623, 206627, 206639, 206641,
206651, 206699, 206749, 206779, 206783, 206803, 206807,
206813, 206819, 206821, 206827, 206879, 206887, 206897,
206909, 206911, 206917, 206923, 206933, 206939, 206951,
206953, 206993, 207013, 207017, 207029, 207037, 207041,
207061, 207073, 207079, 207113, 207121, 207127, 207139,
207169, 207187, 207191, 207197, 207199, 207227, 207239,
207241, 207257, 207269, 207287, 207293, 207301, 207307,
207329, 207331, 207341, 207343, 207367, 207371, 207377,
207401, 207409, 207433, 207443, 207457, 207463, 207469,
207479, 207481, 207491, 207497, 207509, 207511, 207517,
207521, 207523, 207541, 207547, 207551, 207563, 207569,
207589, 207593, 207619, 207629, 207643, 207653, 207661,
207671, 207673, 207679, 207709, 207719, 207721, 207743,
207763, 207769, 207797, 207799, 207811, 207821, 207833,
207847, 207869, 207877, 207923, 207931, 207941, 207947,
207953, 207967, 207971, 207973, 207997, 208001, 208003,
208009, 208037, 208049, 208057, 208067, 208073, 208099,
208111, 208121, 208129, 208139, 208141, 208147, 208189,
208207, 208213, 208217, 208223, 208231, 208253, 208261,
208277, 208279, 208283, 208291, 208309, 208319, 208333,
208337, 208367, 208379, 208387, 208391, 208393, 208409,
208433, 208441, 208457, 208459, 208463, 208469, 208489,
208493, 208499, 208501, 208511, 208513, 208519, 208529,
208553, 208577, 208589, 208591, 208609, 208627, 208631,
208657, 208667, 208673, 208687, 208697, 208699, 208721,

208729, 208739, 208759, 208787, 208799, 208807, 208837,
208843, 208877, 208889, 208891, 208907, 208927, 208931,
208933, 208961, 208963, 208991, 208993, 208997, 209021,
209029, 209039, 209063, 209071, 209089, 209123, 209147,
209159, 209173, 209179, 209189, 209201, 209203, 209213,
209221, 209227, 209233, 209249, 209257, 209263, 209267,
209269, 209299, 209311, 209317, 209327, 209333, 209347,
209353, 209357, 209359, 209371, 209381, 209393, 209401,
209431, 209441, 209449, 209459, 209471, 209477, 209497,
209519, 209533, 209543, 209549, 209563, 209567, 209569,
209579, 209581, 209597, 209621, 209623, 209639, 209647,
209659, 209669, 209687, 209701, 209707, 209717, 209719,
209743, 209767, 209771, 209789, 209801, 209809, 209813,
209819, 209821, 209837, 209851, 209857, 209861, 209887,
209917, 209927, 209929, 209939, 209953, 209959, 209971,
209977, 209983, 209987, 210011, 210019, 210031, 210037,
210053, 210071, 210097, 210101, 210109, 210113, 210127,
210131, 210139, 210143, 210157, 210169, 210173, 210187,
210191, 210193, 210209, 210229, 210233, 210241, 210247,
210257, 210263, 210277, 210283, 210299, 210317, 210319,
210323, 210347, 210359, 210361, 210391, 210401, 210403,
210407, 210421, 210437, 210461, 210467, 210481, 210487,
210491, 210499, 210523, 210527, 210533, 210557, 210599,
210601, 210619, 210631, 210643, 210659, 210671, 210709,
210713, 210719, 210731, 210739, 210761, 210773, 210803,
210809, 210811, 210823, 210827, 210839, 210853, 210857,
210869, 210901, 210907, 210911, 210913, 210923, 210929,
210943, 210961, 210967, 211007, 211039, 211049, 211051,
211061, 211063, 211067, 211073, 211093, 211097, 211129,
211151, 211153, 211177, 211187, 211193, 211199, 211213,
211217, 211219, 211229, 211231, 211241, 211247, 211271,
211283, 211291, 211297, 211313, 211319, 211333, 211339,
211349, 211369, 211373, 211403, 211427, 211433, 211441,
211457, 211469, 211493, 211499, 211501, 211507, 211543,
211559, 211571, 211573, 211583, 211597, 211619, 211639,
211643, 211657, 211661, 211663, 211681, 211691, 211693,

211711, 211723, 211727, 211741, 211747, 211777, 211781,
211789, 211801, 211811, 211817, 211859, 211867, 211873,
211877, 211879, 211889, 211891, 211927, 211931, 211933,
211943, 211949, 211969, 211979, 211997, 212029, 212039,
212057, 212081, 212099, 212117, 212123, 212131, 212141,
212161, 212167, 212183, 212203, 212207, 212209, 212227,
212239, 212243, 212281, 212293, 212297, 212353, 212369,
212383, 212411, 212419, 212423, 212437, 212447, 212453,
212461, 212467, 212479, 212501, 212507, 212557, 212561,
212573, 212579, 212587, 212593, 212627, 212633, 212651,
212669, 212671, 212677, 212683, 212701, 212777, 212791,
212801, 212827, 212837, 212843, 212851, 212867, 212869,
212873, 212881, 212897, 212903, 212909, 212917, 212923,
212969, 212981, 212987, 212999, 213019, 213023, 213029,
213043, 213067, 213079, 213091, 213097, 213119, 213131,
213133, 213139, 213149, 213173, 213181, 213193, 213203,
213209, 213217, 213223, 213229, 213247, 213253, 213263,
213281, 213287, 213289, 213307, 213319, 213329, 213337,
213349, 213359, 213361, 213383, 213391, 213397, 213407,
213449, 213461, 213467, 213481, 213491, 213523, 213533,
213539, 213553, 213557, 213589, 213599, 213611, 213613,
213623, 213637, 213641, 213649, 213659, 213713, 213721,
213727, 213737, 213751, 213791, 213799, 213821, 213827,
213833, 213847, 213859, 213881, 213887, 213901, 213919,
213929, 213943, 213947, 213949, 213953, 213973, 213977,
213989, 214003, 214007, 214009, 214021, 214031, 214033,
214043, 214051, 214063, 214069, 214087, 214091, 214129,
214133, 214141, 214147, 214163, 214177, 214189, 214211,
214213, 214219, 214237, 214243, 214259, 214283, 214297,
214309, 214351, 214363, 214373, 214381, 214391, 214399,
214433, 214439, 214451, 214457, 214463, 214469, 214481,
214483, 214499, 214507, 214517, 214519, 214531, 214541,
214559, 214561, 214589, 214603, 214607, 214631, 214639,
214651, 214657, 214663, 214667, 214673, 214691, 214723,
214729, 214733, 214741, 214759, 214763, 214771, 214783,
214787, 214789, 214807, 214811, 214817, 214831, 214849,

214853, 214867, 214883, 214891, 214913, 214939, 214943,
214967, 214987, 214993, 215051, 215063, 215077, 215087,
215123, 215141, 215143, 215153, 215161, 215179, 215183,
215191, 215197, 215239, 215249, 215261, 215273, 215279,
215297, 215309, 215317, 215329, 215351, 215353, 215359,
215381, 215389, 215393, 215399, 215417, 215443, 215447,
215459, 215461, 215471, 215483, 215497, 215503, 215507,
215521, 215531, 215563, 215573, 215587, 215617, 215653,
215659, 215681, 215687, 215689, 215693, 215723, 215737,
215753, 215767, 215771, 215797, 215801, 215827, 215833,
215843, 215851, 215857, 215863, 215893, 215899, 215909,
215921, 215927, 215939, 215953, 215959, 215981, 215983,
216023, 216037, 216061, 216071, 216091, 216103, 216107,
216113, 216119, 216127, 216133, 216149, 216157, 216173,
216179, 216211, 216217, 216233, 216259, 216263, 216289,
216317, 216319, 216329, 216347, 216371, 216373, 216379,
216397, 216401, 216421, 216431, 216451, 216481, 216493,
216509, 216523, 216551, 216553, 216569, 216571, 216577,
216607, 216617, 216641, 216647, 216649, 216653, 216661,
216679, 216703, 216719, 216731, 216743, 216751, 216757,
216761, 216779, 216781, 216787, 216791, 216803, 216829,
216841, 216851, 216859, 216877, 216899, 216901, 216911,
216917, 216919, 216947, 216967, 216973, 216991, 217001,
217003, 217027, 217033, 217057, 217069, 217081, 217111,
217117, 217121, 217157, 217163, 217169, 217199, 217201,
217207, 217219, 217223, 217229, 217241, 217253, 217271,
217307, 217309, 217313, 217319, 217333, 217337, 217339,
217351, 217361, 217363, 217367, 217369, 217387, 217397,
217409, 217411, 217421, 217429, 217439, 217457, 217463,
217489, 217499, 217517, 217519, 217559, 217561, 217573,
217577, 217579, 217619, 217643, 217661, 217667, 217681,
217687, 217691, 217697, 217717, 217727, 217733, 217739,
217747, 217771, 217781, 217793, 217823, 217829, 217849,
217859, 217901, 217907, 217909, 217933, 217937, 217969,
217979, 217981, 218003, 218021, 218047, 218069, 218077,
218081, 218083, 218087, 218107, 218111, 218117, 218131,

218137, 218143, 218149, 218171, 218191, 218213, 218227,
218233, 218249, 218279, 218287, 218357, 218363, 218371,
218381, 218389, 218401, 218417, 218419, 218423, 218437,
218447, 218453, 218459, 218461, 218479, 218509, 218513,
218521, 218527, 218531, 218549, 218551, 218579, 218591,
218599, 218611, 218623, 218627, 218629, 218641, 218651,
218657, 218677, 218681, 218711, 218717, 218719, 218723,
218737, 218749, 218761, 218783, 218797, 218809, 218819,
218833, 218839, 218843, 218849, 218857, 218873, 218887,
218923, 218941, 218947, 218963, 218969, 218971, 218987,
218989, 218993, 219001, 219017, 219019, 219031, 219041,
219053, 219059, 219071, 219083, 219091, 219097, 219103,
219119, 219133, 219143, 219169, 219187, 219217, 219223,
219251, 219277, 219281, 219293, 219301, 219311, 219313,
219353, 219361, 219371, 219377, 219389, 219407, 219409,
219433, 219437, 219451, 219463, 219467, 219491, 219503,
219517, 219523, 219529, 219533, 219547, 219577, 219587,
219599, 219607, 219613, 219619, 219629, 219647, 219649,
219677, 219679, 219683, 219689, 219707, 219721, 219727,
219731, 219749, 219757, 219761, 219763, 219767, 219787,
219797, 219799, 219809, 219823, 219829, 219839, 219847,
219851, 219871, 219881, 219889, 219911, 219917, 219931,
219937, 219941, 219943, 219953, 219959, 219971, 219977,
219979, 219983, 220009, 220013, 220019, 220021, 220057,
220063, 220123, 220141, 220147, 220151, 220163, 220169,
220177, 220189, 220217, 220243, 220279, 220291, 220301,
220307, 220327, 220333, 220351, 220357, 220361, 220369,
220373, 220391, 220399, 220403, 220411, 220421, 220447,
220469, 220471, 220511, 220513, 220529, 220537, 220543,
220553, 220559, 220573, 220579, 220589, 220613, 220663,
220667, 220673, 220681, 220687, 220699, 220709, 220721,
220747, 220757, 220771, 220783, 220789, 220793, 220807,
220811, 220841, 220859, 220861, 220873, 220877, 220879,
220889, 220897, 220901, 220903, 220907, 220919, 220931,
220933, 220939, 220973, 221021, 221047, 221059, 221069,
221071, 221077, 221083, 221087, 221093, 221101, 221159,

221171, 221173, 221197, 221201, 221203, 221209, 221219,
221227, 221233, 221239, 221251, 221261, 221281, 221303,
221311, 221317, 221327, 221393, 221399, 221401, 221411,
221413, 221447, 221453, 221461, 221471, 221477, 221489,
221497, 221509, 221537, 221539, 221549, 221567, 221581,
221587, 221603, 221621, 221623, 221653, 221657, 221659,
221671, 221677, 221707, 221713, 221717, 221719, 221723,
221729, 221737, 221747, 221773, 221797, 221807, 221813,
221827, 221831, 221849, 221873, 221891, 221909, 221941,
221951, 221953, 221957, 221987, 221989, 221999, 222007,
222011, 222023, 222029, 222041, 222043, 222059, 222067,
222073, 222107, 222109, 222113, 222127, 222137, 222149,
222151, 222161, 222163, 222193, 222197, 222199, 222247,
222269, 222289, 222293, 222311, 222317, 222323, 222329,
222337, 222347, 222349, 222361, 222367, 222379, 222389,
222403, 222419, 222437, 222461, 222493, 222499, 222511,
222527, 222533, 222553, 222557, 222587, 222601, 222613,
222619, 222643, 222647, 222659, 222679, 222707, 222713,
222731, 222773, 222779, 222787, 222791, 222793, 222799,
222823, 222839, 222841, 222857, 222863, 222877, 222883,
222913, 222919, 222931, 222941, 222947, 222953, 222967,
222977, 222979, 222991, 223007, 223009, 223019, 223037,
223049, 223051, 223061, 223063, 223087, 223099, 223103,
223129, 223133, 223151, 223207, 223211, 223217, 223219,
223229, 223241, 223243, 223247, 223253, 223259, 223273,
223277, 223283, 223291, 223303, 223313, 223319, 223331,
223337, 223339, 223361, 223367, 223381, 223403, 223423,
223429, 223439, 223441, 223463, 223469, 223481, 223493,
223507, 223529, 223543, 223547, 223549, 223577, 223589,
223621, 223633, 223637, 223667, 223679, 223681, 223697,
223711, 223747, 223753, 223757, 223759, 223781, 223823,
223829, 223831, 223837, 223841, 223843, 223849, 223903,
223919, 223921, 223939, 223963, 223969, 223999, 224011,
224027, 224033, 224041, 224047, 224057, 224069, 224071,
224101, 224113, 224129, 224131, 224149, 224153, 224171,
224177, 224197, 224201, 224209, 224221, 224233, 224239,

224251, 224261, 224267, 224291, 224299, 224303, 224309,
224317, 224327, 224351, 224359, 224363, 224401, 224423,
224429, 224443, 224449, 224461, 224467, 224473, 224491,
224501, 224513, 224527, 224563, 224569, 224579, 224591,
224603, 224611, 224617, 224629, 224633, 224669, 224677,
224683, 224699, 224711, 224717, 224729, 224737, 224743,
224759, 224771, 224797, 224813, 224831, 224863, 224869,
224881, 224891, 224897, 224909, 224911, 224921, 224929,
224947, 224951, 224969, 224977, 224993, 225023, 225037,
225061, 225067, 225077, 225079, 225089, 225109, 225119,
225133, 225143, 225149, 225157, 225161, 225163, 225167,
225217, 225221, 225223, 225227, 225241, 225257, 225263,
225287, 225289, 225299, 225307, 225341, 225343, 225347,
225349, 225353, 225371, 225373, 225383, 225427, 225431,
225457, 225461, 225479, 225493, 225499, 225503, 225509,
225523, 225527, 225529, 225569, 225581, 225583, 225601,
225611, 225613, 225619, 225629, 225637, 225671, 225683,
225689, 225697, 225721, 225733, 225749, 225751, 225767,
225769, 225779, 225781, 225809, 225821, 225829, 225839,
225859, 225871, 225889, 225919, 225931, 225941, 225943,
225949, 225961, 225977, 225983, 225989, 226001, 226007,
226013, 226027, 226063, 226087, 226099, 226103, 226123,
226129, 226133, 226141, 226169, 226183, 226189, 226199,
226201, 226217, 226231, 226241, 226267, 226283, 226307,
226313, 226337, 226357, 226367, 226379, 226381, 226397,
226409, 226427, 226433, 226451, 226453, 226463, 226483,
226487, 226511, 226531, 226547, 226549, 226553, 226571,
226601, 226609, 226621, 226631, 226637, 226643, 226649,
226657, 226663, 226669, 226691, 226697, 226741, 226753,
226769, 226777, 226783, 226789, 226799, 226813, 226817,
226819, 226823, 226843, 226871, 226901, 226903, 226907,
226913, 226937, 226943, 226991, 227011, 227027, 227053,
227081, 227089, 227093, 227111, 227113, 227131, 227147,
227153, 227159, 227167, 227177, 227189, 227191, 227207,
227219, 227231, 227233, 227251, 227257, 227267, 227281,
227299, 227303, 227363, 227371, 227377, 227387, 227393,

227399, 227407, 227419, 227431, 227453, 227459, 227467,
227471, 227473, 227489, 227497, 227501, 227519, 227531,
227533, 227537, 227561, 227567, 227569, 227581, 227593,
227597, 227603, 227609, 227611, 227627, 227629, 227651,
227653, 227663, 227671, 227693, 227699, 227707, 227719,
227729, 227743, 227789, 227797, 227827, 227849, 227869,
227873, 227893, 227947, 227951, 227977, 227989, 227993,
228013, 228023, 228049, 228061, 228077, 228097, 228103,
228113, 228127, 228131, 228139, 228181, 228197, 228199,
228203, 228211, 228223, 228233, 228251, 228257, 228281,
228299, 228301, 228307, 228311, 228331, 228337, 228341,
228353, 228359, 228383, 228409, 228419, 228421, 228427,
228443, 228451, 228457, 228461, 228469, 228479, 228509,
228511, 228517, 228521, 228523, 228539, 228559, 228577,
228581, 228587, 228593, 228601, 228611, 228617, 228619,
228637, 228647, 228677, 228707, 228713, 228731, 228733,
228737, 228751, 228757, 228773, 228793, 228797, 228799,
228829, 228841, 228847, 228853, 228859, 228869, 228881,
228883, 228887, 228901, 228911, 228913, 228923, 228929,
228953, 228959, 228961, 228983, 228989, 229003, 229027,
229037, 229081, 229093, 229123, 229127, 229133, 229139,
229153, 229157, 229171, 229181, 229189, 229199, 229213,
229217, 229223, 229237, 229247, 229249, 229253, 229261,
229267, 229283, 229309, 229321, 229343, 229351, 229373,
229393, 229399, 229403, 229409, 229423, 229433, 229459,
229469, 229487, 229499, 229507, 229519, 229529, 229547,
229549, 229553, 229561, 229583, 229589, 229591, 229601,
229613, 229627, 229631, 229637, 229639, 229681, 229693,
229699, 229703, 229711, 229717, 229727, 229739, 229751,
229753, 229759, 229763, 229769, 229771, 229777, 229781,
229799, 229813, 229819, 229837, 229841, 229847, 229849,
229897, 229903, 229937, 229939, 229949, 229961, 229963,
229979, 229981, 230003, 230017, 230047, 230059, 230063,
230077, 230081, 230089, 230101, 230107, 230117, 230123,
230137, 230143, 230149, 230189, 230203, 230213, 230221,
230227, 230233, 230239, 230257, 230273, 230281, 230291,

230303, 230309, 230311, 230327, 230339, 230341, 230353,
230357, 230369, 230383, 230387, 230389, 230393, 230431,
230449, 230453, 230467, 230471, 230479, 230501, 230507,
230539, 230551, 230561, 230563, 230567, 230597, 230611,
230647, 230653, 230663, 230683, 230693, 230719, 230729,
230743, 230761, 230767, 230771, 230773, 230779, 230807,
230819, 230827, 230833, 230849, 230861, 230863, 230873,
230891, 230929, 230933, 230939, 230941, 230959, 230969,
230977, 230999, 231001, 231017, 231019, 231031, 231041,
231053, 231067, 231079, 231107, 231109, 231131, 231169,
231197, 231223, 231241, 231269, 231271, 231277, 231289,
231293, 231299, 231317, 231323, 231331, 231347, 231349,
231359, 231367, 231379, 231409, 231419, 231431, 231433,
231443, 231461, 231463, 231479, 231481, 231493, 231503,
231529, 231533, 231547, 231551, 231559, 231563, 231571,
231589, 231599, 231607, 231611, 231613, 231631, 231643,
231661, 231677, 231701, 231709, 231719, 231779, 231799,
231809, 231821, 231823, 231827, 231839, 231841, 231859,
231871, 231877, 231893, 231901, 231919, 231923, 231943,
231947, 231961, 231967, 232003, 232007, 232013, 232049,
232051, 232073, 232079, 232081, 232091, 232103, 232109,
232117, 232129, 232153, 232171, 232187, 232189, 232207,
232217, 232259, 232303, 232307, 232333, 232357, 232363,
232367, 232381, 232391, 232409, 232411, 232417, 232433,
232439, 232451, 232457, 232459, 232487, 232499, 232513,
232523, 232549, 232567, 232571, 232591, 232597, 232607,
232621, 232633, 232643, 232663, 232669, 232681, 232699,
232709, 232711, 232741, 232751, 232753, 232777, 232801,
232811, 232819, 232823, 232847, 232853, 232861, 232871,
232877, 232891, 232901, 232907, 232919, 232937, 232961,
232963, 232987, 233021, 233069, 233071, 233083, 233113,
233117, 233141, 233143, 233159, 233161, 233173, 233183,
233201, 233221, 233231, 233239, 233251, 233267, 233279,
233293, 233297, 233323, 233327, 233329, 233341, 233347,
233353, 233357, 233371, 233407, 233417, 233419, 233423,
233437, 233477, 233489, 233509, 233549, 233551, 233557,

233591, 233599, 233609, 233617, 233621, 233641, 233663,
233669, 233683, 233687, 233689, 233693, 233713, 233743,
233747, 233759, 233777, 233837, 233851, 233861, 233879,
233881, 233911, 233917, 233921, 233923, 233939, 233941,
233969, 233983, 233993, 234007, 234029, 234043, 234067,
234083, 234089, 234103, 234121, 234131, 234139, 234149,
234161, 234167, 234181, 234187, 234191, 234193, 234197,
234203, 234211, 234217, 234239, 234259, 234271, 234281,
234287, 234293, 234317, 234319, 234323, 234331, 234341,
234343, 234361, 234383, 234431, 234457, 234461, 234463,
234467, 234473, 234499, 234511, 234527, 234529, 234539,
234541, 234547, 234571, 234587, 234589, 234599, 234613,
234629, 234653, 234659, 234673, 234683, 234713, 234721,
234727, 234733, 234743, 234749, 234769, 234781, 234791,
234799, 234803, 234809, 234811, 234833, 234847, 234851,
234863, 234869, 234893, 234907, 234917, 234931, 234947,
234959, 234961, 234967, 234977, 234979, 234989, 235003,
235007, 235009, 235013, 235043, 235051, 235057, 235069,
235091, 235099, 235111, 235117, 235159, 235171, 235177,
235181, 235199, 235211, 235231, 235241, 235243, 235273,
235289, 235307, 235309, 235337, 235349, 235369, 235397,
235439, 235441, 235447, 235483, 235489, 235493, 235513,
235519, 235523, 235537, 235541, 235553, 235559, 235577,
235591, 235601, 235607, 235621, 235661, 235663, 235673,
235679, 235699, 235723, 235747, 235751, 235783, 235787,
235789, 235793, 235811, 235813, 235849, 235871, 235877,
235889, 235891, 235901, 235919, 235927, 235951, 235967,
235979, 235997, 236017, 236021, 236053, 236063, 236069,
236077, 236087, 236107, 236111, 236129, 236143, 236153,
236167, 236207, 236209, 236219, 236231, 236261, 236287,
236293, 236297, 236323, 236329, 236333, 236339, 236377,
236381, 236387, 236399, 236407, 236429, 236449, 236461,
236471, 236477, 236479, 236503, 236507, 236519, 236527,
236549, 236563, 236573, 236609, 236627, 236641, 236653,
236659, 236681, 236699, 236701, 236707, 236713, 236723,
236729, 236737, 236749, 236771, 236773, 236779, 236783,

236807, 236813, 236867, 236869, 236879, 236881, 236891,
236893, 236897, 236909, 236917, 236947, 236981, 236983,
236993, 237011, 237019, 237043, 237053, 237067, 237071,
237073, 237089, 237091, 237137, 237143, 237151, 237157,
237161, 237163, 237173, 237179, 237203, 237217, 237233,
237257, 237271, 237277, 237283, 237287, 237301, 237313,
237319, 237331, 237343, 237361, 237373, 237379, 237401,
237409, 237467, 237487, 237509, 237547, 237563, 237571,
237581, 237607, 237619, 237631, 237673, 237683, 237689,
237691, 237701, 237707, 237733, 237737, 237749, 237763,
237767, 237781, 237791, 237821, 237851, 237857, 237859,
237877, 237883, 237901, 237911, 237929, 237959, 237967,
237971, 237973, 237977, 237997, 238001, 238009, 238019,
238031, 238037, 238039, 238079, 238081, 238093, 238099,
238103, 238109, 238141, 238151, 238157, 238159, 238163,
238171, 238181, 238201, 238207, 238213, 238223, 238229,
238237, 238247, 238261, 238267, 238291, 238307, 238313,
238321, 238331, 238339, 238361, 238363, 238369, 238373,
238397, 238417, 238423, 238439, 238451, 238463, 238471,
238477, 238481, 238499, 238519, 238529, 238531, 238547,
238573, 238591, 238627, 238639, 238649, 238657, 238673,
238681, 238691, 238703, 238709, 238723, 238727, 238729,
238747, 238759, 238781, 238789, 238801, 238829, 238837,
238841, 238853, 238859, 238877, 238879, 238883, 238897,
238919, 238921, 238939, 238943, 238949, 238967, 238991,
239017, 239023, 239027, 239053, 239069, 239081, 239087,
239119, 239137, 239147, 239167, 239171, 239179, 239201,
239231, 239233, 239237, 239243, 239251, 239263, 239273,
239287, 239297, 239329, 239333, 239347, 239357, 239383,
239387, 239389, 239417, 239423, 239429, 239431, 239441,
239461, 239489, 239509, 239521, 239527, 239531, 239539,
239543, 239557, 239567, 239579, 239587, 239597, 239611,
239623, 239633, 239641, 239671, 239689, 239699, 239711,
239713, 239731, 239737, 239753, 239779, 239783, 239803,
239807, 239831, 239843, 239849, 239851, 239857, 239873,
239879, 239893, 239929, 239933, 239947, 239957, 239963,

239977, 239999, 240007, 240011, 240017, 240041, 240043,
240047, 240049, 240059, 240073, 240089, 240101, 240109,
240113, 240131, 240139, 240151, 240169, 240173, 240197,
240203, 240209, 240257, 240259, 240263, 240271, 240283,
240287, 240319, 240341, 240347, 240349, 240353, 240371,
240379, 240421, 240433, 240437, 240473, 240479, 240491,
240503, 240509, 240517, 240551, 240571, 240587, 240589,
240599, 240607, 240623, 240631, 240641, 240659, 240677,
240701, 240707, 240719, 240727, 240733, 240739, 240743,
240763, 240769, 240797, 240811, 240829, 240841, 240853,
240859, 240869, 240881, 240883, 240893, 240899, 240913,
240943, 240953, 240959, 240967, 240997, 241013, 241027,
241037, 241049, 241051, 241061, 241067, 241069, 241079,
241093, 241117, 241127, 241141, 241169, 241177, 241183,
241207, 241229, 241249, 241253, 241259, 241261, 241271,
241291, 241303, 241313, 241321, 241327, 241333, 241337,
241343, 241361, 241363, 241391, 241393, 241421, 241429,
241441, 241453, 241463, 241469, 241489, 241511, 241513,
241517, 241537, 241543, 241559, 241561, 241567, 241589,
241597, 241601, 241603, 241639, 241643, 241651, 241663,
241667, 241679, 241687, 241691, 241711, 241727, 241739,
241771, 241781, 241783, 241793, 241807, 241811, 241817,
241823, 241847, 241861, 241867, 241873, 241877, 241883,
241903, 241907, 241919, 241921, 241931, 241939, 241951,
241963, 241973, 241979, 241981, 241993, 242009, 242057,
242059, 242069, 242083, 242093, 242101, 242119, 242129,
242147, 242161, 242171, 242173, 242197, 242201, 242227,
242243, 242257, 242261, 242273, 242279, 242309, 242329,
242357, 242371, 242377, 242393, 242399, 242413, 242419,
242441, 242447, 242449, 242453, 242467, 242479, 242483,
242491, 242509, 242519, 242521, 242533, 242551, 242591,
242603, 242617, 242621, 242629, 242633, 242639, 242647,
242659, 242677, 242681, 242689, 242713, 242729, 242731,
242747, 242773, 242779, 242789, 242797, 242807, 242813,
242819, 242863, 242867, 242873, 242887, 242911, 242923,
242927, 242971, 242989, 242999, 243011, 243031, 243073,

243077, 243091, 243101, 243109, 243119, 243121, 243137,
243149, 243157, 243161, 243167, 243197, 243203, 243209,
243227, 243233, 243239, 243259, 243263, 243301, 243311,
243343, 243367, 243391, 243401, 243403, 243421, 243431,
243433, 243437, 243461, 243469, 243473, 243479, 243487,
243517, 243521, 243527, 243533, 243539, 243553, 243577,
243583, 243587, 243589, 243613, 243623, 243631, 243643,
243647, 243671, 243673, 243701, 243703, 243707, 243709,
243769, 243781, 243787, 243799, 243809, 243829, 243839,
243851, 243857, 243863, 243871, 243889, 243911, 243917,
243931, 243953, 243973, 243989, 244003, 244009, 244021,
244033, 244043, 244087, 244091, 244109, 244121, 244129,
244141, 244147, 244157, 244159, 244177, 244199, 244217,
244219, 244243, 244247, 244253, 244261, 244291, 244297,
244301, 244303, 244313, 244333, 244339, 244351, 244357,
244367, 244379, 244381, 244393, 244399, 244403, 244411,
244423, 244429, 244451, 244457, 244463, 244471, 244481,
244493, 244507, 244529, 244547, 244553, 244561, 244567,
244583, 244589, 244597, 244603, 244619, 244633, 244637,
244639, 244667, 244669, 244687, 244691, 244703, 244711,
244721, 244733, 244747, 244753, 244759, 244781, 244787,
244813, 244837, 244841, 244843, 244859, 244861, 244873,
244877, 244889, 244897, 244901, 244939, 244943, 244957,
244997, 245023, 245029, 245033, 245039, 245071, 245083,
245087, 245107, 245129, 245131, 245149, 245171, 245173,
245177, 245183, 245209, 245251, 245257, 245261, 245269,
245279, 245291, 245299, 245317, 245321, 245339, 245383,
245389, 245407, 245411, 245417, 245419, 245437, 245471,
245473, 245477, 245501, 245513, 245519, 245521, 245527,
245533, 245561, 245563, 245587, 245591, 245593, 245621,
245627, 245629, 245639, 245653, 245671, 245681, 245683,
245711, 245719, 245723, 245741, 245747, 245753, 245759,
245771, 245783, 245789, 245821, 245849, 245851, 245863,
245881, 245897, 245899, 245909, 245911, 245941, 245963,
245977, 245981, 245983, 245989, 246011, 246017, 246049,
246073, 246097, 246119, 246121, 246131, 246133, 246151,

246167, 246173, 246187, 246193, 246203, 246209, 246217,
246223, 246241, 246247, 246251, 246271, 246277, 246289,
246317, 246319, 246329, 246343, 246349, 246361, 246371,
246391, 246403, 246439, 246469, 246473, 246497, 246509,
246511, 246523, 246527, 246539, 246557, 246569, 246577,
246599, 246607, 246611, 246613, 246637, 246641, 246643,
246661, 246683, 246689, 246707, 246709, 246713, 246731,
246739, 246769, 246773, 246781, 246787, 246793, 246803,
246809, 246811, 246817, 246833, 246839, 246889, 246899,
246907, 246913, 246919, 246923, 246929, 246931, 246937,
246941, 246947, 246971, 246979, 247001, 247007, 247031,
247067, 247069, 247073, 247087, 247099, 247141, 247183,
247193, 247201, 247223, 247229, 247241, 247249, 247259,
247279, 247301, 247309, 247337, 247339, 247343, 247363,
247369, 247381, 247391, 247393, 247409, 247421, 247433,
247439, 247451, 247463, 247501, 247519, 247529, 247531,
247547, 247553, 247579, 247591, 247601, 247603, 247607,
247609, 247613, 247633, 247649, 247651, 247691, 247693,
247697, 247711, 247717, 247729, 247739, 247759, 247769,
247771, 247781, 247799, 247811, 247813, 247829, 247847,
247853, 247873, 247879, 247889, 247901, 247913, 247939,
247943, 247957, 247991, 247993, 247997, 247999, 248021,
248033, 248041, 248051, 248057, 248063, 248071, 248077,
248089, 248099, 248117, 248119, 248137, 248141, 248161,
248167, 248177, 248179, 248189, 248201, 248203, 248231,
248243, 248257, 248267, 248291, 248293, 248299, 248309,
248317, 248323, 248351, 248357, 248371, 248389, 248401,
248407, 248431, 248441, 248447, 248461, 248473, 248477,
248483, 248509, 248533, 248537, 248543, 248569, 248579,
248587, 248593, 248597, 248609, 248621, 248627, 248639,
248641, 248657, 248683, 248701, 248707, 248719, 248723,
248737, 248749, 248753, 248779, 248783, 248789, 248797,
248813, 248821, 248827, 248839, 248851, 248861, 248867,
248869, 248879, 248887, 248891, 248893, 248903, 248909,
248971, 248981, 248987, 249017, 249037, 249059, 249079,
249089, 249097, 249103, 249107, 249127, 249131, 249133,

249143, 249181, 249187, 249199, 249211, 249217, 249229,
249233, 249253, 249257, 249287, 249311, 249317, 249329,
249341, 249367, 249377, 249383, 249397, 249419, 249421,
249427, 249433, 249437, 249439, 249449, 249463, 249497,
249499, 249503, 249517, 249521, 249533, 249539, 249541,
249563, 249583, 249589, 249593, 249607, 249647, 249659,
249671, 249677, 249703, 249721, 249727, 249737, 249749,
249763, 249779, 249797, 249811, 249827, 249833, 249853,
249857, 249859, 249863, 249871, 249881, 249911, 249923,
249943, 249947, 249967, 249971, 249973, 249989, 250007,
250013, 250027, 250031, 250037, 250043, 250049, 250051,
250057, 250073, 250091, 250109, 250123, 250147, 250153,
250169, 250199, 250253, 250259, 250267, 250279, 250301,
250307, 250343, 250361, 250403, 250409, 250423, 250433,
250441, 250451, 250489, 250499, 250501, 250543, 250583,
250619, 250643, 250673, 250681, 250687, 250693, 250703,
250709, 250721, 250727, 250739, 250741, 250751, 250753,
250777, 250787, 250793, 250799, 250807, 250813, 250829,
250837, 250841, 250853, 250867, 250871, 250889, 250919,
250949, 250951, 250963, 250967, 250969, 250979, 250993,
251003, 251033, 251051, 251057, 251059, 251063, 251071,
251081, 251087, 251099, 251117, 251143, 251149, 251159,
251171, 251177, 251179, 251191, 251197, 251201, 251203,
251219, 251221, 251231, 251233, 251257, 251261, 251263,
251287, 251291, 251297, 251323, 251347, 251353, 251359,
251387, 251393, 251417, 251429, 251431, 251437, 251443,
251467, 251473, 251477, 251483, 251491, 251501, 251513,
251519, 251527, 251533, 251539, 251543, 251561, 251567,
251609, 251611, 251621, 251623, 251639, 251653, 251663,
251677, 251701, 251707, 251737, 251761, 251789, 251791,
251809, 251831, 251833, 251843, 251857, 251861, 251879,
251887, 251893, 251897, 251903, 251917, 251939, 251941,
251947, 251969, 251971, 251983, 252001, 252013, 252017,
252029, 252037, 252079, 252101, 252139, 252143, 252151,
252157, 252163, 252169, 252173, 252181, 252193, 252209,
252223, 252233, 252253, 252277, 252283, 252289, 252293,

252313, 252319, 252323, 252341, 252359, 252383, 252391,
252401, 252409, 252419, 252431, 252443, 252449, 252457,
252463, 252481, 252509, 252533, 252541, 252559, 252583,
252589, 252607, 252611, 252617, 252641, 252667, 252691,
252709, 252713, 252727, 252731, 252737, 252761, 252767,
252779, 252817, 252823, 252827, 252829, 252869, 252877,
252881, 252887, 252893, 252899, 252911, 252913, 252919,
252937, 252949, 252971, 252979, 252983, 253003, 253013,
253049, 253063, 253081, 253103, 253109, 253133, 253153,
253157, 253159, 253229, 253243, 253247, 253273, 253307,
253321, 253343, 253349, 253361, 253367, 253369, 253381,
253387, 253417, 253423, 253427, 253433, 253439, 253447,
253469, 253481, 253493, 253501, 253507, 253531, 253537,
253543, 253553, 253567, 253573, 253601, 253607, 253609,
253613, 253633, 253637, 253639, 253651, 253661, 253679,
253681, 253703, 253717, 253733, 253741, 253751, 253763,
253769, 253777, 253787, 253789, 253801, 253811, 253819,
253823, 253853, 253867, 253871, 253879, 253901, 253907,
253909, 253919, 253937, 253949, 253951, 253969, 253987,
253993, 253999, 254003, 254021, 254027, 254039, 254041,
254047, 254053, 254071, 254083, 254119, 254141, 254147,
254161, 254179, 254197, 254207, 254209, 254213, 254249,
254257, 254279, 254281, 254291, 254299, 254329, 254369,
254377, 254383, 254389, 254407, 254413, 254437, 254447,
254461, 254489, 254491, 254519, 254537, 254557, 254593,
254623, 254627, 254647, 254659, 254663, 254699, 254713,
254729, 254731, 254741, 254747, 254753, 254773, 254777,
254783, 254791, 254803, 254827, 254831, 254833, 254857,
254869, 254873, 254879, 254887, 254899, 254911, 254927,
254929, 254941, 254959, 254963, 254971, 254977, 254987,
254993, 255007, 255019, 255023, 255043, 255049, 255053,
255071, 255077, 255083, 255097, 255107, 255121, 255127,
255133, 255137, 255149, 255173, 255179, 255181, 255191,
255193, 255197, 255209, 255217, 255239, 255247, 255251,
255253, 255259, 255313, 255329, 255349, 255361, 255371,
255383, 255413, 255419, 255443, 255457, 255467, 255469,

255473, 255487, 255499, 255503, 255511, 255517, 255523,
255551, 255571, 255587, 255589, 255613, 255617, 255637,
255641, 255649, 255653, 255659, 255667, 255679, 255709,
255713, 255733, 255743, 255757, 255763, 255767, 255803,
255839, 255841, 255847, 255851, 255859, 255869, 255877,
255887, 255907, 255917, 255919, 255923, 255947, 255961,
255971, 255973, 255977, 255989, 256019, 256021, 256031,
256033, 256049, 256057, 256079, 256093, 256117, 256121,
256129, 256133, 256147, 256163, 256169, 256181, 256187,
256189, 256199, 256211, 256219, 256279, 256301, 256307,
256313, 256337, 256349, 256363, 256369, 256391, 256393,
256423, 256441, 256469, 256471, 256483, 256489, 256493,
256499, 256517, 256541, 256561, 256567, 256577, 256579,
256589, 256603, 256609, 256639, 256643, 256651, 256661,
256687, 256699, 256721, 256723, 256757, 256771, 256799,
256801, 256813, 256831, 256873, 256877, 256889, 256901,
256903, 256931, 256939, 256957, 256967, 256981, 257003,
257017, 257053, 257069, 257077, 257093, 257099, 257107,
257123, 257141, 257161, 257171, 257177, 257189, 257219,
257221, 257239, 257249, 257263, 257273, 257281, 257287,
257293, 257297, 257311, 257321, 257339, 257351, 257353,
257371, 257381, 257399, 257401, 257407, 257437, 257443,
257447, 257459, 257473, 257489, 257497, 257501, 257503,
257519, 257539, 257561, 257591, 257611, 257627, 257639,
257657, 257671, 257687, 257689, 257707, 257711, 257713,
257717, 257731, 257783, 257791, 257797, 257837, 257857,
257861, 257863, 257867, 257869, 257879, 257893, 257903,
257921, 257947, 257953, 257981, 257987, 257989, 257993,
258019, 258023, 258031, 258061, 258067, 258101, 258107,
258109, 258113, 258119, 258127, 258131, 258143, 258157,
258161, 258173, 258197, 258211, 258233, 258241, 258253,
258277, 258283, 258299, 258317, 258319, 258329, 258331,
258337, 258353, 258373, 258389, 258403, 258407, 258413,
258421, 258437, 258443, 258449, 258469, 258487, 258491,
258499, 258521, 258527, 258539, 258551, 258563, 258569,
258581, 258607, 258611, 258613, 258617, 258623, 258631,

258637, 258659, 258673, 258677, 258691, 258697, 258703,
258707, 258721, 258733, 258737, 258743, 258763, 258779,
258787, 258803, 258809, 258827, 258847, 258871, 258887,
258917, 258919, 258949, 258959, 258967, 258971, 258977,
258983, 258991, 259001, 259009, 259019, 259033, 259099,
259121, 259123, 259151, 259157, 259159, 259163, 259169,
259177, 259183, 259201, 259211, 259213, 259219, 259229,
259271, 259277, 259309, 259321, 259339, 259379, 259381,
259387, 259397, 259411, 259421, 259429, 259451, 259453,
259459, 259499, 259507, 259517, 259531, 259537, 259547,
259577, 259583, 259603, 259619, 259621, 259627, 259631,
259639, 259643, 259657, 259667, 259681, 259691, 259697,
259717, 259723, 259733, 259751, 259771, 259781, 259783,
259801, 259813, 259823, 259829, 259837, 259841, 259867,
259907, 259933, 259937, 259943, 259949, 259967, 259991,
259993, 260003, 260009, 260011, 260017, 260023, 260047,
260081, 260089, 260111, 260137, 260171, 260179, 260189,
260191, 260201, 260207, 260209, 260213, 260231, 260263,
260269, 260317, 260329, 260339, 260363, 260387, 260399,
260411, 260413, 260417, 260419, 260441, 260453, 260461,
260467, 260483, 260489, 260527, 260539, 260543, 260549,
260551, 260569, 260573, 260581, 260587, 260609, 260629,
260647, 260651, 260671, 260677, 260713, 260717, 260723,
260747, 260753, 260761, 260773, 260791, 260807, 260809,
260849, 260857, 260861, 260863, 260873, 260879, 260893,
260921, 260941, 260951, 260959, 260969, 260983, 260987,
260999, 261011, 261013, 261017, 261031, 261043, 261059,
261061, 261071, 261077, 261089, 261101, 261127, 261167,
261169, 261223, 261229, 261241, 261251, 261271, 261281,
261301, 261323, 261329, 261337, 261347, 261353, 261379,
261389, 261407, 261427, 261431, 261433, 261439, 261451,
261463, 261467, 261509, 261523, 261529, 261557, 261563,
261577, 261581, 261587, 261593, 261601, 261619, 261631,
261637, 261641, 261643, 261673, 261697, 261707, 261713,
261721, 261739, 261757, 261761, 261773, 261787, 261791,
261799, 261823, 261847, 261881, 261887, 261917, 261959,

261971, 261973, 261977, 261983, 262007, 262027, 262049,
262051, 262069, 262079, 262103, 262109, 262111, 262121,
262127, 262133, 262139, 262147, 262151, 262153, 262187,
262193, 262217, 262231, 262237, 262253, 262261, 262271,
262303, 262313, 262321, 262331, 262337, 262349, 262351,
262369, 262387, 262391, 262399, 262411, 262433, 262459,
262469, 262489, 262501, 262511, 262513, 262519, 262541,
262543, 262553, 262567, 262583, 262597, 262621, 262627,
262643, 262649, 262651, 262657, 262681, 262693, 262697,
262709, 262723, 262733, 262739, 262741, 262747, 262781,
262783, 262807, 262819, 262853, 262877, 262883, 262897,
262901, 262909, 262937, 262949, 262957, 262981, 263009,
263023, 263047, 263063, 263071, 263077, 263083, 263089,
263101, 263111, 263119, 263129, 263167, 263171, 263183,
263191, 263201, 263209, 263213, 263227, 263239, 263257,
263267, 263269, 263273, 263287, 263293, 263303, 263323,
263369, 263383, 263387, 263399, 263401, 263411, 263423,
263429, 263437, 263443, 263489, 263491, 263503, 263513,
263519, 263521, 263533, 263537, 263561, 263567, 263573,
263591, 263597, 263609, 263611, 263621, 263647, 263651,
263657, 263677, 263723, 263729, 263737, 263759, 263761,
263803, 263819, 263821, 263827, 263843, 263849, 263863,
263867, 263869, 263881, 263899, 263909, 263911, 263927,
263933, 263941, 263951, 263953, 263957, 263983, 264007,
264013, 264029, 264031, 264053, 264059, 264071, 264083,
264091, 264101, 264113, 264127, 264133, 264137, 264139,
264167, 264169, 264179, 264211, 264221, 264263, 264269,
264283, 264289, 264301, 264323, 264331, 264343, 264349,
264353, 264359, 264371, 264391, 264403, 264437, 264443,
264463, 264487, 264527, 264529, 264553, 264559, 264577,
264581, 264599, 264601, 264619, 264631, 264637, 264643,
264659, 264697, 264731, 264739, 264743, 264749, 264757,
264763, 264769, 264779, 264787, 264791, 264793, 264811,
264827, 264829, 264839, 264871, 264881, 264889, 264893,
264899, 264919, 264931, 264949, 264959, 264961, 264977,
264991, 264997, 265003, 265007, 265021, 265037, 265079,

265091, 265093, 265117, 265123, 265129, 265141, 265151,
265157, 265163, 265169, 265193, 265207, 265231, 265241,
265247, 265249, 265261, 265271, 265273, 265277, 265313,
265333, 265337, 265339, 265381, 265399, 265403, 265417,
265423, 265427, 265451, 265459, 265471, 265483, 265493,
265511, 265513, 265541, 265543, 265547, 265561, 265567,
265571, 265579, 265607, 265613, 265619, 265621, 265703,
265709, 265711, 265717, 265729, 265739, 265747, 265757,
265781, 265787, 265807, 265813, 265819, 265831, 265841,
265847, 265861, 265871, 265873, 265883, 265891, 265921,
265957, 265961, 265987, 266003, 266009, 266023, 266027,
266029, 266047, 266051, 266053, 266059, 266081, 266083,
266089, 266093, 266099, 266111, 266117, 266129, 266137,
266153, 266159, 266177, 266183, 266221, 266239, 266261,
266269, 266281, 266291, 266293, 266297, 266333, 266351,
266353, 266359, 266369, 266381, 266401, 266411, 266417,
266447, 266449, 266477, 266479, 266489, 266491, 266521,
266549, 266587, 266599, 266603, 266633, 266641, 266647,
266663, 266671, 266677, 266681, 266683, 266687, 266689,
266701, 266711, 266719, 266759, 266767, 266797, 266801,
266821, 266837, 266839, 266863, 266867, 266891, 266897,
266899, 266909, 266921, 266927, 266933, 266947, 266953,
266957, 266971, 266977, 266983, 266993, 266999, 267017,
267037, 267049, 267097, 267131, 267133, 267139, 267143,
267167, 267187, 267193, 267199, 267203, 267217, 267227,
267229, 267233, 267259, 267271, 267277, 267299, 267301,
267307, 267317, 267341, 267353, 267373, 267389, 267391,
267401, 267403, 267413, 267419, 267431, 267433, 267439,
267451, 267469, 267479, 267481, 267493, 267497, 267511,
267517, 267521, 267523, 267541, 267551, 267557, 267569,
267581, 267587, 267593, 267601, 267611, 267613, 267629,
267637, 267643, 267647, 267649, 267661, 267667, 267671,
267677, 267679, 267713, 267719, 267721, 267727, 267737,
267739, 267749, 267763, 267781, 267791, 267797, 267803,
267811, 267829, 267833, 267857, 267863, 267877, 267887,
267893, 267899, 267901, 267907, 267913, 267929, 267941,

267959, 267961, 268003, 268013, 268043, 268049, 268063,
268069, 268091, 268123, 268133, 268153, 268171, 268189,
268199, 268207, 268211, 268237, 268253, 268267, 268271,
268283, 268291, 268297, 268343, 268403, 268439, 268459,
268487, 268493, 268501, 268507, 268517, 268519, 268529,
268531, 268537, 268547, 268573, 268607, 268613, 268637,
268643, 268661, 268693, 268721, 268729, 268733, 268747,
268757, 268759, 268771, 268777, 268781, 268783, 268789,
268811, 268813, 268817, 268819, 268823, 268841, 268843,
268861, 268883, 268897, 268909, 268913, 268921, 268927,
268937, 268969, 268973, 268979, 268993, 268997, 268999,
269023, 269029, 269039, 269041, 269057, 269063, 269069,
269089, 269117, 269131, 269141, 269167, 269177, 269179,
269183, 269189, 269201, 269209, 269219, 269221, 269231,
269237, 269251, 269257, 269281, 269317, 269327, 269333,
269341, 269351, 269377, 269383, 269387, 269389, 269393,
269413, 269419, 269429, 269431, 269441, 269461, 269473,
269513, 269519, 269527, 269539, 269543, 269561, 269573,
269579, 269597, 269617, 269623, 269641, 269651, 269663,
269683, 269701, 269713, 269719, 269723, 269741, 269749,
269761, 269779, 269783, 269791, 269851, 269879, 269887,
269891, 269897, 269923, 269939, 269947, 269953, 269981,
269987, 270001, 270029, 270031, 270037, 270059, 270071,
270073, 270097, 270121, 270131, 270133, 270143, 270157,
270163, 270167, 270191, 270209, 270217, 270223, 270229,
270239, 270241, 270269, 270271, 270287, 270299, 270307,
270311, 270323, 270329, 270337, 270343, 270371, 270379,
270407, 270421, 270437, 270443, 270451, 270461, 270463,
270493, 270509, 270527, 270539, 270547, 270551, 270553,
270563, 270577, 270583, 270587, 270593, 270601, 270619,
270631, 270653, 270659, 270667, 270679, 270689, 270701,
270709, 270719, 270737, 270749, 270761, 270763, 270791,
270797, 270799, 270821, 270833, 270841, 270859, 270899,
270913, 270923, 270931, 270937, 270953, 270961, 270967,
270973, 271003, 271013, 271021, 271027, 271043, 271057,
271067, 271079, 271097, 271109, 271127, 271129, 271163,

271169, 271177, 271181, 271211, 271217, 271231, 271241,
271253, 271261, 271273, 271277, 271279, 271289, 271333,
271351, 271357, 271363, 271367, 271393, 271409, 271429,
271451, 271463, 271471, 271483, 271489, 271499, 271501,
271517, 271549, 271553, 271571, 271573, 271597, 271603,
271619, 271637, 271639, 271651, 271657, 271693, 271703,
271723, 271729, 271753, 271769, 271771, 271787, 271807,
271811, 271829, 271841, 271849, 271853, 271861, 271867,
271879, 271897, 271903, 271919, 271927, 271939, 271967,
271969, 271981, 272003, 272009, 272011, 272029, 272039,
272053, 272059, 272093, 272131, 272141, 272171, 272179,
272183, 272189, 272191, 272201, 272203, 272227, 272231,
272249, 272257, 272263, 272267, 272269, 272287, 272299,
272317, 272329, 272333, 272341, 272347, 272351, 272353,
272359, 272369, 272381, 272383, 272399, 272407, 272411,
272417, 272423, 272449, 272453, 272477, 272507, 272533,
272537, 272539, 272549, 272563, 272567, 272581, 272603,
272621, 272651, 272659, 272683, 272693, 272717, 272719,
272737, 272759, 272761, 272771, 272777, 272807, 272809,
272813, 272863, 272879, 272887, 272903, 272911, 272917,
272927, 272933, 272959, 272971, 272981, 272983, 272989,
272999, 273001, 273029, 273043, 273047, 273059, 273061,
273067, 273073, 273083, 273107, 273113, 273127, 273131,
273149, 273157, 273181, 273187, 273193, 273233, 273253,
273269, 273271, 273281, 273283, 273289, 273311, 273313,
273323, 273349, 273359, 273367, 273433, 273457, 273473,
273503, 273517, 273521, 273527, 273551, 273569, 273601,
273613, 273617, 273629, 273641, 273643, 273653, 273697,
273709, 273719, 273727, 273739, 273773, 273787, 273797,
273803, 273821, 273827, 273857, 273881, 273899, 273901,
273913, 273919, 273929, 273941, 273943, 273967, 273971,
273979, 273997, 274007, 274019, 274033, 274061, 274069,
274081, 274093, 274103, 274117, 274121, 274123, 274139,
274147, 274163, 274171, 274177, 274187, 274199, 274201,
274213, 274223, 274237, 274243, 274259, 274271, 274277,
274283, 274301, 274333, 274349, 274357, 274361, 274403,

274423, 274441, 274451, 274453, 274457, 274471, 274489,
274517, 274529, 274579, 274583, 274591, 274609, 274627,
274661, 274667, 274679, 274693, 274697, 274709, 274711,
274723, 274739, 274751, 274777, 274783, 274787, 274811,
274817, 274829, 274831, 274837, 274843, 274847, 274853,
274861, 274867, 274871, 274889, 274909, 274931, 274943,
274951, 274957, 274961, 274973, 274993, 275003, 275027,
275039, 275047, 275053, 275059, 275083, 275087, 275129,
275131, 275147, 275153, 275159, 275161, 275167, 275183,
275201, 275207, 275227, 275251, 275263, 275269, 275299,
275309, 275321, 275323, 275339, 275357, 275371, 275389,
275393, 275399, 275419, 275423, 275447, 275449, 275453,
275459, 275461, 275489, 275491, 275503, 275521, 275531,
275543, 275549, 275573, 275579, 275581, 275591, 275593,
275599, 275623, 275641, 275651, 275657, 275669, 275677,
275699, 275711, 275719, 275729, 275741, 275767, 275773,
275783, 275813, 275827, 275837, 275881, 275897, 275911,
275917, 275921, 275923, 275929, 275939, 275941, 275963,
275969, 275981, 275987, 275999, 276007, 276011, 276019,
276037, 276041, 276043, 276047, 276049, 276079, 276083,
276091, 276113, 276137, 276151, 276173, 276181, 276187,
276191, 276209, 276229, 276239, 276247, 276251, 276257,
276277, 276293, 276319, 276323, 276337, 276343, 276347,
276359, 276371, 276373, 276389, 276401, 276439, 276443,
276449, 276461, 276467, 276487, 276499, 276503, 276517,
276527, 276553, 276557, 276581, 276587, 276589, 276593,
276599, 276623, 276629, 276637, 276671, 276673, 276707,
276721, 276739, 276763, 276767, 276779, 276781, 276817,
276821, 276823, 276827, 276833, 276839, 276847, 276869,
276883, 276901, 276907, 276917, 276919, 276929, 276949,
276953, 276961, 276977, 277003, 277007, 277021, 277051,
277063, 277073, 277087, 277097, 277099, 277157, 277163,
277169, 277177, 277183, 277213, 277217, 277223, 277231,
277247, 277259, 277261, 277273, 277279, 277297, 277301,
277309, 277331, 277363, 277373, 277411, 277421, 277427,
277429, 277483, 277493, 277499, 277513, 277531, 277547,

277549, 277567, 277577, 277579, 277597, 277601, 277603,
277637, 277639, 277643, 277657, 277663, 277687, 277691,
277703, 277741, 277747, 277751, 277757, 277787, 277789,
277793, 277813, 277829, 277847, 277859, 277883, 277889,
277891, 277897, 277903, 277919, 277961, 277993, 277999,
278017, 278029, 278041, 278051, 278063, 278071, 278087,
278111, 278119, 278123, 278143, 278147, 278149, 278177,
278191, 278207, 278209, 278219, 278227, 278233, 278237,
278261, 278269, 278279, 278321, 278329, 278347, 278353,
278363, 278387, 278393, 278413, 278437, 278459, 278479,
278489, 278491, 278497, 278501, 278503, 278543, 278549,
278557, 278561, 278563, 278581, 278591, 278609, 278611,
278617, 278623, 278627, 278639, 278651, 278671, 278687,
278689, 278701, 278717, 278741, 278743, 278753, 278767,
278801, 278807, 278809, 278813, 278819, 278827, 278843,
278849, 278867, 278879, 278881, 278891, 278903, 278909,
278911, 278917, 278947, 278981, 279001, 279007, 279023,
279029, 279047, 279073, 279109, 279119, 279121, 279127,
279131, 279137, 279143, 279173, 279179, 279187, 279203,
279211, 279221, 279269, 279311, 279317, 279329, 279337,
279353, 279397, 279407, 279413, 279421, 279431, 279443,
279451, 279479, 279481, 279511, 279523, 279541, 279551,
279553, 279557, 279571, 279577, 279583, 279593, 279607,
279613, 279619, 279637, 279641, 279649, 279659, 279679,
279689, 279707, 279709, 279731, 279751, 279761, 279767,
279779, 279817, 279823, 279847, 279857, 279863, 279883,
279913, 279919, 279941, 279949, 279967, 279977, 279991,
280001, 280009, 280013, 280031, 280037, 280061, 280069,
280097, 280099, 280103, 280121, 280129, 280139, 280183,
280187, 280199, 280207, 280219, 280223, 280229, 280243,
280249, 280253, 280277, 280297, 280303, 280321, 280327,
280337, 280339, 280351, 280373, 280409, 280411, 280451,
280463, 280487, 280499, 280507, 280513, 280537, 280541,
280547, 280549, 280561, 280583, 280589, 280591, 280597,
280603, 280607, 280613, 280627, 280639, 280673, 280681,
280697, 280699, 280703, 280711, 280717, 280729, 280751,

280759, 280769, 280771, 280811, 280817, 280837, 280843,
280859, 280871, 280879, 280883, 280897, 280909, 280913,
280921, 280927, 280933, 280939, 280949, 280957, 280963,
280967, 280979, 280997, 281023, 281033, 281053, 281063,
281069, 281081, 281117, 281131, 281153, 281159, 281167,
281189, 281191, 281207, 281227, 281233, 281243, 281249,
281251, 281273, 281279, 281291, 281297, 281317, 281321,
281327, 281339, 281353, 281357, 281363, 281381, 281419,
281423, 281429, 281431, 281509, 281527, 281531, 281539,
281549, 281551, 281557, 281563, 281579, 281581, 281609,
281621, 281623, 281627, 281641, 281647, 281651, 281653,
281663, 281669, 281683, 281717, 281719, 281737, 281747,
281761, 281767, 281777, 281783, 281791, 281797, 281803,
281807, 281833, 281837, 281839, 281849, 281857, 281867,
281887, 281893, 281921, 281923, 281927, 281933, 281947,
281959, 281971, 281989, 281993, 282001, 282011, 282019,
282053, 282059, 282071, 282089, 282091, 282097, 282101,
282103, 282127, 282143, 282157, 282167, 282221, 282229,
282239, 282241, 282253, 282281, 282287, 282299, 282307,
282311, 282313, 282349, 282377, 282383, 282389, 282391,
282407, 282409, 282413, 282427, 282439, 282461, 282481,
282487, 282493, 282559, 282563, 282571, 282577, 282589,
282599, 282617, 282661, 282671, 282677, 282679, 282683,
282691, 282697, 282703, 282707, 282713, 282767, 282769,
282773, 282797, 282809, 282827, 282833, 282847, 282851,
282869, 282881, 282889, 282907, 282911, 282913, 282917,
282959, 282973, 282977, 282991, 283001, 283007, 283009,
283027, 283051, 283079, 283093, 283097, 283099, 283111,
283117, 283121, 283133, 283139, 283159, 283163, 283181,
283183, 283193, 283207, 283211, 283267, 283277, 283289,
283303, 283369, 283397, 283403, 283411, 283447, 283463,
283487, 283489, 283501, 283511, 283519, 283541, 283553,
283571, 283573, 283579, 283583, 283601, 283607, 283609,
283631, 283637, 283639, 283669, 283687, 283697, 283721,
283741, 283763, 283769, 283771, 283793, 283799, 283807,
283813, 283817, 283831, 283837, 283859, 283861, 283873,

283909, 283937, 283949, 283957, 283961, 283979, 284003, 284023, 284041, 284051, 284057, 284059, 284083, 284093, 284111, 284117, 284129, 284131, 284149, 284153, 284159, 284161, 284173, 284191, 284201, 284227, 284231, 284233, 284237, 284243, 284261, 284267, 284269, 284293, 284311, 284341, 284357, 284369, 284377, 284387, 284407, 284413, 284423, 284429, 284447, 284467, 284477, 284483, 284489, 284507, 284509, 284521, 284527, 284539, 284551, 284561, 284573, 284587, 284591, 284593, 284623, 284633, 284651, 284657, 284659, 284681, 284689, 284701, 284707, 284723, 284729, 284731, 284737, 284741, 284743, 284747, 284749, 284759, 284777, 284783, 284803, 284807, 284813, 284819, 284831, 284833, 284839, 284857, 284881, 284897, 284899, 284917, 284927, 284957, 284969, 284989, 285007, 285023, 285031, 285049, 285071, 285079, 285091, 285101, 285113, 285119, 285121, 285139, 285151, 285161, 285179, 285191, 285199, 285221, 285227, 285251, 285281, 285283, 285287, 285289, 285301, 285317, 285343, 285377, 285421, 285433, 285451, 285457, 285463, 285469, 285473, 285497, 285517, 285521, 285533, 285539, 285553, 285557, 285559, 285569, 285599, 285611, 285613, 285629, 285631, 285641, 285643, 285661, 285667, 285673, 285697, 285707, 285709, 285721, 285731, 285749, 285757, 285763, 285767, 285773, 285781, 285823, 285827, 285839, 285841, 285871, 285937, 285949, 285953, 285977, 285979, 285983, 285997, 286001, 286009, 286019, 286043, 286049, 286061, 286063, 286073, 286103, 286129, 286163, 286171, 286199, 286243, 286249, 286289, 286301, 286333, 286367, 286369, 286381, 286393, 286397, 286411, 286421, 286427, 286453, 286457, 286459, 286469, 286477, 286483, 286487, 286493, 286499, 286513, 286519, 286541, 286543, 286547, 286553, 286589, 286591, 286609, 286613, 286619, 286633, 286651, 286673, 286687, 286697, 286703, 286711, 286721, 286733, 286751, 286753, 286763, 286771, 286777, 286789, 286801, 286813, 286831, 286859, 286873, 286927, 286973, 286981, 286987, 286999, 287003, 287047, 287057, 287059, 287087, 287093, 287099, 287107,

287117, 287137, 287141, 287149, 287159, 287167, 287173,
287179, 287191, 287219, 287233, 287237, 287239, 287251,
287257, 287269, 287279, 287281, 287291, 287297, 287321,
287327, 287333, 287341, 287347, 287383, 287387, 287393,
287437, 287449, 287491, 287501, 287503, 287537, 287549,
287557, 287579, 287597, 287611, 287629, 287669, 287671,
287681, 287689, 287701, 287731, 287747, 287783, 287789,
287801, 287813, 287821, 287849, 287851, 287857, 287863,
287867, 287873, 287887, 287921, 287933, 287939, 287977,
288007, 288023, 288049, 288053, 288061, 288077, 288089,
288109, 288137, 288179, 288181, 288191, 288199, 288203,
288209, 288227, 288241, 288247, 288257, 288283, 288293,
288307, 288313, 288317, 288349, 288359, 288361, 288383,
288389, 288403, 288413, 288427, 288433, 288461, 288467,
288481, 288493, 288499, 288527, 288529, 288539, 288551,
288559, 288571, 288577, 288583, 288647, 288649, 288653,
288661, 288679, 288683, 288689, 288697, 288731, 288733,
288751, 288767, 288773, 288803, 288817, 288823, 288833,
288839, 288851, 288853, 288877, 288907, 288913, 288929,
288931, 288947, 288973, 288979, 288989, 288991, 288997,
289001, 289019, 289021, 289031, 289033, 289039, 289049,
289063, 289067, 289099, 289103, 289109, 289111, 289127,
289129, 289139, 289141, 289151, 289169, 289171, 289181,
289189, 289193, 289213, 289241, 289243, 289249, 289253,
289273, 289283, 289291, 289297, 289309, 289319, 289343,
289349, 289361, 289369, 289381, 289397, 289417, 289423,
289439, 289453, 289463, 289469, 289477, 289489, 289511,
289543, 289559, 289573, 289577, 289589, 289603, 289607,
289637, 289643, 289657, 289669, 289717, 289721, 289727,
289733, 289741, 289759, 289763, 289771, 289789, 289837,
289841, 289843, 289847, 289853, 289859, 289871, 289889,
289897, 289937, 289951, 289957, 289967, 289973, 289987,
289999, 290011, 290021, 290023, 290027, 290033, 290039,
290041, 290047, 290057, 290083, 290107, 290113, 290119,
290137, 290141, 290161, 290183, 290189, 290201, 290209,
290219, 290233, 290243, 290249, 290317, 290327, 290347,

290351, 290359, 290369, 290383, 290393, 290399, 290419,
290429, 290441, 290443, 290447, 290471, 290473, 290489,
290497, 290509, 290527, 290531, 290533, 290539, 290557,
290593, 290597, 290611, 290617, 290621, 290623, 290627,
290657, 290659, 290663, 290669, 290671, 290677, 290701,
290707, 290711, 290737, 290761, 290767, 290791, 290803,
290821, 290827, 290837, 290839, 290861, 290869, 290879,
290897, 290923, 290959, 290963, 290971, 290987, 290993,
290999, 291007, 291013, 291037, 291041, 291043, 291077,
291089, 291101, 291103, 291107, 291113, 291143, 291167,
291169, 291173, 291191, 291199, 291209, 291217, 291253,
291257, 291271, 291287, 291293, 291299, 291331, 291337,
291349, 291359, 291367, 291371, 291373, 291377, 291419,
291437, 291439, 291443, 291457, 291481, 291491, 291503,
291509, 291521, 291539, 291547, 291559, 291563, 291569,
291619, 291647, 291649, 291661, 291677, 291689, 291691,
291701, 291721, 291727, 291743, 291751, 291779, 291791,
291817, 291829, 291833, 291853, 291857, 291869,
291877, 291887, 291899, 291901, 291923, 291971, 291979,
291983, 291997, 292021, 292027, 292037, 292057, 292069,
292079, 292081, 292091, 292093, 292133, 292141, 292147,
292157, 292181, 292183, 292223, 292231, 292241, 292249,
292267, 292283, 292301, 292309, 292319, 292343, 292351,
292363, 292367, 292381, 292393, 292427, 292441, 292459,
292469, 292471, 292477, 292483, 292489, 292493, 292517,
292531, 292541, 292549, 292561, 292573, 292577, 292601,
292627, 292631, 292661, 292667, 292673, 292679, 292693,
292703, 292709, 292711, 292717, 292727, 292753, 292759,
292777, 292793, 292801, 292807, 292819, 292837, 292841,
292849, 292867, 292879, 292909, 292921, 292933, 292969,
292973, 292979, 292993, 293021, 293071, 293081, 293087,
293093, 293099, 293107, 293123, 293129, 293147, 293149,
293173, 293177, 293179, 293201, 293207, 293213, 293221,
293257, 293261, 293263, 293269, 293311, 293329, 293339,
293351, 293357, 293399, 293413, 293431, 293441, 293453,
293459, 293467, 293473, 293483, 293507, 293543, 293599,

293603, 293617, 293621, 293633, 293639, 293651, 293659,
293677, 293681, 293701, 293717, 293723, 293729, 293749,
293767, 293773, 293791, 293803, 293827, 293831, 293861,
293863, 293893, 293899, 293941, 293957, 293983, 293989,
293999, 294001, 294013, 294023, 294029, 294043, 294053,
294059, 294067, 294103, 294127, 294131, 294149, 294157,
294167, 294169, 294179, 294181, 294199, 294211, 294223,
294227, 294241, 294247, 294251, 294269, 294277, 294289,
294293, 294311, 294313, 294317, 294319, 294337, 294341,
294347, 294353, 294383, 294391, 294397, 294403, 294431,
294439, 294461, 294467, 294479, 294499, 294509, 294523,
294529, 294551, 294563, 294629, 294641, 294647, 294649,
294659, 294673, 294703, 294731, 294751, 294757, 294761,
294773, 294781, 294787, 294793, 294799, 294803, 294809,
294821, 294829, 294859, 294869, 294887, 294893, 294911,
294919, 294923, 294947, 294949, 294953, 294979, 294989,
294991, 294997, 295007, 295033, 295037, 295039, 295049,
295073, 295079, 295081, 295111, 295123, 295129, 295153,
295187, 295199, 295201, 295219, 295237, 295247, 295259,
295271, 295277, 295283, 295291, 295313, 295319, 295333,
295357, 295363, 295387, 295411, 295417, 295429, 295433,
295439, 295441, 295459, 295513, 295517, 295541, 295553,
295567, 295571, 295591, 295601, 295663, 295693, 295699,
295703, 295727, 295751, 295759, 295769, 295777, 295787,
295819, 295831, 295837, 295843, 295847, 295853, 295861,
295871, 295873, 295877, 295879, 295901, 295903, 295909,
295937, 295943, 295949, 295951, 295961, 295973, 295993,
296011, 296017, 296027, 296041, 296047, 296071, 296083,
296099, 296117, 296129, 296137, 296159, 296183, 296201,
296213, 296221, 296237, 296243, 296249, 296251, 296269,
296273, 296279, 296287, 296299, 296347, 296353, 296363,
296369, 296377, 296437, 296441, 296473, 296477, 296479,
296489, 296503, 296507, 296509, 296519, 296551, 296557,
296561, 296563, 296579, 296581, 296587, 296591, 296627,
296651, 296663, 296669, 296683, 296687, 296693, 296713,
296719, 296729, 296731, 296741, 296749, 296753, 296767,

296771, 296773, 296797, 296801, 296819, 296827, 296831,
296833, 296843, 296909, 296911, 296921, 296929, 296941,
296969, 296971, 296981, 296983, 296987, 297019, 297023,
297049, 297061, 297067, 297079, 297083, 297097, 297113,
297133, 297151, 297161, 297169, 297191, 297233, 297247,
297251, 297257, 297263, 297289, 297317, 297359, 297371,
297377, 297391, 297397, 297403, 297421, 297439, 297457,
297467, 297469, 297481, 297487, 297503, 297509, 297523,
297533, 297581, 297589, 297601, 297607, 297613, 297617,
297623, 297629, 297641, 297659, 297683, 297691, 297707,
297719, 297727, 297757, 297779, 297793, 297797, 297809,
297811, 297833, 297841, 297853, 297881, 297889, 297893,
297907, 297911, 297931, 297953, 297967, 297971, 297989,
297991, 298013, 298021, 298031, 298043, 298049, 298063,
298087, 298093, 298099, 298153, 298157, 298159, 298169,
298171, 298187, 298201, 298211, 298213, 298223, 298237,
298247, 298261, 298283, 298303, 298307, 298327, 298339,
298343, 298349, 298369, 298373, 298399, 298409, 298411,
298427, 298451, 298477, 298483, 298513, 298559, 298579,
298583, 298589, 298601, 298607, 298621, 298631, 298651,
298667, 298679, 298681, 298687, 298691, 298693, 298709,
298723, 298733, 298757, 298759, 298777, 298799, 298801,
298817, 298819, 298841, 298847, 298853, 298861, 298897,
298937, 298943, 298993, 298999, 299011, 299017, 299027,
299029, 299053, 299059, 299063, 299087, 299099, 299107,
299113, 299137, 299147, 299171, 299179, 299191, 299197,
299213, 299239, 299261, 299281, 299287, 299311, 299317,
299329, 299333, 299357, 299359, 299363, 299371, 299389,
299393, 299401, 299417, 299419, 299447, 299471, 299473,
299477, 299479, 299501, 299513, 299521, 299527, 299539,
299567, 299569, 299603, 299617, 299623, 299653, 299671,
299681, 299683, 299699, 299701, 299711, 299723, 299731,
299743, 299749, 299771, 299777, 299807, 299843, 299857,
299861, 299881, 299891, 299903, 299909, 299933, 299941,
299951, 299969, 299977, 299983, 299993, 300007, 300017,
300023, 300043, 300073, 300089, 300109, 300119, 300137,

300149, 300151, 300163, 300187, 300191, 300193, 300221,
300229, 300233, 300239, 300247, 300277, 300299, 300301,
300317, 300319, 300323, 300331, 300343, 300347, 300367,
300397, 300413, 300427, 300431, 300439, 300463, 300481,
300491, 300493, 300497, 300499, 300511, 300557, 300569,
300581, 300583, 300589, 300593, 300623, 300631, 300647,
300649, 300661, 300667, 300673, 300683, 300691, 300719,
300721, 300733, 300739, 300743, 300749, 300757, 300761,
300779, 300787, 300799, 300809, 300821, 300823, 300851,
300857, 300869, 300877, 300889, 300893, 300929, 300931,
300953, 300961, 300967, 300973, 300977, 300997, 301013,
301027, 301039, 301051, 301057, 301073, 301079, 301123,
301127, 301141, 301153, 301159, 301177, 301181, 301183,
301211, 301219, 301237, 301241, 301243, 301247, 301267,
301303, 301319, 301331, 301333, 301349, 301361, 301363,
301381, 301403, 301409, 301423, 301429, 301447, 301459,
301463, 301471, 301487, 301489, 301493, 301501, 301531,
301577, 301579, 301583, 301591, 301601, 301619, 301627,
301643, 301649, 301657, 301669, 301673, 301681, 301703,
301711, 301747, 301751, 301753, 301759, 301789, 301793,
301813, 301831, 301841, 301843, 301867, 301877, 301897,
301901, 301907, 301913, 301927, 301933, 301943, 301949,
301979, 301991, 301993, 301997, 301999, 302009, 302053,
302111, 302123, 302143, 302167, 302171, 302173, 302189,
302191, 302213, 302221, 302227, 302261, 302273, 302279,
302287, 302297, 302299, 302317, 302329, 302399, 302411,
302417, 302429, 302443, 302459, 302483, 302507, 302513,
302551, 302563, 302567, 302573, 302579, 302581, 302587,
302593, 302597, 302609, 302629, 302647, 302663, 302681,
302711, 302723, 302747, 302759, 302767, 302779, 302791,
302801, 302831, 302833, 302837, 302843, 302851, 302857,
302873, 302891, 302903, 302909, 302921, 302927, 302941,
302959, 302969, 302971, 302977, 302983, 302989, 302999,
303007, 303011, 303013, 303019, 303029, 303049, 303053,
303073, 303089, 303091, 303097, 303119, 303139, 303143,
303151, 303157, 303187, 303217, 303257, 303271, 303283,

303287, 303293, 303299, 303307, 303313, 303323, 303337,
303341, 303361, 303367, 303371, 303377, 303379, 303389,
303409, 303421, 303431, 303463, 303469, 303473, 303491,
303493, 303497, 303529, 303539, 303547, 303551, 303553,
303571, 303581, 303587, 303593, 303613, 303617, 303619,
303643, 303647, 303649, 303679, 303683, 303689, 303691,
303703, 303713, 303727, 303731, 303749, 303767, 303781,
303803, 303817, 303827, 303839, 303859, 303871, 303889,
303907, 303917, 303931, 303937, 303959, 303983, 303997,
304009, 304013, 304021, 304033, 304039, 304049, 304063,
304067, 304069, 304081, 304091, 304099, 304127, 304151,
304153, 304163, 304169, 304193, 304211, 304217, 304223,
304253, 304259, 304279, 304301, 304303, 304331, 304349,
304357, 304363, 304373, 304391, 304393, 304411, 304417,
304429, 304433, 304439, 304457, 304459, 304477, 304481,
304489, 304501, 304511, 304517, 304523, 304537, 304541,
304553, 304559, 304561, 304597, 304609, 304631, 304643,
304651, 304663, 304687, 304709, 304723, 304729, 304739,
304751, 304757, 304763, 304771, 304781, 304789, 304807,
304813, 304831, 304847, 304849, 304867, 304879, 304883,
304897, 304901, 304903, 304907, 304933, 304937, 304943,
304949, 304961, 304979, 304981, 305017, 305021, 305023,
305029, 305033, 305047, 305069, 305093, 305101, 305111,
305113, 305119, 305131, 305143, 305147, 305209, 305219,
305231, 305237, 305243, 305267, 305281, 305297, 305329,
305339, 305351, 305353, 305363, 305369, 305377, 305401,
305407, 305411, 305413, 305419, 305423, 305441, 305449,
305471, 305477, 305479, 305483, 305489, 305497, 305521,
305533, 305551, 305563, 305581, 305593, 305597, 305603,
305611, 305621, 305633, 305639, 305663, 305717, 305719,
305741, 305743, 305749, 305759, 305761, 305771, 305783,
305803, 305821, 305839, 305849, 305857, 305861, 305867,
305873, 305917, 305927, 305933, 305947, 305971, 305999,
306011, 306023, 306029, 306041, 306049, 306083, 306091,
306121, 306133, 306139, 306149, 306157, 306167, 306169,
306191, 306193, 306209, 306239, 306247, 306253, 306259,

306263, 306301, 306329, 306331, 306347, 306349, 306359,
306367, 306377, 306389, 306407, 306419, 306421, 306431,
306437, 306457, 306463, 306473, 306479, 306491, 306503,
306511, 306517, 306529, 306533, 306541, 306563, 306577,
306587, 306589, 306643, 306653, 306661, 306689, 306701,
306703, 306707, 306727, 306739, 306749, 306763, 306781,
306809, 306821, 306827, 306829, 306847, 306853, 306857,
306871, 306877, 306883, 306893, 306899, 306913, 306919,
306941, 306947, 306949, 306953, 306991, 307009, 307019,
307031, 307033, 307067, 307079, 307091, 307093, 307103,
307121, 307129, 307147, 307163, 307169, 307171, 307187,
307189, 307201, 307243, 307253, 307259, 307261, 307267,
307273, 307277, 307283, 307289, 307301, 307337, 307339,
307361, 307367, 307381, 307397, 307399, 307409, 307423,
307451, 307471, 307481, 307511, 307523, 307529, 307537,
307543, 307577, 307583, 307589, 307609, 307627, 307631,
307633, 307639, 307651, 307669, 307687, 307691, 307693,
307711, 307733, 307759, 307817, 307823, 307831, 307843,
307859, 307871, 307873, 307891, 307903, 307919, 307939,
307969, 308003, 308017, 308027, 308041, 308051, 308081,
308093, 308101, 308107, 308117, 308129, 308137, 308141,
308149, 308153, 308213, 308219, 308249, 308263, 308291,
308293, 308303, 308309, 308311, 308317, 308323, 308327,
308333, 308359, 308383, 308411, 308423, 308437, 308447,
308467, 308489, 308491, 308501, 308507, 308509, 308519,
308521, 308527, 308537, 308551, 308569, 308573, 308587,
308597, 308621, 308639, 308641, 308663, 308681, 308701,
308713, 308723, 308761, 308773, 308801, 308809, 308813,
308827, 308849, 308851, 308857, 308887, 308899, 308923,
308927, 308929, 308933, 308939, 308951, 308989, 308999,
309007, 309011, 309013, 309019, 309031, 309037, 309059,
309079, 309083, 309091, 309107, 309109, 309121, 309131,
309137, 309157, 309167, 309173, 309193, 309223, 309241,
309251, 309259, 309269, 309271, 309277, 309289, 309293,
309311, 309313, 309317, 309359, 309367, 309371, 309391,
309403, 309433, 309437, 309457, 309461, 309469, 309479,

309481, 309493, 309503, 309521, 309523, 309539, 309541, 309559, 309571, 309577, 309583, 309599, 309623, 309629, 309637, 309667, 309671, 309677, 309707, 309713, 309731, 309737, 309769, 309779, 309781, 309797, 309811, 309823, 309851, 309853, 309857, 309877, 309899, 309929, 309931, 309937, 309977, 309989, 310019, 310021, 310027, 310043, 310049, 310081, 310087, 310091, 310111, 310117, 310127, 310129, 310169, 310181, 310187, 310223, 310229, 310231, 310237, 310243, 310273, 310283, 310291, 310313, 310333, 310357, 310361, 310363, 310379, 310397, 310423, 310433, 310439, 310447, 310459, 310463, 310481, 310489, 310501, 310507, 310511, 310547, 310553, 310559, 310567, 310571, 310577, 310591, 310627, 310643, 310663, 310693, 310697, 310711, 310721, 310727, 310729, 310733, 310741, 310747, 310771, 310781, 310789, 310801, 310819, 310823, 310829, 310831, 310861, 310867, 310883, 310889, 310901, 310927, 310931, 310949, 310969, 310987, 310997, 311009, 311021, 311027, 311033, 311041, 311099, 311111, 311123, 311137, 311153, 311173, 311177, 311183, 311189, 311197, 311203, 311237, 311279, 311291, 311293, 311299, 311303, 311323, 311329, 311341, 311347, 311359, 311371, 311393, 311407, 311419, 311447, 311453, 311473, 311533, 311537, 311539, 311551, 311557, 311561, 311567, 311569, 311603, 311609, 311653, 311659, 311677, 311681, 311683, 311687, 311711, 311713, 311737, 311743, 311747, 311749, 311791, 311803, 311807, 311821, 311827, 311867, 311869, 311881, 311897, 311951, 311957, 311963, 311981, 312007, 312023, 312029, 312031, 312043, 312047, 312071, 312073, 312083, 312089, 312101, 312107, 312121, 312161, 312197, 312199, 312203, 312209, 312211, 312217, 312229, 312233, 312241, 312251, 312253, 312269, 312281, 312283, 312289, 312311, 312313, 312331, 312343, 312349, 312353, 312371, 312383, 312397, 312401, 312407, 312413, 312427, 312451, 312469, 312509, 312517, 312527, 312551, 312553, 312563, 312581, 312583, 312589, 312601, 312617, 312619, 312623, 312643, 312673, 312677, 312679, 312701, 312703, 312709, 312727, 312737,

312743, 312757, 312773, 312779, 312799, 312839, 312841,
312857, 312863, 312887, 312899, 312929, 312931, 312937,
312941, 312943, 312967, 312971, 312979, 312989, 313003,
313009, 313031, 313037, 313081, 313087, 313109, 313127,
313129, 313133, 313147, 313151, 313153, 313163, 313207,
313211, 313219, 313241, 313249, 313267, 313273, 313289,
313297, 313301, 313307, 313321, 313331, 313333, 313343,
313351, 313373, 313381, 313387, 313399, 313409, 313471,
313477, 313507, 313517, 313543, 313549, 313553, 313561,
313567, 313571, 313583, 313589, 313597, 313603, 313613,
313619, 313637, 313639, 313661, 313669, 313679, 313699,
313711, 313717, 313721, 313727, 313739, 313741, 313763,
313777, 313783, 313829, 313849, 313853, 313879, 313883,
313889, 313897, 313909, 313921, 313931, 313933, 313949,
313961, 313969, 313979, 313981, 313987, 313991, 313993,
313997, 314003, 314021, 314059, 314063, 314077, 314107,
314113, 314117, 314129, 314137, 314159, 314161, 314173,
314189, 314213, 314219, 314227, 314233, 314239, 314243,
314257, 314261, 314263, 314267, 314299, 314329, 314339,
314351, 314357, 314359, 314399, 314401, 314407, 314423,
314441, 314453, 314467, 314491, 314497, 314513, 314527,
314543, 314549, 314569, 314581, 314591, 314597, 314599,
314603, 314623, 314627, 314641, 314651, 314693, 314707,
314711, 314719, 314723, 314747, 314761, 314771, 314777,
314779, 314807, 314813, 314827, 314851, 314879, 314903,
314917, 314927, 314933, 314953, 314957, 314983, 314989,
315011, 315013, 315037, 315047, 315059, 315067, 315083,
315097, 315103, 315109, 315127, 315179, 315181, 315193,
315199, 315223, 315247, 315251, 315257, 315269, 315281,
315313, 315349, 315361, 315373, 315377, 315389, 315407,
315409, 315421, 315437, 315449, 315451, 315461, 315467,
315481, 315493, 315517, 315521, 315527, 315529, 315547,
315551, 315559, 315569, 315589, 315593, 315599, 315613,
315617, 315631, 315643, 315671, 315677, 315691, 315697,
315701, 315703, 315739, 315743, 315751, 315779, 315803,
315811, 315829, 315851, 315857, 315881, 315883, 315893,

315899, 315907, 315937, 315949, 315961, 315967, 315977,
316003, 316031, 316033, 316037, 316051, 316067, 316073,
316087, 316097, 316109, 316133, 316139, 316153, 316177,
316189, 316193, 316201, 316213, 316219, 316223, 316241,
316243, 316259, 316271, 316291, 316297, 316301, 316321,
316339, 316343, 316363, 316373, 316391, 316403, 316423,
316429, 316439, 316453, 316469, 316471, 316493, 316499,
316501, 316507, 316531, 316567, 316571, 316577, 316583,
316621, 316633, 316637, 316649, 316661, 316663, 316681,
316691, 316697, 316699, 316703, 316717, 316753, 316759,
316769, 316777, 316783, 316793, 316801, 316817, 316819,
316847, 316853, 316859, 316861, 316879, 316891, 316903,
316907, 316919, 316937, 316951, 316957, 316961, 316991,
317003, 317011, 317021, 317029, 317047, 317063, 317071,
317077, 317087, 317089, 317123, 317159, 317171, 317179,
317189, 317197, 317209, 317227, 317257, 317263, 317267,
317269, 317279, 317321, 317323, 317327, 317333, 317351,
317353, 317363, 317371, 317399, 317411, 317419, 317431,
317437, 317453, 317459, 317483, 317489, 317491, 317503,
317539, 317557, 317563, 317587, 317591, 317593, 317599,
317609, 317617, 317621, 317651, 317663, 317671, 317693,
317701, 317711, 317717, 317729, 317731, 317741, 317743,
317771, 317773, 317777, 317783, 317789, 317797, 317827,
317831, 317839, 317857, 317887, 317903, 317921, 317923,
317957, 317959, 317963, 317969, 317971, 317983, 317987,
318001, 318007, 318023, 318077, 318103, 318107, 318127,
318137, 318161, 318173, 318179, 318181, 318191, 318203,
318209, 318211, 318229, 318233, 318247, 318259, 318271,
318281, 318287, 318289, 318299, 318301, 318313, 318319,
318323, 318337, 318347, 318349, 318377, 318403, 318407,
318419, 318431, 318443, 318457, 318467, 318473, 318503,
318523, 318557, 318559, 318569, 318581, 318589, 318601,
318629, 318641, 318653, 318671, 318677, 318679, 318683,
318691, 318701, 318713, 318737, 318743, 318749, 318751,
318781, 318793, 318809, 318811, 318817, 318823, 318833,
318841, 318863, 318881, 318883, 318889, 318907, 318911,

318917, 318919, 318949, 318979, 319001, 319027, 319031,
319037, 319049, 319057, 319061, 319069, 319093, 319097,
319117, 319127, 319129, 319133, 319147, 319159, 319169,
319183, 319201, 319211, 319223, 319237, 319259, 319279,
319289, 319313, 319321, 319327, 319339, 319343, 319351,
319357, 319387, 319391, 319399, 319411, 319427, 319433,
319439, 319441, 319453, 319469, 319477, 319483, 319489,
319499, 319511, 319519, 319541, 319547, 319567, 319577,
319589, 319591, 319601, 319607, 319639, 319673, 319679,
319681, 319687, 319691, 319699, 319727, 319729, 319733,
319747, 319757, 319763, 319811, 319817, 319819, 319829,
319831, 319849, 319883, 319897, 319901, 319919, 319927,
319931, 319937, 319967, 319973, 319981, 319993, 320009,
320011, 320027, 320039, 320041, 320053, 320057, 320063,
320081, 320083, 320101, 320107, 320113, 320119, 320141,
320143, 320149, 320153, 320179, 320209, 320213, 320219,
320237, 320239, 320267, 320269, 320273, 320291, 320293,
320303, 320317, 320329, 320339, 320377, 320387, 320389,
320401, 320417, 320431, 320449, 320471, 320477, 320483,
320513, 320521, 320533, 320539, 320561, 320563, 320591,
320609, 320611, 320627, 320647, 320657, 320659, 320669,
320687, 320693, 320699, 320713, 320741, 320759, 320767,
320791, 320821, 320833, 320839, 320843, 320851, 320861,
320867, 320899, 320911, 320923, 320927, 320939, 320941,
320953, 321007, 321017, 321031, 321037, 321047, 321053,
321073, 321077, 321091, 321109, 321143, 321163, 321169,
321187, 321193, 321199, 321203, 321221, 321227, 321239,
321247, 321289, 321301, 321311, 321313, 321319, 321323,
321329, 321331, 321341, 321359, 321367, 321371, 321383,
321397, 321403, 321413, 321427, 321443, 321449, 321467,
321469, 321509, 321547, 321553, 321569, 321571, 321577,
321593, 321611, 321617, 321619, 321631, 321647, 321661,
321679, 321707, 321709, 321721, 321733, 321743, 321751,
321757, 321779, 321799, 321817, 321821, 321823, 321829,
321833, 321847, 321851, 321889, 321901, 321911, 321947,
321949, 321961, 321983, 321991, 322001, 322009, 322013,

322037, 322039, 322051, 322057, 322067, 322073, 322079, 322093, 322097, 322109, 322111, 322139, 322169, 322171, 322193, 322213, 322229, 322237, 322243, 322247, 322249, 322261, 322271, 322319, 322327, 322339, 322349, 322351, 322397, 322403, 322409, 322417, 322429, 322433, 322459, 322463, 322501, 322513, 322519, 322523, 322537, 322549, 322559, 322571, 322573, 322583, 322589, 322591, 322607, 322613, 322627, 322631, 322633, 322649, 322669, 322709, 322727, 322747, 322757, 322769, 322771, 322781, 322783, 322807, 322849, 322859, 322871, 322877, 322891, 322901, 322919, 322921, 322939, 322951, 322963, 322969, 322997, 322999, 323003, 323009, 323027, 323053, 323077, 323083, 323087, 323093, 323101, 323123, 323131, 323137, 323149, 323201, 323207, 323233, 323243, 323249, 323251, 323273, 323333, 323339, 323341, 323359, 323369, 323371, 323377, 323381, 323383, 323413, 323419, 323441, 323443, 323467, 323471, 323473, 323507, 323509, 323537, 323549, 323567, 323579, 323581, 323591, 323597, 323599, 323623, 323641, 323647, 323651, 323699, 323707, 323711, 323717, 323759, 323767, 323789, 323797, 323801, 323803, 323819, 323837, 323879, 323899, 323903, 323923, 323927, 323933, 323951, 323957, 323987, 324011, 324031, 324053, 324067, 324073, 324089, 324097, 324101, 324113, 324119, 324131, 324143, 324151, 324161, 324179, 324199, 324209, 324211, 324217, 324223, 324239, 324251, 324293, 324299, 324301, 324319, 324329, 324341, 324361, 324391, 324397, 324403, 324419, 324427, 324431, 324437, 324439, 324449, 324451, 324469, 324473, 324491, 324497, 324503, 324517, 324523, 324529, 324557, 324587, 324589, 324593, 324617, 324619, 324637, 324641, 324647, 324661, 324673, 324689, 324697, 324707, 324733, 324743, 324757, 324763, 324773, 324781, 324791, 324799, 324809, 324811, 324839, 324847, 324869, 324871, 324889, 324893, 324901, 324931, 324941, 324949, 324953, 324977, 324979, 324983, 324991, 324997, 325001, 325009, 325019, 325021, 325027, 325043, 325051, 325063, 325079, 325081, 325093, 325133, 325153, 325163, 325181, 325187,

325189, 325201, 325217, 325219, 325229, 325231, 325249,
325271, 325301, 325307, 325309, 325319, 325333, 325343,
325349, 325379, 325411, 325421, 325439, 325447, 325453,
325459, 325463, 325477, 325487, 325513, 325517, 325537,
325541, 325543, 325571, 325597, 325607, 325627, 325631,
325643, 325667, 325673, 325681, 325691, 325693, 325697,
325709, 325723, 325729, 325747, 325751, 325753, 325769,
325777, 325781, 325783, 325807, 325813, 325849, 325861,
325877, 325883, 325889, 325891, 325901, 325921, 325939,
325943, 325951, 325957, 325987, 325993, 325999, 326023,
326057, 326063, 326083, 326087, 326099, 326101, 326113,
326119, 326141, 326143, 326147, 326149, 326153, 326159,
326171, 326189, 326203, 326219, 326251, 326257, 326309,
326323, 326351, 326353, 326369, 326437, 326441, 326449,
326467, 326479, 326497, 326503, 326537, 326539, 326549,
326561, 326563, 326567, 326581, 326593, 326597, 326609,
326611, 326617, 326633, 326657, 326659, 326663, 326681,
326687, 326693, 326701, 326707, 326737, 326741, 326773,
326779, 326831, 326863, 326867, 326869, 326873, 326881,
326903, 326923, 326939, 326941, 326947, 326951, 326983,
326993, 326999, 327001, 327007, 327011, 327017, 327023,
327059, 327071, 327079, 327127, 327133, 327163, 327179,
327193, 327203, 327209, 327211, 327247, 327251, 327263,
327277, 327289, 327307, 327311, 327317, 327319, 327331,
327337, 327343, 327347, 327401, 327407, 327409, 327419,
327421, 327433, 327443, 327463, 327469, 327473, 327479,
327491, 327493, 327499, 327511, 327517, 327529, 327553,
327557, 327559, 327571, 327581, 327583, 327599, 327619,
327629, 327647, 327661, 327667, 327673, 327689, 327707,
327721, 327737, 327739, 327757, 327779, 327797, 327799,
327809, 327823, 327827, 327829, 327839, 327851, 327853,
327869, 327871, 327881, 327889, 327917, 327923, 327941,
327953, 327967, 327979, 327983, 328007, 328037, 328043,
328051, 328061, 328063, 328067, 328093, 328103, 328109,
328121, 328127, 328129, 328171, 328177, 328213, 328243,
328249, 328271, 328277, 328283, 328291, 328303, 328327,

328331, 328333, 328343, 328357, 328373, 328379, 328381,
328397, 328411, 328421, 328429, 328439, 328481, 328511,
328513, 328519, 328543, 328579, 328589, 328591, 328619,
328621, 328633, 328637, 328639, 328651, 328667, 328687,
328709, 328721, 328753, 328777, 328781, 328787, 328789,
328813, 328829, 328837, 328847, 328849, 328883, 328891,
328897, 328901, 328919, 328921, 328931, 328961, 328981,
329009, 329027, 329053, 329059, 329081, 329083, 329089,
329101, 329111, 329123, 329143, 329167, 329177, 329191,
329201, 329207, 329209, 329233, 329243, 329257, 329267,
329269, 329281, 329293, 329297, 329299, 329309, 329317,
329321, 329333, 329347, 329387, 329393, 329401, 329419,
329431, 329471, 329473, 329489, 329503, 329519, 329533,
329551, 329557, 329587, 329591, 329597, 329603, 329617,
329627, 329629, 329639, 329657, 329663, 329671, 329677,
329683, 329687, 329711, 329717, 329723, 329729, 329761,
329773, 329779, 329789, 329801, 329803, 329863, 329867,
329873, 329891, 329899, 329941, 329947, 329951, 329957,
329969, 329977, 329993, 329999, 330017, 330019, 330037,
330041, 330047, 330053, 330061, 330067, 330097, 330103,
330131, 330133, 330139, 330149, 330167, 330199, 330203,
330217, 330227, 330229, 330233, 330241, 330247, 330271,
330287, 330289, 330311, 330313, 330329, 330331, 330347,
330359, 330383, 330389, 330409, 330413, 330427, 330431,
330433, 330439, 330469, 330509, 330557, 330563, 330569,
330587, 330607, 330611, 330623, 330641, 330643, 330653,
330661, 330679, 330683, 330689, 330697, 330703, 330719,
330721, 330731, 330749, 330767, 330787, 330791, 330793,
330821, 330823, 330839, 330853, 330857, 330859, 330877,
330887, 330899, 330907, 330917, 330943, 330983, 330997,
331013, 331027, 331031, 331043, 331063, 331081, 331099,
331127, 331141, 331147, 331153, 331159, 331171, 331183,
331207, 331213, 331217, 331231, 331241, 331249, 331259,
331277, 331283, 331301, 331307, 331319, 331333, 331337,
331339, 331349, 331367, 331369, 331391, 331399, 331423,
331447, 331451, 331489, 331501, 331511, 331519, 331523,

331537, 331543, 331547, 331549, 331553, 331577, 331579,
331589, 331603, 331609, 331613, 331651, 331663, 331691,
331693, 331697, 331711, 331739, 331753, 331769, 331777,
331781, 331801, 331819, 331841, 331843, 331871, 331883,
331889, 331897, 331907, 331909, 331921, 331937, 331943,
331957, 331967, 331973, 331997, 331999, 332009, 332011,
332039, 332053, 332069, 332081, 332099, 332113, 332117,
332147, 332159, 332161, 332179, 332183, 332191, 332201,
332203, 332207, 332219, 332221, 332251, 332263, 332273,
332287, 332303, 332309, 332317, 332393, 332399, 332411,
332417, 332441, 332447, 332461, 332467, 332471, 332473,
332477, 332489, 332509, 332513, 332561, 332567, 332569,
332573, 332611, 332617, 332623, 332641, 332687, 332699,
332711, 332729, 332743, 332749, 332767, 332779, 332791,
332803, 332837, 332851, 332873, 332881, 332887, 332903,
332921, 332933, 332947, 332951, 332987, 332989, 332993,
333019, 333023, 333029, 333031, 333041, 333049, 333071,
333097, 333101, 333103, 333107, 333131, 333139, 333161,
333187, 333197, 333209, 333227, 333233, 333253, 333269,
333271, 333283, 333287, 333299, 333323, 333331, 333337,
333341, 333349, 333367, 333383, 333397, 333419, 333427,
333433, 333439, 333449, 333451, 333457, 333479, 333491,
333493, 333497, 333503, 333517, 333533, 333539, 333563,
333581, 333589, 333623, 333631, 333647, 333667, 333673,
333679, 333691, 333701, 333713, 333719, 333721, 333737,
333757, 333769, 333779, 333787, 333791, 333793, 333803,
333821, 333857, 333871, 333911, 333923, 333929, 333941,
333959, 333973, 333989, 333997, 334021, 334031, 334043,
334049, 334057, 334069, 334093, 334099, 334127, 334133,
334157, 334171, 334177, 334183, 334189, 334199, 334231,
334247, 334261, 334289, 334297, 334319, 334331, 334333,
334349, 334363, 334379, 334387, 334393, 334403, 334421,
334423, 334427, 334429, 334447, 334487, 334493, 334507,
334511, 334513, 334541, 334547, 334549, 334561, 334603,
334619, 334637, 334643, 334651, 334661, 334667, 334681,
334693, 334699, 334717, 334721, 334727, 334751, 334753,

334759, 334771, 334777, 334783, 334787, 334793, 334843,
334861, 334877, 334889, 334891, 334897, 334931, 334963,
334973, 334987, 334991, 334993, 335009, 335021, 335029,
335033, 335047, 335051, 335057, 335077, 335081, 335089,
335107, 335113, 335117, 335123, 335131, 335149, 335161,
335171, 335173, 335207, 335213, 335221, 335249, 335261,
335273, 335281, 335299, 335323, 335341, 335347, 335381,
335383, 335411, 335417, 335429, 335449, 335453, 335459,
335473, 335477, 335507, 335519, 335527, 335539, 335557,
335567, 335579, 335591, 335609, 335633, 335641, 335653,
335663, 335669, 335681, 335689, 335693, 335719, 335729,
335743, 335747, 335771, 335807, 335809, 335813, 335821,
335833, 335843, 335857, 335879, 335893, 335897, 335917,
335941, 335953, 335957, 335999, 336029, 336031, 336041,
336059, 336079, 336101, 336103, 336109, 336113, 336121,
336143, 336151, 336157, 336163, 336181, 336199, 336211,
336221, 336223, 336227, 336239, 336247, 336251, 336253,
336263, 336307, 336317, 336353, 336361, 336373, 336397,
336403, 336419, 336437, 336463, 336491, 336499, 336503,
336521, 336527, 336529, 336533, 336551, 336563, 336571,
336577, 336587, 336593, 336599, 336613, 336631, 336643,
336649, 336653, 336667, 336671, 336683, 336689, 336703,
336727, 336757, 336761, 336767, 336769, 336773, 336793,
336799, 336803, 336823, 336827, 336829, 336857, 336863,
336871, 336887, 336899, 336901, 336911, 336929, 336961,
336977, 336983, 336989, 336997, 337013, 337021, 337031,
337039, 337049, 337069, 337081, 337091, 337097, 337121,
337153, 337189, 337201, 337213, 337217, 337219, 337223,
337261, 337277, 337279, 337283, 337291, 337301, 337313,
337327, 337339, 337343, 337349, 337361, 337367, 337369,
337397, 337411, 337427, 337453, 337457, 337487, 337489,
337511, 337517, 337529, 337537, 337541, 337543, 337583,
337607, 337609, 337627, 337633, 337639, 337651, 337661,
337669, 337681, 337691, 337697, 337721, 337741, 337751,
337759, 337781, 337793, 337817, 337837, 337853, 337859,
337861, 337867, 337871, 337873, 337891, 337901, 337903,

337907, 337919, 337949, 337957, 337969, 337973, 337999,
338017, 338027, 338033, 338119, 338137, 338141, 338153,
338159, 338161, 338167, 338171, 338183, 338197, 338203,
338207, 338213, 338231, 338237, 338251, 338263, 338267,
338269, 338279, 338287, 338293, 338297, 338309, 338321,
338323, 338339, 338341, 338347, 338369, 338383, 338389,
338407, 338411, 338413, 338423, 338431, 338449, 338461,
338473, 338477, 338497, 338531, 338543, 338563, 338567,
338573, 338579, 338581, 338609, 338659, 338669, 338683,
338687, 338707, 338717, 338731, 338747, 338753, 338761,
338773, 338777, 338791, 338803, 338839, 338851, 338857,
338867, 338893, 338909, 338927, 338959, 338993, 338999,
339023, 339049, 339067, 339071, 339091, 339103, 339107,
339121, 339127, 339137, 339139, 339151, 339161, 339173,
339187, 339211, 339223, 339239, 339247, 339257, 339263,
339289, 339307, 339323, 339331, 339341, 339373, 339389,
339413, 339433, 339467, 339491, 339517, 339527, 339539,
339557, 339583, 339589, 339601, 339613, 339617, 339631,
339637, 339649, 339653, 339659, 339671, 339673, 339679,
339707, 339727, 339749, 339751, 339761, 339769, 339799,
339811, 339817, 339821, 339827, 339839, 339841, 339863,
339887, 339907, 339943, 339959, 339991, 340007, 340027,
340031, 340037, 340049, 340057, 340061, 340063, 340073,
340079, 340103, 340111, 340117, 340121, 340127, 340129,
340169, 340183, 340201, 340211, 340237, 340261, 340267,
340283, 340297, 340321, 340337, 340339, 340369, 340381,
340387, 340393, 340397, 340409, 340429, 340447, 340451,
340453, 340477, 340481, 340519, 340541, 340559, 340573,
340577, 340579, 340583, 340591, 340601, 340619, 340633,
340643, 340649, 340657, 340661, 340687, 340693, 340709,
340723, 340757, 340777, 340787, 340789, 340793, 340801,
340811, 340819, 340849, 340859, 340877, 340889, 340897,
340903, 340909, 340913, 340919, 340927, 340931, 340933,
340937, 340939, 340957, 340979, 340999, 341017, 341027,
341041, 341057, 341059, 341063, 341083, 341087, 341123,
341141, 341171, 341179, 341191, 341203, 341219, 341227,

341233, 341269, 341273, 341281, 341287, 341293, 341303,
341311, 341321, 341323, 341333, 341339, 341347, 341357,
341423, 341443, 341447, 341459, 341461, 341477, 341491,
341501, 341507, 341521, 341543, 341557, 341569, 341587,
341597, 341603, 341617, 341623, 341629, 341641, 341647,
341659, 341681, 341687, 341701, 341729, 341743, 341749,
341771, 341773, 341777, 341813, 341821, 341827, 341839,
341851, 341863, 341879, 341911, 341927, 341947, 341951,
341953, 341959, 341963, 341983, 341993, 342037, 342047,
342049, 342059, 342061, 342071, 342073, 342077, 342101,
342107, 342131, 342143, 342179, 342187, 342191, 342197,
342203, 342211, 342233, 342239, 342241, 342257, 342281,
342283, 342299, 342319, 342337, 342341, 342343, 342347,
342359, 342371, 342373, 342379, 342389, 342413, 342421,
342449, 342451, 342467, 342469, 342481, 342497, 342521,
342527, 342547, 342553, 342569, 342593, 342599, 342607,
342647, 342653, 342659, 342673, 342679, 342691, 342697,
342733, 342757, 342761, 342791, 342799, 342803, 342821,
342833, 342841, 342847, 342863, 342869, 342871, 342889,
342899, 342929, 342949, 342971, 342989, 343019, 343037,
343051, 343061, 343073, 343081, 343087, 343127, 343141,
343153, 343163, 343169, 343177, 343193, 343199, 343219,
343237, 343243, 343253, 343261, 343267, 343289, 343303,
343307, 343309, 343313, 343327, 343333, 343337, 343373,
343379, 343381, 343391, 343393, 343411, 343423, 343433,
343481, 343489, 343517, 343529, 343531, 343543, 343547,
343559, 343561, 343579, 343583, 343589, 343591, 343601,
343627, 343631, 343639, 343649, 343661, 343667, 343687,
343709, 343727, 343769, 343771, 343787, 343799, 343801,
343813, 343817, 343823, 343829, 343831, 343891, 343897,
343901, 343913, 343933, 343939, 343943, 343951, 343963,
343997, 344017, 344021, 344039, 344053, 344083, 344111,
344117, 344153, 344161, 344167, 344171, 344173, 344177,
344189, 344207, 344209, 344213, 344221, 344231, 344237,
344243, 344249, 344251, 344257, 344263, 344269, 344273,
344291, 344293, 344321, 344327, 344347, 344353, 344363,

344371, 344417, 344423, 344429, 344453, 344479, 344483,
344497, 344543, 344567, 344587, 344599, 344611, 344621,
344629, 344639, 344653, 344671, 344681, 344683, 344693,
344719, 344749, 344753, 344759, 344791, 344797, 344801,
344807, 344819, 344821, 344843, 344857, 344863, 344873,
344887, 344893, 344909, 344917, 344921, 344941, 344957,
344959, 344963, 344969, 344987, 345001, 345011, 345017,
345019, 345041, 345047, 345067, 345089, 345109, 345133,
345139, 345143, 345181, 345193, 345221, 345227, 345229,
345259, 345263, 345271, 345307, 345311, 345329, 345379,
345413, 345431, 345451, 345461, 345463, 345473, 345479,
345487, 345511, 345517, 345533, 345547, 345551, 345571,
345577, 345581, 345599, 345601, 345607, 345637, 345643,
345647, 345659, 345673, 345679, 345689, 345701, 345707,
345727, 345731, 345733, 345739, 345749, 345757, 345769,
345773, 345791, 345803, 345811, 345817, 345823, 345853,
345869, 345881, 345887, 345889, 345907, 345923, 345937,
345953, 345979, 345997, 346013, 346039, 346043, 346051,
346079, 346091, 346097, 346111, 346117, 346133, 346139,
346141, 346147, 346169, 346187, 346201, 346207, 346217,
346223, 346259, 346261, 346277, 346303, 346309, 346321,
346331, 346337, 346349, 346361, 346369, 346373, 346391,
346393, 346397, 346399, 346417, 346421, 346429, 346433,
346439, 346441, 346447, 346453, 346469, 346501, 346529,
346543, 346547, 346553, 346559, 346561, 346589, 346601,
346607, 346627, 346639, 346649, 346651, 346657, 346667,
346669, 346699, 346711, 346721, 346739, 346751, 346763,
346793, 346831, 346849, 346867, 346873, 346877, 346891,
346903, 346933, 346939, 346943, 346961, 346963, 347003,
347033, 347041, 347051, 347057, 347059, 347063, 347069,
347071, 347099, 347129, 347131, 347141, 347143, 347161,
347167, 347173, 347177, 347183, 347197, 347201, 347209,
347227, 347233, 347239, 347251, 347257, 347287, 347297,
347299, 347317, 347329, 347341, 347359, 347401, 347411,
347437, 347443, 347489, 347509, 347513, 347519, 347533,
347539, 347561, 347563, 347579, 347587, 347591, 347609,

347621, 347629, 347651, 347671, 347707, 347717, 347729,
347731, 347747, 347759, 347771, 347773, 347779, 347801,
347813, 347821, 347849, 347873, 347887, 347891, 347899,
347929, 347933, 347951, 347957, 347959, 347969, 347981,
347983, 347987, 347989, 347993, 348001, 348011, 348017,
348031, 348043, 348053, 348077, 348083, 348097, 348149,
348163, 348181, 348191, 348209, 348217, 348221, 348239,
348241, 348247, 348253, 348259, 348269, 348287, 348307,
348323, 348353, 348367, 348389, 348401, 348407, 348419,
348421, 348431, 348433, 348437, 348443, 348451, 348457,
348461, 348463, 348487, 348527, 348547, 348553, 348559,
348563, 348571, 348583, 348587, 348617, 348629, 348637,
348643, 348661, 348671, 348709, 348731, 348739, 348757,
348763, 348769, 348779, 348811, 348827, 348833, 348839,
348851, 348883, 348889, 348911, 348917, 348919, 348923,
348937, 348949, 348989, 348991, 349007, 349039, 349043,
349051, 349079, 349081, 349093, 349099, 349109, 349121,
349133, 349171, 349177, 349183, 349187, 349199, 349207,
349211, 349241, 349291, 349303, 349313, 349331, 349337,
349343, 349357, 349369, 349373, 349379, 349381, 349387,
349397, 349399, 349403, 349409, 349411, 349423, 349471,
349477, 349483, 349493, 349499, 349507, 349519, 349529,
349553, 349567, 349579, 349589, 349603, 349637, 349663,
349667, 349697, 349709, 349717, 349729, 349753, 349759,
349787, 349793, 349801, 349813, 349819, 349829, 349831,
349837, 349841, 349849, 349871, 349903, 349907, 349913,
349919, 349927, 349931, 349933, 349939, 349949, 349963,
349967, 349981, 350003, 350029, 350033, 350039, 350087,
350089, 350093, 350107, 350111, 350137, 350159, 350179,
350191, 350213, 350219, 350237, 350249, 350257, 350281,
350293, 350347, 350351, 350377, 350381, 350411, 350423,
350429, 350431, 350437, 350443, 350447, 350453, 350459,
350503, 350521, 350549, 350561, 350563, 350587, 350593,
350617, 350621, 350629, 350657, 350663, 350677, 350699,
350711, 350719, 350729, 350731, 350737, 350741, 350747,
350767, 350771, 350783, 350789, 350803, 350809, 350843,

350851, 350869, 350881, 350887, 350891, 350899, 350941,
350947, 350963, 350971, 350981, 350983, 350989, 351011,
351023, 351031, 351037, 351041, 351047, 351053, 351059,
351061, 351077, 351079, 351097, 351121, 351133, 351151,
351157, 351179, 351217, 351223, 351229, 351257, 351259,
351269, 351287, 351289, 351293, 351301, 351311, 351341,
351343, 351347, 351359, 351361, 351383, 351391, 351397,
351401, 351413, 351427, 351437, 351457, 351469, 351479,
351497, 351503, 351517, 351529, 351551, 351563, 351587,
351599, 351643, 351653, 351661, 351667, 351691, 351707,
351727, 351731, 351733, 351749, 351751, 351763, 351773,
351779, 351797, 351803, 351811, 351829, 351847, 351851,
351859, 351863, 351887, 351913, 351919, 351929, 351931,
351959, 351971, 351991, 352007, 352021, 352043, 352049,
352057, 352069, 352073, 352081, 352097, 352109, 352111,
352123, 352133, 352181, 352193, 352201, 352217, 352229,
352237, 352249, 352267, 352271, 352273, 352301, 352309,
352327, 352333, 352349, 352357, 352361, 352367, 352369,
352381, 352399, 352403, 352409, 352411, 352421, 352423,
352441, 352459, 352463, 352481, 352483, 352489, 352493,
352511, 352523, 352543, 352549, 352579, 352589, 352601,
352607, 352619, 352633, 352637, 352661, 352691, 352711,
352739, 352741, 352753, 352757, 352771, 352813, 352817,
352819, 352831, 352837, 352841, 352853, 352867, 352883,
352907, 352909, 352931, 352939, 352949, 352951, 352973,
352991, 353011, 353021, 353047, 353053, 353057, 353069,
353081, 353099, 353117, 353123, 353137, 353147, 353149,
353161, 353173, 353179, 353201, 353203, 353237, 353263,
353293, 353317, 353321, 353329, 353333, 353341, 353359,
353389, 353401, 353411, 353429, 353443, 353453, 353459,
353471, 353473, 353489, 353501, 353527, 353531, 353557,
353567, 353603, 353611, 353621, 353627, 353629, 353641,
353653, 353657, 353677, 353681, 353687, 353699, 353711,
353737, 353747, 353767, 353777, 353783, 353797, 353807,
353813, 353819, 353833, 353867, 353869, 353879, 353891,
353897, 353911, 353917, 353921, 353929, 353939, 353963,

354001, 354007, 354017, 354023, 354031, 354037, 354041,
354043, 354047, 354073, 354091, 354097, 354121, 354139,
354143, 354149, 354163, 354169, 354181, 354209, 354247,
354251, 354253, 354257, 354259, 354271, 354301, 354307,
354313, 354317, 354323, 354329, 354337, 354353, 354371,
354373, 354377, 354383, 354391, 354401, 354421, 354439,
354443, 354451, 354461, 354463, 354469, 354479, 354533,
354539, 354551, 354553, 354581, 354587, 354619, 354643,
354647, 354661, 354667, 354677, 354689, 354701, 354703,
354727, 354737, 354743, 354751, 354763, 354779, 354791,
354799, 354829, 354833, 354839, 354847, 354869, 354877,
354881, 354883, 354911, 354953, 354961, 354971, 354973,
354979, 354983, 354997, 355007, 355009, 355027, 355031,
355037, 355039, 355049, 355057, 355063, 355073, 355087,
355093, 355099, 355109, 355111, 355127, 355139, 355171,
355193, 355211, 355261, 355297, 355307, 355321, 355331,
355339, 355343, 355361, 355363, 355379, 355417, 355427,
355441, 355457, 355463, 355483, 355499, 355501, 355507,
355513, 355517, 355519, 355529, 355541, 355549, 355559,
355571, 355573, 355591, 355609, 355633, 355643, 355651,
355669, 355679, 355697, 355717, 355721, 355723, 355753,
355763, 355777, 355783, 355799, 355811, 355819, 355841,
355847, 355853, 355867, 355891, 355909, 355913, 355933,
355937, 355939, 355951, 355967, 355969, 356023, 356039,
356077, 356093, 356101, 356113, 356123, 356129, 356137,
356141, 356143, 356171, 356173, 356197, 356219, 356243,
356261, 356263, 356287, 356299, 356311, 356327, 356333,
356351, 356387, 356399, 356441, 356443, 356449, 356453,
356467, 356479, 356501, 356509, 356533, 356549, 356561,
356563, 356567, 356579, 356591, 356621, 356647, 356663,
356693, 356701, 356731, 356737, 356749, 356761, 356803,
356819, 356821, 356831, 356869, 356887, 356893, 356927,
356929, 356933, 356947, 356959, 356969, 356977, 356981,
356989, 356999, 357031, 357047, 357073, 357079, 357083,
357103, 357107, 357109, 357131, 357139, 357169, 357179,
357197, 357199, 357211, 357229, 357239, 357241, 357263,

357271, 357281, 357283, 357293, 357319, 357347, 357349,
357353, 357359, 357377, 357389, 357421, 357431, 357437,
357473, 357503, 357509, 357517, 357551, 357559, 357563,
357569, 357571, 357583, 357587, 357593, 357611, 357613,
357619, 357649, 357653, 357659, 357661, 357667, 357671,
357677, 357683, 357689, 357703, 357727, 357733, 357737,
357739, 357767, 357779, 357781, 357787, 357793, 357809,
357817, 357823, 357829, 357839, 357859, 357883, 357913,
357967, 357977, 357983, 357989, 357997, 358031, 358051,
358069, 358073, 358079, 358103, 358109, 358153, 358157,
358159, 358181, 358201, 358213, 358219, 358223, 358229,
358243, 358273, 358277, 358279, 358289, 358291, 358297,
358301, 358313, 358327, 358331, 358349, 358373, 358417,
358427, 358429, 358441, 358447, 358459, 358471, 358483,
358487, 358499, 358531, 358541, 358571, 358573, 358591,
358597, 358601, 358607, 358613, 358637, 358667, 358669,
358681, 358691, 358697, 358703, 358711, 358723, 358727,
358733, 358747, 358753, 358769, 358783, 358793, 358811,
358829, 358847, 358859, 358861, 358867, 358877, 358879,
358901, 358903, 358907, 358909, 358931, 358951, 358973,
358979, 358987, 358993, 358999, 359003, 359017, 359027,
359041, 359063, 359069, 359101, 359111, 359129, 359137,
359143, 359147, 359153, 359167, 359171, 359207, 359209,
359231, 359243, 359263, 359267, 359279, 359291, 359297,
359299, 359311, 359323, 359327, 359353, 359357, 359377,
359389, 359407, 359417, 359419, 359441, 359449, 359477,
359479, 359483, 359501, 359509, 359539, 359549, 359561,
359563, 359581, 359587, 359599, 359621, 359633, 359641,
359657, 359663, 359701, 359713, 359719, 359731, 359747,
359753, 359761, 359767, 359783, 359837, 359851, 359869,
359897, 359911, 359929, 359981, 359987, 360007, 360023,
360037, 360049, 360053, 360071, 360089, 360091, 360163,
360167, 360169, 360181, 360187, 360193, 360197, 360223,
360229, 360233, 360257, 360271, 360277, 360287, 360289,
360293, 360307, 360317, 360323, 360337, 360391, 360407,
360421, 360439, 360457, 360461, 360497, 360509, 360511,

360541, 360551, 360589, 360593, 360611, 360637, 360649, 360653, 360749, 360769, 360779, 360781, 360803, 360817, 360821, 360823, 360827, 360851, 360853, 360863, 360869, 360901, 360907, 360947, 360949, 360953, 360959, 360973, 360977, 360979, 360989, 361001, 361003, 361013, 361033, 361069, 361091, 361093, 361111, 361159, 361183, 361211, 361213, 361217, 361219, 361223, 361237, 361241, 361271, 361279, 361313, 361321, 361327, 361337, 361349, 361351, 361357, 361363, 361373, 361409, 361411, 361421, 361433, 361441, 361447, 361451, 361463, 361469, 361481, 361499, 361507, 361511, 361523, 361531, 361541, 361549, 361561, 361577, 361637, 361643, 361649, 361651, 361663, 361679, 361687, 361723, 361727, 361747, 361763, 361769, 361787, 361789, 361793, 361799, 361807, 361843, 361871, 361873, 361877, 361901, 361903, 361909, 361919, 361927, 361943, 361961, 361967, 361973, 361979, 361993, 362003, 362027, 362051, 362053, 362059, 362069, 362081, 362093, 362099, 362107, 362137, 362143, 362147, 362161, 362177, 362191, 362203, 362213, 362221, 362233, 362237, 362281, 362291, 362293, 362303, 362309, 362333, 362339, 362347, 362353, 362357, 362363, 362371, 362377, 362381, 362393, 362407, 362419, 362429, 362431, 362443, 362449, 362459, 362473, 362521, 362561, 362569, 362581, 362599, 362629, 362633, 362657, 362693, 362707, 362717, 362723, 362741, 362743, 362749, 362753, 362759, 362801, 362851, 362863, 362867, 362897, 362903, 362911, 362927, 362941, 362951, 362953, 362969, 362977, 362983, 362987, 363017, 363019, 363037, 363043, 363047, 363059, 363061, 363067, 363119, 363149, 363151, 363157, 363161, 363173, 363179, 363199, 363211, 363217, 363257, 363269, 363271, 363277, 363313, 363317, 363329, 363343, 363359, 363361, 363367, 363371, 363373, 363379, 363397, 363401, 363403, 363431, 363437, 363439, 363463, 363481, 363491, 363497, 363523, 363529, 363533, 363541, 363551, 363557, 363563, 363569, 363577, 363581, 363589, 363611, 363619, 363659, 363677, 363683, 363691, 363719, 363731, 363751, 363757, 363761, 363767, 363773,

363799, 363809, 363829, 363833, 363841, 363871, 363887,
363889, 363901, 363911, 363917, 363941, 363947, 363949,
363959, 363967, 363977, 363989, 364027, 364031, 364069,
364073, 364079, 364103, 364127, 364129, 364141, 364171,
364183, 364187, 364193, 364213, 364223, 364241, 364267,
364271, 364289, 364291, 364303, 364313, 364321, 364333,
364337, 364349, 364373, 364379, 364393, 364411, 364417,
364423, 364433, 364447, 364451, 364459, 364471, 364499,
364513, 364523, 364537, 364541, 364543, 364571, 364583,
364601, 364607, 364621, 364627, 364643, 364657, 364669,
364687, 364691, 364699, 364717, 364739, 364747, 364751,
364753, 364759, 364801, 364829, 364853, 364873, 364879,
364883, 364891, 364909, 364919, 364921, 364937, 364943,
364961, 364979, 364993, 364997, 365003, 365017, 365021,
365039, 365063, 365069, 365089, 365107, 365119, 365129,
365137, 365147, 365159, 365173, 365179, 365201, 365213,
365231, 365249, 365251, 365257, 365291, 365293, 365297,
365303, 365327, 365333, 365357, 365369, 365377, 365411,
365413, 365419, 365423, 365441, 365461, 365467, 365471,
365473, 365479, 365489, 365507, 365509, 365513, 365527,
365531, 365537, 365557, 365567, 365569, 365587, 365591,
365611, 365627, 365639, 365641, 365669, 365683, 365689,
365699, 365747, 365749, 365759, 365773, 365779, 365791,
365797, 365809, 365837, 365839, 365851, 365903, 365929,
365933, 365941, 365969, 365983, 366001, 366013, 366019,
366029, 366031, 366053, 366077, 366097, 366103, 366127,
366133, 366139, 366161, 366167, 366169, 366173, 366181,
366193, 366199, 366211, 366217, 366221, 366227, 366239,
366259, 366269, 366277, 366287, 366293, 366307, 366313,
366329, 366341, 366343, 366347, 366383, 366397, 366409,
366419, 366433, 366437, 366439, 366461, 366463, 366467,
366479, 366497, 366511, 366517, 366521, 366547, 366593,
366599, 366607, 366631, 366677, 366683, 366697, 366701,
366703, 366713, 366721, 366727, 366733, 366787, 366791,
366811, 366829, 366841, 366851, 366853, 366859, 366869,
366881, 366889, 366901, 366907, 366917, 366923, 366941,

366953, 366967, 366973, 366983, 366997, 367001, 367007,
367019, 367021, 367027, 367033, 367049, 367069, 367097,
367121, 367123, 367127, 367139, 367163, 367181, 367189,
367201, 367207, 367219, 367229, 367231, 367243, 367259,
367261, 367273, 367277, 367307, 367309, 367313, 367321,
367357, 367369, 367391, 367397, 367427, 367453, 367457,
367469, 367501, 367519, 367531, 367541, 367547, 367559,
367561, 367573, 367597, 367603, 367613, 367621, 367637,
367649, 367651, 367663, 367673, 367687, 367699, 367711,
367721, 367733, 367739, 367751, 367771, 367777, 367781,
367789, 367819, 367823, 367831, 367841, 367849, 367853,
367867, 367879, 367883, 367889, 367909, 367949, 367957,
368021, 368029, 368047, 368059, 368077, 368083, 368089,
368099, 368107, 368111, 368117, 368129, 368141, 368149,
368153, 368171, 368189, 368197, 368227, 368231, 368233,
368243, 368273, 368279, 368287, 368293, 368323, 368327,
368359, 368363, 368369, 368399, 368411, 368443, 368447,
368453, 368471, 368491, 368507, 368513, 368521, 368531,
368539, 368551, 368579, 368593, 368597, 368609, 368633,
368647, 368651, 368653, 368689, 368717, 368729, 368737,
368743, 368773, 368783, 368789, 368791, 368801, 368803,
368833, 368857, 368873, 368881, 368899, 368911, 368939,
368947, 368957, 369007, 369013, 369023, 369029, 369067,
369071, 369077, 369079, 369097, 369119, 369133, 369137,
369143, 369169, 369181, 369191, 369197, 369211, 369247,
369253, 369263, 369269, 369283, 369293, 369301, 369319,
369331, 369353, 369361, 369407, 369409, 369419, 369469,
369487, 369491, 369539, 369553, 369557, 369581, 369637,
369647, 369659, 369661, 369673, 369703, 369709, 369731,
369739, 369751, 369791, 369793, 369821, 369827, 369829,
369833, 369841, 369851, 369877, 369893, 369913, 369917,
369947, 369959, 369961, 369979, 369983, 369991, 369997,
370003, 370009, 370021, 370033, 370057, 370061, 370067,
370081, 370091, 370103, 370121, 370133, 370147, 370159,
370169, 370193, 370199, 370207, 370213, 370217, 370241,
370247, 370261, 370373, 370387, 370399, 370411, 370421,

370423, 370427, 370439, 370441, 370451, 370463, 370471, 370477, 370483, 370493, 370511, 370529, 370537, 370547, 370561, 370571, 370597, 370603, 370609, 370613, 370619, 370631, 370661, 370663, 370673, 370679, 370687, 370693, 370723, 370759, 370793, 370801, 370813, 370837, 370871, 370873, 370879, 370883, 370891, 370897, 370919, 370949, 371027, 371029, 371057, 371069, 371071, 371083, 371087, 371099, 371131, 371141, 371143, 371153, 371177, 371179, 371191, 371213, 371227, 371233, 371237, 371249, 371251, 371257, 371281, 371291, 371299, 371303, 371311, 371321, 371333, 371339, 371341, 371353, 371359, 371383, 371387, 371389, 371417, 371447, 371453, 371471, 371479, 371491, 371509, 371513, 371549, 371561, 371573, 371587, 371617, 371627, 371633, 371639, 371663, 371669, 371699, 371719, 371737, 371779, 371797, 371831, 371837, 371843, 371851, 371857, 371869, 371873, 371897, 371927, 371929, 371939, 371941, 371951, 371957, 371971, 371981, 371999, 372013, 372023, 372037, 372049, 372059, 372061, 372067, 372107, 372121, 372131, 372137, 372149, 372167, 372173, 372179, 372223, 372241, 372263, 372269, 372271, 372277, 372289, 372293, 372299, 372311, 372313, 372353, 372367, 372371, 372377, 372397, 372401, 372409, 372413, 372443, 372451, 372461, 372473, 372481, 372497, 372511, 372523, 372539, 372607, 372611, 372613, 372629, 372637, 372653, 372661, 372667, 372677, 372689, 372707, 372709, 372719, 372733, 372739, 372751, 372763, 372769, 372773, 372797, 372803, 372809, 372817, 372829, 372833, 372839, 372847, 372859, 372871, 372877, 372881, 372901, 372917, 372941, 372943, 372971, 372973, 372979, 373003, 373007, 373019, 373049, 373063, 373073, 373091, 373127, 373151, 373157, 373171, 373181, 373183, 373187, 373193, 373199, 373207, 373211, 373213, 373229, 373231, 373273, 373291, 373297, 373301, 373327, 373339, 373343, 373349, 373357, 373361, 373363, 373379, 373393, 373447, 373453, 373459, 373463, 373487, 373489, 373501, 373517, 373553, 373561, 373567, 373613, 373621, 373631, 373649, 373657, 373661, 373669, 373693,

373717, 373721, 373753, 373757, 373777, 373783, 373823,
373837, 373859, 373861, 373903, 373909, 373937, 373943,
373951, 373963, 373969, 373981, 373987, 373999, 374009,
374029, 374039, 374041, 374047, 374063, 374069, 374083,
374089, 374093, 374111, 374117, 374123, 374137, 374149,
374159, 374173, 374177, 374189, 374203, 374219, 374239,
374287, 374291, 374293, 374299, 374317, 374321, 374333,
374347, 374351, 374359, 374389, 374399, 374441, 374443,
374447, 374461, 374483, 374501, 374531, 374537, 374557,
374587, 374603, 374639, 374641, 374653, 374669, 374677,
374681, 374683, 374687, 374701, 374713, 374719, 374729,
374741, 374753, 374761, 374771, 374783, 374789, 374797,
374807, 374819, 374837, 374839, 374849, 374879, 374887,
374893, 374903, 374909, 374929, 374939, 374953, 374977,
374981, 374987, 374989, 374993, 375017, 375019, 375029,
375043, 375049, 375059, 375083, 375091, 375097, 375101,
375103, 375113, 375119, 375121, 375127, 375149, 375157,
375163, 375169, 375203, 375209, 375223, 375227, 375233,
375247, 375251, 375253, 375257, 375259, 375281, 375283,
375311, 375341, 375359, 375367, 375371, 375373, 375391,
375407, 375413, 375443, 375449, 375451, 375457, 375467,
375481, 375509, 375511, 375523, 375527, 375533, 375553,
375559, 375563, 375569, 375593, 375607, 375623, 375631,
375643, 375647, 375667, 375673, 375703, 375707, 375709,
375743, 375757, 375761, 375773, 375779, 375787, 375799,
375833, 375841, 375857, 375899, 375901, 375923, 375931,
375967, 375971, 375979, 375983, 375997, 376001, 376003,
376009, 376021, 376039, 376049, 376063, 376081, 376097,
376099, 376127, 376133, 376147, 376153, 376171, 376183,
376199, 376231, 376237, 376241, 376283, 376291, 376297,
376307, 376351, 376373, 376393, 376399, 376417, 376463,
376469, 376471, 376477, 376483, 376501, 376511, 376529,
376531, 376547, 376573, 376577, 376583, 376589, 376603,
376609, 376627, 376631, 376633, 376639, 376657, 376679,
376687, 376699, 376709, 376721, 376729, 376757, 376759,
376769, 376787, 376793, 376801, 376807, 376811, 376819,

376823, 376837, 376841, 376847, 376853, 376889, 376891,
376897, 376921, 376927, 376931, 376933, 376949, 376963,
376969, 377011, 377021, 377051, 377059, 377071, 377099,
377123, 377129, 377137, 377147, 377171, 377173, 377183,
377197, 377219, 377231, 377257, 377263, 377287, 377291,
377297, 377327, 377329, 377339, 377347, 377353, 377369,
377371, 377387, 377393, 377459, 377471, 377477, 377491,
377513, 377521, 377527, 377537, 377543, 377557, 377561,
377563, 377581, 377593, 377599, 377617, 377623, 377633,
377653, 377681, 377687, 377711, 377717, 377737, 377749,
377761, 377771, 377779, 377789, 377801, 377809, 377827,
377831, 377843, 377851, 377873, 377887, 377911, 377963,
377981, 377999, 378011, 378019, 378023, 378041, 378071,
378083, 378089, 378101, 378127, 378137, 378149, 378151,
378163, 378167, 378179, 378193, 378223, 378229, 378239,
378241, 378253, 378269, 378277, 378283, 378289, 378317,
378353, 378361, 378379, 378401, 378407, 378439, 378449,
378463, 378467, 378493, 378503, 378509, 378523, 378533,
378551, 378559, 378569, 378571, 378583, 378593, 378601,
378619, 378629, 378661, 378667, 378671, 378683, 378691,
378713, 378733, 378739, 378757, 378761, 378779, 378793,
378809, 378817, 378821, 378823, 378869, 378883, 378893,
378901, 378919, 378929, 378941, 378949, 378953, 378967,
378977, 378997, 379007, 379009, 379013, 379033, 379039,
379073, 379081, 379087, 379097, 379103, 379123, 379133,
379147, 379157, 379163, 379177, 379187, 379189, 379199,
379207, 379273, 379277, 379283, 379289, 379307, 379319,
379333, 379343, 379369, 379387, 379391, 379397, 379399,
379417, 379433, 379439, 379441, 379451, 379459, 379499,
379501, 379513, 379531, 379541, 379549, 379571, 379573,
379579, 379597, 379607, 379633, 379649, 379663, 379667,
379679, 379681, 379693, 379699, 379703, 379721, 379723,
379727, 379751, 379777, 379787, 379811, 379817, 379837,
379849, 379853, 379859, 379877, 379889, 379903, 379909,
379913, 379927, 379931, 379963, 379979, 379993, 379997,
379999, 380041, 380047, 380059, 380071, 380117, 380129,

380131, 380141, 380147, 380179, 380189, 380197, 380201,
380203, 380207, 380231, 380251, 380267, 380269, 380287,
380291, 380299, 380309, 380311, 380327, 380329, 380333,
380363, 380377, 380383, 380417, 380423, 380441, 380447,
380453, 380459, 380461, 380483, 380503, 380533, 380557,
380563, 380591, 380621, 380623, 380629, 380641, 380651,
380657, 380707, 380713, 380729, 380753, 380777, 380797,
380803, 380819, 380837, 380839, 380843, 380867, 380869,
380879, 380881, 380909, 380917, 380929, 380951, 380957,
380971, 380977, 380983, 381001, 381011, 381019, 381037,
381047, 381061, 381071, 381077, 381097, 381103, 381167,
381169, 381181, 381209, 381221, 381223, 381233, 381239,
381253, 381287, 381289, 381301, 381319, 381323, 381343,
381347, 381371, 381373, 381377, 381383, 381389, 381401,
381413, 381419, 381439, 381443, 381461, 381467, 381481,
381487, 381509, 381523, 381527, 381529, 381533, 381541,
381559, 381569, 381607, 381629, 381631, 381637, 381659,
381673, 381697, 381707, 381713, 381737, 381739, 381749,
381757, 381761, 381791, 381793, 381817, 381841, 381853,
381859, 381911, 381917, 381937, 381943, 381949, 381977,
381989, 381991, 382001, 382003, 382021, 382037, 382061,
382069, 382073, 382087, 382103, 382117, 382163, 382171,
382189, 382229, 382231, 382241, 382253, 382267, 382271,
382303, 382331, 382351, 382357, 382363, 382373, 382391,
382427, 382429, 382457, 382463, 382493, 382507, 382511,
382519, 382541, 382549, 382553, 382567, 382579, 382583,
382589, 382601, 382621, 382631, 382643, 382649, 382661,
382663, 382693, 382703, 382709, 382727, 382729, 382747,
382751, 382763, 382769, 382777, 382801, 382807, 382813,
382843, 382847, 382861, 382867, 382871, 382873, 382883,
382919, 382933, 382939, 382961, 382979, 382999, 383011,
383023, 383029, 383041, 383051, 383069, 383077, 383081,
383083, 383099, 383101, 383107, 383113, 383143, 383147,
383153, 383171, 383179, 383219, 383221, 383261, 383267,
383281, 383291, 383297, 383303, 383321, 383347, 383371,
383393, 383399, 383417, 383419, 383429, 383459, 383483,

PRIME PANORAMA

383489, 383519, 383521, 383527, 383533, 383549, 383557,
383573, 383587, 383609, 383611, 383623, 383627, 383633,
383651, 383657, 383659, 383681, 383683, 383693, 383723,
383729, 383753, 383759, 383767, 383777, 383791, 383797,
383807, 383813, 383821, 383833, 383837, 383839, 383869,
383891, 383909, 383917, 383923, 383941, 383951, 383963,
383969, 383983, 383987, 384001, 384017, 384029, 384049,
384061, 384067, 384079, 384089, 384107, 384113, 384133,
384143, 384151, 384157, 384173, 384187, 384193, 384203,
384227, 384247, 384253, 384257, 384259, 384277, 384287,
384289, 384299, 384301, 384317, 384331, 384343, 384359,
384367, 384383, 384403, 384407, 384437, 384469, 384473,
384479, 384481, 384487, 384497, 384509, 384533, 384547,
384577, 384581, 384589, 384599, 384611, 384619, 384623,
384641, 384673, 384691, 384697, 384701, 384719, 384733,
384737, 384751, 384757, 384773, 384779, 384817, 384821,
384827, 384841, 384847, 384851, 384889, 384907, 384913,
384919, 384941, 384961, 384973, 385001, 385013, 385027,
385039, 385057, 385069, 385079, 385081, 385087, 385109,
385127, 385129, 385139, 385141, 385153, 385159, 385171,
385193, 385199, 385223, 385249, 385261, 385267, 385279,
385289, 385291, 385321, 385327, 385331, 385351, 385379,
385391, 385393, 385397, 385403, 385417, 385433, 385471,
385481, 385493, 385501, 385519, 385531, 385537, 385559,
385571, 385573, 385579, 385589, 385591, 385597, 385607,
385621, 385631, 385639, 385657, 385661, 385663, 385709,
385739, 385741, 385771, 385783, 385793, 385811, 385817,
385831, 385837, 385843, 385859, 385877, 385897, 385901,
385907, 385927, 385939, 385943, 385967, 385991, 385997,
386017, 386039, 386041, 386047, 386051, 386083, 386093,
386117, 386119, 386129, 386131, 386143, 386149, 386153,
386159, 386161, 386173, 386219, 386227, 386233, 386237,
386249, 386263, 386279, 386297, 386299, 386303, 386329,
386333, 386339, 386363, 386369, 386371, 386381, 386383,
386401, 386411, 386413, 386429, 386431, 386437, 386471,
386489, 386501, 386521, 386537, 386543, 386549, 386569,

386587, 386609, 386611, 386621, 386629, 386641, 386647,
386651, 386677, 386689, 386693, 386713, 386719, 386723,
386731, 386747, 386777, 386809, 386839, 386851, 386887,
386891, 386921, 386927, 386963, 386977, 386987, 386989,
386993, 387007, 387017, 387031, 387047, 387071, 387077,
387083, 387089, 387109, 387137, 387151, 387161, 387169,
387173, 387187, 387197, 387199, 387203, 387227, 387253,
387263, 387269, 387281, 387307, 387313, 387329, 387341,
387371, 387397, 387403, 387433, 387437, 387449, 387463,
387493, 387503, 387509, 387529, 387551, 387577, 387587,
387613, 387623, 387631, 387641, 387659, 387677, 387679,
387683, 387707, 387721, 387727, 387743, 387749, 387763,
387781, 387791, 387799, 387839, 387853, 387857, 387911,
387913, 387917, 387953, 387967, 387971, 387973, 387977,
388009, 388051, 388057, 388067, 388081, 388099, 388109,
388111, 388117, 388133, 388159, 388163, 388169, 388177,
388181, 388183, 388187, 388211, 388231, 388237, 388253,
388259, 388273, 388277, 388301, 388313, 388319, 388351,
388363, 388369, 388373, 388391, 388403, 388459, 388471,
388477, 388481, 388483, 388489, 388499, 388519, 388529,
388541, 388567, 388573, 388621, 388651, 388657, 388673,
388691, 388693, 388697, 388699, 388711, 388727, 388757,
388777, 388781, 388789, 388793, 388813, 388823, 388837,
388859, 388879, 388891, 388897, 388901, 388903, 388931,
388933, 388937, 388961, 388963, 388991, 389003, 389023,
389027, 389029, 389041, 389047, 389057, 389083, 389089,
389099, 389111, 389117, 389141, 389149, 389161, 389167,
389171, 389173, 389189, 389219, 389227, 389231, 389269,
389273, 389287, 389297, 389299, 389303, 389357, 389369,
389381, 389399, 389401, 389437, 389447, 389461, 389479,
389483, 389507, 389513, 389527, 389531, 389533, 389539,
389561, 389563, 389567, 389569, 389579, 389591, 389621,
389629, 389651, 389659, 389663, 389687, 389699, 389713,
389723, 389743, 389749, 389761, 389773, 389783, 389791,
389797, 389819, 389839, 389849, 389867, 389891, 389897,
389903, 389911, 389923, 389927, 389941, 389947, 389953,

389957, 389971, 389981, 389989, 389999, 390001, 390043, 390067, 390077, 390083, 390097, 390101, 390107, 390109, 390113, 390119, 390151, 390157, 390161, 390191, 390193, 390199, 390209, 390211, 390223, 390263, 390281, 390289, 390307, 390323, 390343, 390347, 390353, 390359, 390367, 390373, 390389, 390391, 390407, 390413, 390419, 390421, 390433, 390437, 390449, 390463, 390479, 390487, 390491, 390493, 390499, 390503, 390527, 390539, 390553, 390581, 390647, 390653, 390671, 390673, 390703, 390707, 390721, 390727, 390737, 390739, 390743, 390751, 390763, 390781, 390791, 390809, 390821, 390829, 390851, 390869, 390877, 390883, 390889, 390893, 390953, 390959, 390961, 390967, 390989, 390991, 391009, 391019, 391021, 391031, 391049, 391057, 391063, 391067, 391073, 391103, 391117, 391133, 391151, 391159, 391163, 391177, 391199, 391217, 391219, 391231, 391247, 391249, 391273, 391283, 391291, 391301, 391331, 391337, 391351, 391367, 391373, 391379, 391387, 391393, 391397, 391399, 391403, 391441, 391451, 391453, 391487, 391519, 391537, 391553, 391579, 391613, 391619, 391627, 391631, 391639, 391661, 391679, 391691, 391693, 391711, 391717, 391733, 391739, 391751, 391753, 391757, 391789, 391801, 391817, 391823, 391847, 391861, 391873, 391879, 391889, 391891, 391903, 391907, 391921, 391939, 391961, 391967, 391987, 391999, 392011, 392033, 392053, 392059, 392069, 392087, 392099, 392101, 392111, 392113, 392131, 392143, 392149, 392153, 392159, 392177, 392201, 392209, 392213, 392221, 392233, 392239, 392251, 392261, 392263, 392267, 392269, 392279, 392281, 392297, 392299, 392321, 392333, 392339, 392347, 392351, 392363, 392383, 392389, 392423, 392437, 392443, 392467, 392473, 392477, 392489, 392503, 392519, 392531, 392543, 392549, 392569, 392593, 392599, 392611, 392629, 392647, 392663, 392669, 392699, 392723, 392737, 392741, 392759, 392761, 392767, 392803, 392807, 392809, 392827, 392831, 392837, 392849, 392851, 392857, 392879, 392893, 392911, 392923, 392927, 392929, 392957, 392963, 392969, 392981, 392983, 393007,

393013, 393017, 393031, 393059, 393073, 393077, 393079,
393083, 393097, 393103, 393109, 393121, 393137, 393143,
393157, 393161, 393181, 393187, 393191, 393203, 393209,
393241, 393247, 393257, 393271, 393287, 393299, 393301,
393311, 393331, 393361, 393373, 393377, 393383, 393401,
393403, 393413, 393451, 393473, 393479, 393487, 393517,
393521, 393539, 393541, 393551, 393557, 393571, 393577,
393581, 393583, 393587, 393593, 393611, 393629, 393637,
393649, 393667, 393671, 393677, 393683, 393697,
393709, 393713, 393721, 393727, 393739, 393749, 393761,
393779, 393797, 393847, 393853, 393857, 393859, 393863,
393871, 393901, 393919, 393929, 393931, 393947, 393961,
393977, 393989, 393997, 394007, 394019, 394039, 394049,
394063, 394073, 394099, 394123, 394129, 394153, 394157,
394169, 394187, 394201, 394211, 394223, 394241, 394249,
394259, 394271, 394291, 394319, 394327, 394357, 394363,
394367, 394369, 394393, 394409, 394411, 394453, 394481,
394489, 394501, 394507, 394523, 394529, 394549, 394571,
394577, 394579, 394601, 394619, 394631, 394633, 394637,
394643, 394673, 394699, 394717, 394721, 394727, 394729,
394733, 394739, 394747, 394759, 394787, 394811, 394813,
394817, 394819, 394829, 394837, 394861, 394879, 394897,
394931, 394943, 394963, 394967, 394969, 394981, 394987,
394993, 395023, 395027, 395039, 395047, 395069, 395089,
395093, 395107, 395111, 395113, 395119, 395137, 395141,
395147, 395159, 395173, 395189, 395191, 395201, 395231,
395243, 395251, 395261, 395273, 395287, 395293, 395303,
395309, 395321, 395323, 395377, 395383, 395407, 395429,
395431, 395443, 395449, 395453, 395459, 395491, 395509,
395513, 395533, 395537, 395543, 395581, 395597, 395611,
395621, 395627, 395657, 395671, 395677, 395687, 395701,
395719, 395737, 395741, 395749, 395767, 395803, 395849,
395851, 395873, 395887, 395891, 395897, 395909, 395921,
395953, 395959, 395971, 396001, 396029, 396031, 396041,
396043, 396061, 396079, 396091, 396103, 396107, 396119,
396157, 396173, 396181, 396197, 396199, 396203, 396217,

396239, 396247, 396259, 396269, 396293, 396299, 396301,
396311, 396323, 396349, 396353, 396373, 396377, 396379,
396413, 396427, 396437, 396443, 396449, 396479, 396509,
396523, 396527, 396533, 396541, 396547, 396563, 396577,
396581, 396601, 396619, 396623, 396629, 396631, 396637,
396647, 396667, 396679, 396703, 396709, 396713, 396719,
396733, 396833, 396871, 396881, 396883, 396887, 396919,
396931, 396937, 396943, 396947, 396953, 396971, 396983,
396997, 397013, 397027, 397037, 397051, 397057, 397063,
397073, 397093, 397099, 397127, 397151, 397153, 397181,
397183, 397211, 397217, 397223, 397237, 397253, 397259,
397283, 397289, 397297, 397301, 397303, 397337, 397351,
397357, 397361, 397373, 397379, 397427, 397429, 397433,
397459, 397469, 397489, 397493, 397517, 397519, 397541,
397543, 397547, 397549, 397567, 397589, 397591, 397597,
397633, 397643, 397673, 397687, 397697, 397721, 397723,
397729, 397751, 397753, 397757, 397759, 397763, 397799,
397807, 397811, 397829, 397849, 397867, 397897, 397907,
397921, 397939, 397951, 397963, 397973, 397981, 398011,
398023, 398029, 398033, 398039, 398053, 398059, 398063,
398077, 398087, 398113, 398117, 398119, 398129, 398143,
398149, 398171, 398207, 398213, 398219, 398227, 398249,
398261, 398267, 398273, 398287, 398303, 398311, 398323,
398339, 398341, 398347, 398353, 398357, 398369, 398393,
398407, 398417, 398423, 398441, 398459, 398467, 398471,
398473, 398477, 398491, 398509, 398539, 398543, 398549,
398557, 398569, 398581, 398591, 398609, 398611, 398621,
398627, 398669, 398681, 398683, 398693, 398711, 398729,
398731, 398759, 398771, 398813, 398819, 398821, 398833,
398857, 398863, 398887, 398903, 398917, 398921, 398933,
398941, 398969, 398977, 398989, 399023, 399031, 399043,
399059, 399067, 399071, 399079, 399097, 399101, 399107,
399131, 399137, 399149, 399151, 399163, 399173, 399181,
399197, 399221, 399227, 399239, 399241, 399263, 399271,
399277, 399281, 399283, 399353, 399379, 399389, 399391,
399401, 399403, 399409, 399433, 399439, 399473, 399481,

399491, 399493, 399499, 399523, 399527, 399541, 399557,
399571, 399577, 399583, 399587, 399601, 399613, 399617,
399643, 399647, 399667, 399677, 399689, 399691, 399719,
399727, 399731, 399739, 399757, 399761, 399769, 399781,
399787, 399793, 399851, 399853, 399871, 399887, 399899,
399911, 399913, 399937, 399941, 399953, 399979, 399983,
399989, 400009, 400031, 400033, 400051, 400067, 400069,
400087, 400093, 400109, 400123, 400151, 400157, 400187,
400199, 400207, 400217, 400237, 400243, 400247, 400249,
400261, 400277, 400291, 400297, 400307, 400313, 400321,
400331, 400339, 400381, 400391, 400409, 400417, 400429,
400441, 400457, 400471, 400481, 400523, 400559, 400579,
400597, 400601, 400607, 400619, 400643, 400651, 400657,
400679, 400681, 400703, 400711, 400721, 400723, 400739,
400753, 400759, 400823, 400837, 400849, 400853, 400859,
400871, 400903, 400927, 400931, 400943, 400949, 400963,
400997, 401017, 401029, 401039, 401053, 401057, 401069,
401077, 401087, 401101, 401113, 401119, 401161, 401173,
401179, 401201, 401209, 401231, 401237, 401243, 401279,
401287, 401309, 401311, 401321, 401329, 401341, 401347,
401371, 401381, 401393, 401407, 401411, 401417, 401473,
401477, 401507, 401519, 401537, 401539, 401551, 401567,
401587, 401593, 401627, 401629, 401651, 401669, 401671,
401689, 401707, 401711, 401743, 401771, 401773, 401809,
401813, 401827, 401839, 401861, 401867, 401887, 401903,
401909, 401917, 401939, 401953, 401957, 401959, 401981,
401987, 401993, 402023, 402029, 402037, 402043, 402049,
402053, 402071, 402089, 402091, 402107, 402131, 402133,
402137, 402139, 402197, 402221, 402223, 402239, 402253,
402263, 402277, 402299, 402307, 402313, 402329, 402331,
402341, 402343, 402359, 402361, 402371, 402379, 402383,
402403, 402419, 402443, 402487, 402503, 402511, 402517,
402527, 402529, 402541, 402551, 402559, 402581, 402583,
402587, 402593, 402601, 402613, 402631, 402691, 402697,
402739, 402751, 402757, 402761, 402763, 402767, 402769,
402797, 402803, 402817, 402823, 402847, 402851, 402859,

402863, 402869, 402881, 402923, 402943, 402947, 402949,
402991, 403001, 403003, 403037, 403043, 403049, 403057,
403061, 403063, 403079, 403097, 403103, 403133, 403141,
403159, 403163, 403181, 403219, 403241, 403243, 403253,
403261, 403267, 403289, 403301, 403309, 403327, 403331,
403339, 403363, 403369, 403387, 403391, 403433, 403439,
403483, 403499, 403511, 403537, 403547, 403549, 403553,
403567, 403577, 403591, 403603, 403607, 403621, 403649,
403661, 403679, 403681, 403687, 403703, 403717, 403721,
403729, 403757, 403783, 403787, 403817, 403829, 403831,
403849, 403861, 403867, 403877, 403889, 403901, 403933,
403951, 403957, 403969, 403979, 403981, 403993, 404009,
404011, 404017, 404021, 404029, 404051, 404081, 404099,
404113, 404119, 404123, 404161, 404167, 404177, 404189,
404191, 404197, 404213, 404221, 404249, 404251, 404267,
404269, 404273, 404291, 404309, 404321, 404323, 404357,
404381, 404387, 404389, 404399, 404419, 404423, 404429,
404431, 404449, 404461, 404483, 404489, 404497, 404507,
404513, 404527, 404531, 404533, 404539, 404557, 404597,
404671, 404693, 404699, 404713, 404773, 404779, 404783,
404819, 404827, 404837, 404843, 404849, 404851, 404941,
404951, 404959, 404969, 404977, 404981, 404983, 405001,
405011, 405029, 405037, 405047, 405049, 405071, 405073,
405089, 405091, 405143, 405157, 405179, 405199, 405211,
405221, 405227, 405239, 405241, 405247, 405253, 405269,
405277, 405287, 405299, 405323, 405341, 405343, 405347,
405373, 405401, 405407, 405413, 405437, 405439, 405473,
405487, 405491, 405497, 405499, 405521, 405527, 405529,
405541, 405553, 405577, 405599, 405607, 405611, 405641,
405659, 405667, 405677, 405679, 405683, 405689, 405701,
405703, 405709, 405719, 405731, 405749, 405763, 405767,
405781, 405799, 405817, 405827, 405829, 405857, 405863,
405869, 405871, 405893, 405901, 405917, 405947, 405949,
405959, 405967, 405989, 405991, 405997, 406013, 406027,
406037, 406067, 406073, 406093, 406117, 406123, 406169,
406171, 406177, 406183, 406207, 406247, 406253, 406267,

406271, 406309, 406313, 406327, 406331, 406339, 406349,
406361, 406381, 406397, 406403, 406423, 406447, 406481,
406499, 406501, 406507, 406513, 406517, 406531, 406547,
406559, 406561, 406573, 406577, 406579, 406583, 406591,
406631, 406633, 406649, 406661, 406673, 406697, 406699,
406717, 406729, 406739, 406789, 406807, 406811, 406817,
406837, 406859, 406873, 406883, 406907, 406951, 406969,
406981, 406993, 407023, 407047, 407059, 407083, 407119,
407137, 407149, 407153, 407177, 407179, 407191, 407203,
407207, 407219, 407221, 407233, 407249, 407257, 407263,
407273, 407287, 407291, 407299, 407311, 407317, 407321,
407347, 407357, 407359, 407369, 407377, 407383, 407401,
407437, 407471, 407483, 407489, 407501, 407503, 407509,
407521, 407527, 407567, 407573, 407579, 407587, 407599,
407621, 407633, 407639, 407651, 407657, 407669, 407699,
407707, 407713, 407717, 407723, 407741, 407747, 407783,
407789, 407791, 407801, 407807, 407821, 407833, 407843,
407857, 407861, 407879, 407893, 407899, 407917, 407923,
407947, 407959, 407969, 407971, 407977, 407993, 408011,
408019, 408041, 408049, 408071, 408077, 408091, 408127,
408131, 408137, 408169, 408173, 408197, 408203, 408209,
408211, 408217, 408223, 408229, 408241, 408251, 408263,
408271, 408283, 408311, 408337, 408341, 408347, 408361,
408379, 408389, 408403, 408413, 408427, 408431, 408433,
408437, 408461, 408469, 408479, 408491, 408497, 408533,
408539, 408553, 408563, 408607, 408623, 408631, 408637,
408643, 408659, 408677, 408689, 408691, 408701, 408703,
408713, 408719, 408743, 408763, 408769, 408773, 408787,
408803, 408809, 408817, 408841, 408857, 408869, 408911,
408913, 408923, 408943, 408953, 408959, 408971, 408979,
408997, 409007, 409021, 409027, 409033, 409043, 409063,
409069, 409081, 409099, 409121, 409153, 409163, 409177,
409187, 409217, 409237, 409259, 409261, 409267, 409271,
409289, 409291, 409327, 409333, 409337, 409349, 409351,
409369, 409379, 409391, 409397, 409429, 409433, 409441,
409463, 409471, 409477, 409483, 409499, 409517, 409523,

409529, 409543, 409573, 409579, 409589, 409597, 409609,
409639, 409657, 409691, 409693, 409709, 409711, 409723,
409729, 409733, 409753, 409769, 409777, 409781, 409813,
409817, 409823, 409831, 409841, 409861, 409867, 409879,
409889, 409891, 409897, 409901, 409909, 409933, 409943,
409951, 409961, 409967, 409987, 409993, 409999, 410009,
410029, 410063, 410087, 410093, 410117, 410119, 410141,
410143, 410149, 410171, 410173, 410203, 410231, 410233,
410239, 410243, 410257, 410279, 410281, 410299, 410317,
410323, 410339, 410341, 410353, 410359, 410383, 410387,
410393, 410401, 410411, 410413, 410453, 410461, 410477,
410489, 410491, 410497, 410507, 410513, 410519, 410551,
410561, 410587, 410617, 410621, 410623, 410629, 410651,
410659, 410671, 410687, 410701, 410717, 410731, 410741,
410747, 410749, 410759, 410783, 410789, 410801, 410807,
410819, 410833, 410857, 410899, 410903, 410929, 410953,
410983, 410999, 411001, 411007, 411011, 411013, 411031,
411041, 411049, 411067, 411071, 411083, 411101, 411113,
411119, 411127, 411143, 411157, 411167, 411193, 411197,
411211, 411233, 411241, 411251, 411253, 411259, 411287,
411311, 411337, 411347, 411361, 411371, 411379, 411409,
411421, 411443, 411449, 411469, 411473, 411479, 411491,
411503, 411527, 411529, 411557, 411563, 411569, 411577,
411583, 411589, 411611, 411613, 411617, 411637, 411641,
411667, 411679, 411683, 411703, 411707, 411709, 411721,
411727, 411737, 411739, 411743, 411751, 411779, 411799,
411809, 411821, 411823, 411833, 411841, 411883, 411919,
411923, 411937, 411941, 411947, 411967, 411991, 412001,
412007, 412019, 412031, 412033, 412037, 412039, 412051,
412067, 412073, 412081, 412099, 412109, 412123, 412127,
412133, 412147, 412157, 412171, 412187, 412189, 412193,
412201, 412211, 412213, 412219, 412249, 412253, 412273,
412277, 412289, 412303, 412333, 412339, 412343, 412387,
412397, 412411, 412457, 412463, 412481, 412487, 412493,
412537, 412561, 412567, 412571, 412589, 412591, 412603,
412609, 412619, 412627, 412637, 412639, 412651, 412663,

412667, 412717, 412739, 412771, 412793, 412807, 412831,
412849, 412859, 412891, 412901, 412903, 412939, 412943,
412949, 412967, 412987, 413009, 413027, 413033, 413053,
413069, 413071, 413081, 413087, 413089, 413093, 413111,
413113, 413129, 413141, 413143, 413159, 413167, 413183,
413197, 413201, 413207, 413233, 413243, 413251, 413263,
413267, 413293, 413299, 413353, 413411, 413417, 413429,
413443, 413461, 413477, 413521, 413527, 413533, 413537,
413551, 413557, 413579, 413587, 413597, 413629, 413653,
413681, 413683, 413689, 413711, 413713, 413719, 413737,
413753, 413759, 413779, 413783, 413807, 413827, 413849,
413863, 413867, 413869, 413879, 413887, 413911, 413923,
413951, 413981, 414013, 414017, 414019, 414031, 414049,
414053, 414061, 414077, 414083, 414097, 414101, 414107,
414109, 414131, 414157, 414179, 414199, 414203, 414209,
414217, 414221, 414241, 414259, 414269, 414277, 414283,
414311, 414313, 414329, 414331, 414347, 414361, 414367,
414383, 414389, 414397, 414413, 414431, 414433, 414451,
414457, 414461, 414467, 414487, 414503, 414521, 414539,
414553, 414559, 414571, 414577, 414607, 414611, 414629,
414641, 414643, 414653, 414677, 414679, 414683, 414691,
414697, 414703, 414707, 414709, 414721, 414731, 414737,
414763, 414767, 414769, 414773, 414779, 414793, 414803,
414809, 414833, 414857, 414871, 414889, 414893, 414899,
414913, 414923, 414929, 414949, 414959, 414971, 414977,
414991, 415013, 415031, 415039, 415061, 415069, 415073,
415087, 415097, 415109, 415111, 415133, 415141, 415147,
415153, 415159, 415171, 415187, 415189, 415201, 415213,
415231, 415253, 415271, 415273, 415319, 415343, 415379,
415381, 415391, 415409, 415427, 415447, 415469, 415477,
415489, 415507, 415517, 415523, 415543, 415553, 415559,
415567, 415577, 415603, 415607, 415609, 415627, 415631,
415643, 415651, 415661, 415669, 415673, 415687, 415691,
415697, 415717, 415721, 415729, 415759, 415783, 415787,
415799, 415801, 415819, 415823, 415861, 415873, 415879,
415901, 415931, 415937, 415949, 415951, 415957, 415963,

415969, 415979, 415993, 415999, 416011, 416023, 416071,
416077, 416089, 416107, 416147, 416149, 416153, 416159,
416167, 416201, 416219, 416239, 416243, 416249, 416257,
416263, 416281, 416291, 416333, 416359, 416387, 416389,
416393, 416399, 416401, 416407, 416413, 416417, 416419,
416441, 416443, 416459, 416473, 416477, 416491, 416497,
416501, 416503, 416513, 416531, 416543, 416573, 416579,
416593, 416621, 416623, 416629, 416659, 416677, 416693,
416719, 416761, 416797, 416821, 416833, 416839, 416849,
416851, 416873, 416881, 416887, 416947, 416957, 416963,
416989, 417007, 417017, 417019, 417023, 417037, 417089,
417097, 417113, 417119, 417127, 417133, 417161, 417169,
417173, 417181, 417187, 417191, 417203, 417217, 417227,
417239, 417251, 417271, 417283, 417293, 417311, 417317,
417331, 417337, 417371, 417377, 417379, 417383, 417419,
417437, 417451, 417457, 417479, 417491, 417493, 417509,
417511, 417523, 417541, 417553, 417559, 417577, 417581,
417583, 417617, 417623, 417631, 417643, 417649, 417671,
417691, 417719, 417721, 417727, 417731, 417733, 417737,
417751, 417763, 417773, 417793, 417811, 417821, 417839,
417863, 417869, 417881, 417883, 417899, 417931, 417941,
417947, 417953, 417959, 417961, 417983, 417997, 418007,
418009, 418027, 418031, 418043, 418051, 418069, 418073,
418079, 418087, 418109, 418129, 418157, 418169, 418177,
418181, 418189, 418199, 418207, 418219, 418259, 418273,
418279, 418289, 418303, 418321, 418331, 418337, 418339,
418343, 418349, 418351, 418357, 418373, 418381, 418391,
418423, 418427, 418447, 418459, 418471, 418493, 418511,
418553, 418559, 418597, 418601, 418603, 418631, 418633,
418637, 418657, 418667, 418699, 418709, 418721, 418739,
418751, 418763, 418771, 418783, 418787, 418793, 418799,
418811, 418813, 418819, 418837, 418843, 418849, 418861,
418867, 418871, 418883, 418889, 418909, 418921, 418927,
418933, 418939, 418961, 418981, 418987, 418993, 418997,
419047, 419051, 419053, 419057, 419059, 419087, 419141,
419147, 419161, 419171, 419183, 419189, 419191, 419201,

419231, 419249, 419261, 419281, 419291, 419297, 419303,
419317, 419329, 419351, 419383, 419401, 419417, 419423,
419429, 419443, 419449, 419459, 419467, 419473, 419477,
419483, 419491, 419513, 419527, 419537, 419557, 419561,
419563, 419567, 419579, 419591, 419597, 419599, 419603,
419609, 419623, 419651, 419687, 419693, 419701, 419711,
419743, 419753, 419777, 419789, 419791, 419801, 419803,
419821, 419827, 419831, 419873, 419893, 419921, 419927,
419929, 419933, 419953, 419959, 419999, 420001, 420029,
420037, 420041, 420047, 420073, 420097, 420103, 420149,
420163, 420191, 420193, 420221, 420241, 420253, 420263,
420269, 420271, 420293, 420307, 420313, 420317, 420319,
420323, 420331, 420341, 420349, 420353, 420361, 420367,
420383, 420397, 420419, 420421, 420439, 420457, 420467,
420479, 420481, 420499, 420503, 420521, 420551, 420557,
420569, 420571, 420593, 420599, 420613, 420671, 420677,
420683, 420691, 420731, 420737, 420743, 420757, 420769,
420779, 420781, 420799, 420803, 420809, 420811, 420851,
420853, 420857, 420859, 420899, 420919, 420929, 420941,
420967, 420977, 420997, 421009, 421019, 421033, 421037,
421049, 421079, 421081, 421093, 421103, 421121, 421123,
421133, 421147, 421159, 421163, 421177, 421181, 421189,
421207, 421241, 421273, 421279, 421303, 421313, 421331,
421339, 421349, 421361, 421381, 421397, 421409, 421417,
421423, 421433, 421453, 421459, 421469, 421471, 421483,
421493, 421501, 421517, 421559, 421607, 421609, 421621,
421633, 421639, 421643, 421657, 421661, 421691, 421697,
421699, 421703, 421709, 421711, 421717, 421727, 421739,
421741, 421783, 421801, 421807, 421831, 421847, 421891,
421907, 421913, 421943, 421973, 421987, 421997, 422029,
422041, 422057, 422063, 422069, 422077, 422083, 422087,
422089, 422099, 422101, 422111, 422113, 422129, 422137,
422141, 422183, 422203, 422209, 422231, 422239, 422243,
422249, 422267, 422287, 422291, 422309, 422311, 422321,
422339, 422353, 422363, 422369, 422377, 422393, 422407,
422431, 422453, 422459, 422479, 422537, 422549, 422551,

422557, 422563, 422567, 422573, 422581, 422621, 422627,
422657, 422689, 422701, 422707, 422711, 422749, 422753,
422759, 422761, 422789, 422797, 422803, 422827, 422857,
422861, 422867, 422869, 422879, 422881, 422893, 422897,
422899, 422911, 422923, 422927, 422969, 422987, 423001,
423013, 423019, 423043, 423053, 423061, 423067, 423083,
423091, 423097, 423103, 423109, 423121, 423127, 423133,
423173, 423179, 423191, 423209, 423221, 423229, 423233,
423251, 423257, 423259, 423277, 423281, 423287, 423289,
423299, 423307, 423323, 423341, 423347, 423389, 423403,
423413, 423427, 423431, 423439, 423457, 423461, 423463,
423469, 423481, 423497, 423503, 423509, 423541, 423547,
423557, 423559, 423581, 423587, 423601, 423617, 423649,
423667, 423697, 423707, 423713, 423727, 423749, 423751,
423763, 423769, 423779, 423781, 423791, 423803, 423823,
423847, 423853, 423859, 423869, 423883, 423887, 423931,
423949, 423961, 423977, 423989, 423991, 424001, 424003,
424007, 424019, 424027, 424037, 424079, 424091, 424093,
424103, 424117, 424121, 424129, 424139, 424147, 424157,
424163, 424169, 424187, 424199, 424223, 424231, 424243,
424247, 424261, 424267, 424271, 424273, 424313, 424331,
424339, 424343, 424351, 424397, 424423, 424429, 424433,
424451, 424471, 424481, 424493, 424519, 424537, 424547,
424549, 424559, 424573, 424577, 424597, 424601, 424639,
424661, 424667, 424679, 424687, 424693, 424709, 424727,
424729, 424757, 424769, 424771, 424777, 424811, 424817,
424819, 424829, 424841, 424843, 424849, 424861, 424867,
424889, 424891, 424903, 424909, 424913, 424939, 424961,
424967, 424997, 425003, 425027, 425039, 425057, 425059,
425071, 425083, 425101, 425107, 425123, 425147, 425149,
425189, 425197, 425207, 425233, 425237, 425251, 425273,
425279, 425281, 425291, 425297, 425309, 425317, 425329,
425333, 425363, 425377, 425387, 425393, 425417, 425419,
425423, 425441, 425443, 425471, 425473, 425489, 425501,
425519, 425521, 425533, 425549, 425563, 425591, 425603,
425609, 425641, 425653, 425681, 425701, 425713, 425779,

425783, 425791, 425801, 425813, 425819, 425837, 425839,
425851, 425857, 425861, 425869, 425879, 425899, 425903,
425911, 425939, 425959, 425977, 425987, 425989, 426007,
426011, 426061, 426073, 426077, 426089, 426091, 426103,
426131, 426161, 426163, 426193, 426197, 426211, 426229,
426233, 426253, 426287, 426301, 426311, 426319, 426331,
426353, 426383, 426389, 426401, 426407, 426421, 426427,
426469, 426487, 426527, 426541, 426551, 426553, 426563,
426583, 426611, 426631, 426637, 426641, 426661, 426691,
426697, 426707, 426709, 426731, 426737, 426739, 426743,
426757, 426761, 426763, 426773, 426779, 426787, 426799,
426841, 426859, 426863, 426871, 426889, 426893, 426913,
426917, 426919, 426931, 426941, 426971, 426973, 426997,
427001, 427013, 427039, 427043, 427067, 427069, 427073,
427079, 427081, 427103, 427117, 427151, 427169, 427181,
427213, 427237, 427241, 427243, 427247, 427249, 427279,
427283, 427307, 427309, 427327, 427333, 427351, 427369,
427379, 427381, 427403, 427417, 427421, 427423, 427429,
427433, 427439, 427447, 427451, 427457, 427477, 427513,
427517, 427523, 427529, 427541, 427579, 427591, 427597,
427619, 427621, 427681, 427711, 427717, 427723, 427727,
427733, 427751, 427781, 427787, 427789, 427813, 427849,
427859, 427877, 427879, 427883, 427913, 427919, 427939,
427949, 427951, 427957, 427967, 427969, 427991, 427993,
427997, 428003, 428023, 428027, 428033, 428039, 428041,
428047, 428083, 428093, 428137, 428143, 428147, 428149,
428161, 428167, 428173, 428177, 428221, 428227, 428231,
428249, 428251, 428273, 428297, 428299, 428303, 428339,
428353, 428369, 428401, 428411, 428429, 428471, 428473,
428489, 428503, 428509, 428531, 428539, 428551, 428557,
428563, 428567, 428569, 428579, 428629, 428633, 428639,
428657, 428663, 428671, 428677, 428683, 428693, 428731,
428741, 428759, 428777, 428797, 428801, 428807, 428809,
428833, 428843, 428851, 428863, 428873, 428899, 428951,
428957, 428977, 429007, 429017, 429043, 429083, 429101,
429109, 429119, 429127, 429137, 429139, 429161, 429181,

429197, 429211, 429217, 429223, 429227, 429241, 429259,
429271, 429277, 429281, 429283, 429329, 429347, 429349,
429361, 429367, 429389, 429397, 429409, 429413, 429427,
429431, 429449, 429463, 429467, 429469, 429487, 429497,
429503, 429509, 429511, 429521, 429529, 429547, 429551,
429563, 429581, 429587, 429589, 429599, 429631, 429643,
429659, 429661, 429673, 429677, 429679, 429683, 429701,
429719, 429727, 429731, 429733, 429773, 429791, 429797,
429817, 429823, 429827, 429851, 429853, 429881, 429887,
429889, 429899, 429901, 429907, 429911, 429917, 429929,
429931, 429937, 429943, 429953, 429971, 429973, 429991,
430007, 430009, 430013, 430019, 430057, 430061, 430081,
430091, 430093, 430121, 430139, 430147, 430193, 430259,
430267, 430277, 430279, 430289, 430303, 430319, 430333,
430343, 430357, 430393, 430411, 430427, 430433, 430453,
430487, 430499, 430511, 430513, 430517, 430543, 430553,
430571, 430579, 430589, 430601, 430603, 430649, 430663,
430691, 430697, 430699, 430709, 430723, 430739, 430741,
430747, 430751, 430753, 430769, 430783, 430789, 430799,
430811, 430819, 430823, 430841, 430847, 430861, 430873,
430879, 430883, 430891, 430897, 430907, 430909, 430921,
430949, 430957, 430979, 430981, 430987, 430999, 431017,
431021, 431029, 431047, 431051, 431063, 431077, 431083,
431099, 431107, 431141, 431147, 431153, 431173, 431191,
431203, 431213, 431219, 431237, 431251, 431257, 431267,
431269, 431287, 431297, 431311, 431329, 431339, 431363,
431369, 431377, 431381, 431399, 431423, 431429, 431441,
431447, 431449, 431479, 431513, 431521, 431533, 431567,
431581, 431597, 431603, 431611, 431617, 431621, 431657,
431659, 431663, 431671, 431693, 431707, 431729, 431731,
431759, 431777, 431797, 431801, 431803, 431807, 431831,
431833, 431857, 431863, 431867, 431869, 431881, 431887,
431891, 431903, 431911, 431929, 431933, 431947, 431983,
431993, 432001, 432007, 432023, 432031, 432037, 432043,
432053, 432059, 432067, 432073, 432097, 432121, 432137,
432139, 432143, 432149, 432161, 432163, 432167, 432199,

432203, 432227, 432241, 432251, 432277, 432281, 432287,
432301, 432317, 432323, 432337, 432343, 432349, 432359,
432373, 432389, 432391, 432401, 432413, 432433, 432437,
432449, 432457, 432479, 432491, 432499, 432503, 432511,
432527, 432539, 432557, 432559, 432569, 432577, 432587,
432589, 432613, 432631, 432637, 432659, 432661, 432713,
432721, 432727, 432737, 432743, 432749, 432781, 432793,
432797, 432799, 432833, 432847, 432857, 432869, 432893,
432907, 432923, 432931, 432959, 432961, 432979, 432983,
432989, 433003, 433033, 433049, 433051, 433061, 433073,
433079, 433087, 433093, 433099, 433117, 433123, 433141,
433151, 433187, 433193, 433201, 433207, 433229, 433241,
433249, 433253, 433259, 433261, 433267, 433271, 433291,
433309, 433319, 433337, 433351, 433357, 433361, 433369,
433373, 433393, 433399, 433421, 433429, 433439, 433453,
433469, 433471, 433501, 433507, 433513, 433549, 433571,
433577, 433607, 433627, 433633, 433639, 433651, 433661,
433663, 433673, 433679, 433681, 433703, 433723, 433729,
433747, 433759, 433777, 433781, 433787, 433813, 433817,
433847, 433859, 433861, 433877, 433883, 433889, 433931,
433943, 433963, 433967, 433981, 434009, 434011, 434029,
434039, 434081, 434087, 434107, 434111, 434113, 434117,
434141, 434167, 434179, 434191, 434201, 434209, 434221,
434237, 434243, 434249, 434261, 434267, 434293, 434297,
434303, 434311, 434323, 434347, 434353, 434363, 434377,
434383, 434387, 434389, 434407, 434411, 434431, 434437,
434459, 434461, 434471, 434479, 434501, 434509, 434521,
434561, 434563, 434573, 434593, 434597, 434611, 434647,
434659, 434683, 434689, 434699, 434717, 434719, 434743,
434761, 434783, 434803, 434807, 434813, 434821, 434827,
434831, 434839, 434849, 434857, 434867, 434873, 434881,
434909, 434921, 434923, 434927, 434933, 434939, 434947,
434957, 434963, 434977, 434981, 434989, 435037, 435041,
435059, 435103, 435107, 435109, 435131, 435139, 435143,
435151, 435161, 435179, 435181, 435187, 435191, 435221,
435223, 435247, 435257, 435263, 435277, 435283, 435287,

435307, 435317, 435343, 435349, 435359, 435371, 435397,
435401, 435403, 435419, 435427, 435437, 435439, 435451,
435481, 435503, 435529, 435541, 435553, 435559, 435563,
435569, 435571, 435577, 435583, 435593, 435619, 435623,
435637, 435641, 435647, 435649, 435653, 435661, 435679,
435709, 435731, 435733, 435739, 435751, 435763, 435769,
435779, 435817, 435839, 435847, 435857, 435859, 435881,
435889, 435893, 435907, 435913, 435923, 435947, 435949,
435973, 435983, 435997, 436003, 436013, 436027, 436061,
436081, 436087, 436091, 436097, 436127, 436147, 436151,
436157, 436171, 436181, 436217, 436231, 436253, 436273,
436279, 436283, 436291, 436307, 436309, 436313, 436343,
436357, 436399, 436417, 436427, 436439, 436459, 436463,
436477, 436481, 436483, 436507, 436523, 436529, 436531,
436547, 436549, 436571, 436591, 436607, 436621, 436627,
436649, 436651, 436673, 436687, 436693, 436717, 436727,
436729, 436739, 436741, 436757, 436801, 436811, 436819,
436831, 436841, 436853, 436871, 436889, 436913, 436957,
436963, 436967, 436973, 436979, 436993, 436999, 437011,
437033, 437071, 437077, 437083, 437093, 437111, 437113,
437137, 437141, 437149, 437153, 437159, 437191, 437201,
437219, 437237, 437243, 437263, 437273, 437279, 437287,
437293, 437321, 437351, 437357, 437363, 437387, 437389,
437401, 437413, 437467, 437471, 437473, 437497, 437501,
437509, 437519, 437527, 437533, 437539, 437543, 437557,
437587, 437629, 437641, 437651, 437653, 437677, 437681,
437687, 437693, 437719, 437729, 437743, 437753, 437771,
437809, 437819, 437837, 437849, 437861, 437867, 437881,
437909, 437923, 437947, 437953, 437959, 437977, 438001,
438017, 438029, 438047, 438049, 438091, 438131, 438133,
438143, 438169, 438203, 438211, 438223, 438233, 438241,
438253, 438259, 438271, 438281, 438287, 438301, 438313,
438329, 438341, 438377, 438391, 438401, 438409, 438419,
438439, 438443, 438467, 438479, 438499, 438517, 438521,
438523, 438527, 438533, 438551, 438569, 438589, 438601,
438611, 438623, 438631, 438637, 438661, 438667, 438671,

438701, 438707, 438721, 438733, 438761, 438769, 438793,
438827, 438829, 438833, 438847, 438853, 438869, 438877,
438887, 438899, 438913, 438937, 438941, 438953, 438961,
438967, 438979, 438983, 438989, 439007, 439009, 439063,
439081, 439123, 439133, 439141, 439157, 439163, 439171,
439183, 439199, 439217, 439253, 439273, 439279, 439289,
439303, 439339, 439349, 439357, 439367, 439381, 439409,
439421, 439427, 439429, 439441, 439459, 439463, 439471,
439493, 439511, 439519, 439541, 439559, 439567, 439573,
439577, 439583, 439601, 439613, 439631, 439639, 439661,
439667, 439687, 439693, 439697, 439709, 439723, 439729,
439753, 439759, 439763, 439771, 439781, 439787, 439799,
439811, 439823, 439849, 439853, 439861, 439867, 439883,
439891, 439903, 439919, 439949, 439961, 439969, 439973,
439981, 439991, 440009, 440023, 440039, 440047, 440087,
440093, 440101, 440131, 440159, 440171, 440177, 440179,
440183, 440203, 440207, 440221, 440227, 440239, 440261,
440269, 440281, 440303, 440311, 440329, 440333, 440339,
440347, 440371, 440383, 440389, 440393, 440399, 440431,
440441, 440443, 440471, 440497, 440501, 440507, 440509,
440527, 440537, 440543, 440549, 440551, 440567, 440569,
440579, 440581, 440641, 440651, 440653, 440669, 440677,
440681, 440683, 440711, 440717, 440723, 440731, 440753,
440761, 440773, 440807, 440809, 440821, 440831, 440849,
440863, 440893, 440903, 440911, 440939, 440941, 440953,
440959, 440983, 440987, 440989, 441011, 441029, 441041,
441043, 441053, 441073, 441079, 441101, 441107, 441109,
441113, 441121, 441127, 441157, 441169, 441179, 441187,
441191, 441193, 441229, 441247, 441251, 441257, 441263,
441281, 441307, 441319, 441349, 441359, 441361, 441403,
441421, 441443, 441449, 441461, 441479, 441499, 441517,
441523, 441527, 441547, 441557, 441563, 441569, 441587,
441607, 441613, 441619, 441631, 441647, 441667, 441697,
441703, 441713, 441737, 441751, 441787, 441797, 441799,
441811, 441827, 441829, 441839, 441841, 441877, 441887,
441907, 441913, 441923, 441937, 441953, 441971, 442003,

442007, 442009, 442019, 442027, 442031, 442033, 442061,
442069, 442097, 442109, 442121, 442139, 442147, 442151,
442157, 442171, 442177, 442181, 442193, 442201, 442207,
442217, 442229, 442237, 442243, 442271, 442283, 442291,
442319, 442327, 442333, 442363, 442367, 442397, 442399,
442439, 442447, 442457, 442469, 442487, 442489, 442499,
442501, 442517, 442531, 442537, 442571, 442573, 442577,
442579, 442601, 442609, 442619, 442633, 442691, 442699,
442703, 442721, 442733, 442747, 442753, 442763, 442769,
442777, 442781, 442789, 442807, 442817, 442823, 442829,
442831, 442837, 442843, 442861, 442879, 442903, 442919,
442961, 442963, 442973, 442979, 442987, 442991, 442997,
443011, 443017, 443039, 443041, 443057, 443059, 443063,
443077, 443089, 443117, 443123, 443129, 443147, 443153,
443159, 443161, 443167, 443171, 443189, 443203, 443221,
443227, 443231, 443237, 443243, 443249, 443263, 443273,
443281, 443291, 443293, 443341, 443347, 443353, 443363,
443369, 443389, 443407, 443413, 443419, 443423, 443431,
443437, 443453, 443467, 443489, 443501, 443533, 443543,
443551, 443561, 443563, 443567, 443587, 443591, 443603,
443609, 443629, 443659, 443687, 443689, 443701, 443711,
443731, 443749, 443753, 443759, 443761, 443771, 443777,
443791, 443837, 443851, 443867, 443869, 443873, 443879,
443881, 443893, 443899, 443909, 443917, 443939, 443941,
443953, 443983, 443987, 443999, 444001, 444007, 444029,
444043, 444047, 444079, 444089, 444109, 444113, 444121,
444127, 444131, 444151, 444167, 444173, 444179, 444181,
444187, 444209, 444253, 444271, 444281, 444287, 444289,
444293, 444307, 444341, 444343, 444347, 444349, 444401,
444403, 444421, 444443, 444449, 444461, 444463, 444469,
444473, 444487, 444517, 444523, 444527, 444529, 444539,
444547, 444553, 444557, 444569, 444589, 444607, 444623,
444637, 444641, 444649, 444671, 444677, 444701, 444713,
444739, 444767, 444791, 444793, 444803, 444811, 444817,
444833, 444841, 444859, 444863, 444869, 444877, 444883,
444887, 444893, 444901, 444929, 444937, 444953, 444967,

444971, 444979, 445001, 445019, 445021, 445031, 445033,
445069, 445087, 445091, 445097, 445103, 445141, 445157,
445169, 445183, 445187, 445199, 445229, 445261, 445271,
445279, 445283, 445297, 445307, 445321, 445339, 445363,
445427, 445433, 445447, 445453, 445463, 445477, 445499,
445507, 445537, 445541, 445567, 445573, 445583, 445589,
445597, 445619, 445631, 445633, 445649, 445657, 445691,
445699, 445703, 445741, 445747, 445769, 445771, 445789,
445799, 445807, 445829, 445847, 445853, 445871, 445877,
445883, 445891, 445931, 445937, 445943, 445967, 445969,
446003, 446009, 446041, 446053, 446081, 446087, 446111,
446123, 446129, 446141, 446179, 446189, 446191, 446197,
446221, 446227, 446231, 446261, 446263, 446273, 446279,
446293, 446309, 446323, 446333, 446353, 446363, 446387,
446389, 446399, 446401, 446417, 446441, 446447, 446461,
446473, 446477, 446503, 446533, 446549, 446561, 446569,
446597, 446603, 446609, 446647, 446657, 446713, 446717,
446731, 446753, 446759, 446767, 446773, 446819, 446827,
446839, 446863, 446881, 446891, 446893, 446909, 446911,
446921, 446933, 446951, 446969, 446983, 447001, 447011,
447019, 447053, 447067, 447079, 447101, 447107, 447119,
447133, 447137, 447173, 447179, 447193, 447197, 447211,
447217, 447221, 447233, 447247, 447257, 447259, 447263,
447311, 447319, 447323, 447331, 447353, 447401, 447409,
447427, 447439, 447443, 447449, 447451, 447463, 447467,
447481, 447509, 447521, 447527, 447541, 447569, 447571,
447611, 447617, 447637, 447641, 447677, 447683, 447701,
447703, 447743, 447749, 447757, 447779, 447791, 447793,
447817, 447823, 447827, 447829, 447841, 447859, 447877,
447883, 447893, 447901, 447907, 447943, 447961, 447983,
447991, 448003, 448013, 448027, 448031, 448057, 448067,
448073, 448093, 448111, 448121, 448139, 448141, 448157,
448159, 448169, 448177, 448187, 448193, 448199, 448207,
448241, 448249, 448303, 448309, 448313, 448321, 448351,
448363, 448367, 448373, 448379, 448387, 448397, 448421,
448451, 448519, 448531, 448561, 448597, 448607, 448627,

448631, 448633, 448667, 448687, 448697, 448703, 448727,
448733, 448741, 448769, 448793, 448801, 448807, 448829,
448843, 448853, 448859, 448867, 448871, 448873, 448879,
448883, 448907, 448927, 448939, 448969, 448993, 448997,
448999, 449003, 449011, 449051, 449077, 449083, 449093,
449107, 449117, 449129, 449131, 449149, 449153, 449161,
449171, 449173, 449201, 449203, 449209, 449227, 449243,
449249, 449261, 449263, 449269, 449287, 449299, 449303,
449311, 449321, 449333, 449347, 449353, 449363, 449381,
449399, 449411, 449417, 449419, 449437, 449441, 449459,
449473, 449543, 449549, 449557, 449563, 449567, 449569,
449591, 449609, 449621, 449629, 449653, 449663, 449671,
449677, 449681, 449689, 449693, 449699, 449741, 449759,
449767, 449773, 449783, 449797, 449807, 449821, 449833,
449851, 449879, 449921, 449929, 449941, 449951, 449959,
449963, 449971, 449987, 449989, 450001, 450011, 450019,
450029, 450067, 450071, 450077, 450083, 450101, 450103,
450113, 450127, 450137, 450161, 450169, 450193, 450199,
450209, 450217, 450223, 450227, 450239, 450257, 450259,
450277, 450287, 450293, 450299, 450301, 450311, 450343,
450349, 450361, 450367, 450377, 450383, 450391, 450403,
450413, 450421, 450431, 450451, 450473, 450479, 450481,
450487, 450493, 450503, 450529, 450533, 450557, 450563,
450581, 450587, 450599, 450601, 450617, 450641, 450643,
450649, 450677, 450691, 450707, 450719, 450727, 450761,
450767, 450787, 450797, 450799, 450803, 450809, 450811,
450817, 450829, 450839, 450841, 450847, 450859, 450881,
450883, 450887, 450893, 450899, 450913, 450917, 450929,
450943, 450949, 450971, 450991, 450997, 451013, 451039,
451051, 451057, 451069, 451093, 451097, 451103, 451109,
451159, 451177, 451181, 451183, 451201, 451207, 451249,
451277, 451279, 451301, 451303, 451309, 451313, 451331,
451337, 451343, 451361, 451387, 451397, 451411, 451439,
451441, 451481, 451499, 451519, 451523, 451541, 451547,
451553, 451579, 451601, 451609, 451621, 451637, 451657,
451663, 451667, 451669, 451679, 451681, 451691, 451699,

451709, 451723, 451747, 451753, 451771, 451783, 451793,
451799, 451823, 451831, 451837, 451859, 451873, 451879,
451897, 451901, 451903, 451909, 451921, 451933, 451937,
451939, 451961, 451967, 451987, 452009, 452017, 452027,
452033, 452041, 452077, 452083, 452087, 452131, 452159,
452161, 452171, 452191, 452201, 452213, 452227, 452233,
452239, 452269, 452279, 452293, 452297, 452329, 452363,
452377, 452393, 452401, 452443, 452453, 452497, 452519,
452521, 452531, 452533, 452537, 452539, 452549, 452579,
452587, 452597, 452611, 452629, 452633, 452671, 452687,
452689, 452701, 452731, 452759, 452773, 452797, 452807,
452813, 452821, 452831, 452857, 452869, 452873, 452923,
452953, 452957, 452983, 452989, 453023, 453029, 453053,
453073, 453107, 453119, 453133, 453137, 453143, 453157,
453161, 453181, 453197, 453199, 453209, 453217, 453227,
453239, 453247, 453269, 453289, 453293, 453301, 453311,
453317, 453329, 453347, 453367, 453371, 453377, 453379,
453421, 453451, 453461, 453527, 453553, 453559, 453569,
453571, 453599, 453601, 453617, 453631, 453637, 453641,
453643, 453659, 453667, 453671, 453683, 453703, 453707,
453709, 453737, 453757, 453797, 453799, 453823, 453833,
453847, 453851, 453877, 453889, 453907, 453913, 453923,
453931, 453949, 453961, 453977, 453983, 453991, 454009,
454021, 454031, 454033, 454039, 454061, 454063, 454079,
454109, 454141, 454151, 454159, 454183, 454199, 454211,
454213, 454219, 454229, 454231, 454247, 454253, 454277,
454297, 454303, 454313, 454331, 454351, 454357, 454361,
454379, 454387, 454409, 454417, 454451, 454453, 454483,
454501, 454507, 454513, 454541, 454543, 454547, 454577,
454579, 454603, 454609, 454627, 454637, 454673, 454679,
454709, 454711, 454721, 454723, 454759, 454763, 454777,
454799, 454823, 454843, 454847, 454849, 454859, 454889,
454891, 454907, 454919, 454921, 454931, 454943, 454967,
454969, 454973, 454991, 455003, 455011, 455033, 455047,
455053, 455093, 455099, 455123, 455149, 455159, 455167,
455171, 455177, 455201, 455219, 455227, 455233, 455237,

455261, 455263, 455269, 455291, 455309, 455317, 455321,
455333, 455339, 455341, 455353, 455381, 455393, 455401,
455407, 455419, 455431, 455437, 455443, 455461, 455471,
455473, 455479, 455489, 455491, 455513, 455527, 455531,
455537, 455557, 455573, 455579, 455597, 455599, 455603,
455627, 455647, 455659, 455681, 455683, 455687, 455701,
455711, 455717, 455737, 455761, 455783, 455789, 455809,
455827, 455831, 455849, 455863, 455881, 455899, 455921,
455933, 455941, 455953, 455969, 455977, 455989, 455993,
455999, 456007, 456013, 456023, 456037, 456047, 456061,
456091, 456107, 456109, 456119, 456149, 456151, 456167,
456193, 456223, 456233, 456241, 456283, 456293, 456329,
456349, 456353, 456367, 456377, 456403, 456409, 456427,
456439, 456451, 456457, 456461, 456499, 456503, 456517,
456523, 456529, 456539, 456553, 456557, 456559, 456571,
456581, 456587, 456607, 456611, 456613, 456623, 456641,
456647, 456649, 456653, 456679, 456683, 456697, 456727,
456737, 456763, 456767, 456769, 456791, 456809, 456811,
456821, 456871, 456877, 456881, 456899, 456901, 456923,
456949, 456959, 456979, 456991, 457001, 457003, 457013,
457021, 457043, 457049, 457057, 457087, 457091, 457097,
457099, 457117, 457139, 457151, 457153, 457183, 457189,
457201, 457213, 457229, 457241, 457253, 457267, 457271,
457277, 457279, 457307, 457319, 457333, 457339, 457363,
457367, 457381, 457393, 457397, 457399, 457403, 457411,
457421, 457433, 457459, 457469, 457507, 457511, 457517,
457547, 457553, 457559, 457571, 457607, 457609, 457621,
457643, 457651, 457661, 457669, 457673, 457679, 457687,
457697, 457711, 457739, 457757, 457789, 457799, 457813,
457817, 457829, 457837, 457871, 457889, 457903, 457913,
457943, 457979, 457981, 457987, 458009, 458027, 458039,
458047, 458053, 458057, 458063, 458069, 458119, 458123,
458173, 458179, 458189, 458191, 458197, 458207, 458219,
458239, 458309, 458317, 458323, 458327, 458333, 458357,
458363, 458377, 458399, 458401, 458407, 458449, 458477,
458483, 458501, 458531, 458533, 458543, 458567, 458569,

458573, 458593, 458599, 458611, 458621, 458629, 458639,
458651, 458663, 458669, 458683, 458701, 458719, 458729,
458747, 458789, 458791, 458797, 458807, 458819, 458849,
458863, 458879, 458891, 458897, 458917, 458921, 458929,
458947, 458957, 458959, 458963, 458971, 458977, 458981,
458987, 458993, 459007, 459013, 459023, 459029, 459031,
459037, 459047, 459089, 459091, 459113, 459127, 459167,
459169, 459181, 459209, 459223, 459229, 459233, 459257,
459271, 459293, 459301, 459313, 459317, 459337, 459341,
459343, 459353, 459373, 459377, 459383, 459397, 459421,
459427, 459443, 459463, 459467, 459469, 459479, 459509,
459521, 459523, 459593, 459607, 459611, 459619, 459623,
459631, 459647, 459649, 459671, 459677, 459691, 459703,
459749, 459763, 459791, 459803, 459817, 459829, 459841,
459847, 459883, 459913, 459923, 459929, 459937, 459961,
460013, 460039, 460051, 460063, 460073, 460079, 460081,
460087, 460091, 460099, 460111, 460127, 460147, 460157,
460171, 460181, 460189, 460211, 460217, 460231, 460247,
460267, 460289, 460297, 460301, 460337, 460349, 460373,
460379, 460387, 460393, 460403, 460409, 460417, 460451,
460463, 460477, 460531, 460543, 460561, 460571, 460589,
460609, 460619, 460627, 460633, 460637, 460643, 460657,
460673, 460697, 460709, 460711, 460721, 460771, 460777,
460787, 460793, 460813, 460829, 460841, 460843, 460871,
460891, 460903, 460907, 460913, 460919, 460937, 460949,
460951, 460969, 460973, 460979, 460981, 460987, 460991,
461009, 461011, 461017, 461051, 461053, 461059, 461093,
461101, 461119, 461143, 461147, 461171, 461183, 461191,
461207, 461233, 461239, 461257, 461269, 461273, 461297,
461299, 461309, 461317, 461323, 461327, 461333, 461359,
461381, 461393, 461407, 461411, 461413, 461437, 461441,
461443, 461467, 461479, 461507, 461521, 461561, 461569,
461581, 461599, 461603, 461609, 461627, 461639, 461653,
461677, 461687, 461689, 461693, 461707, 461717, 461801,
461803, 461819, 461843, 461861, 461887, 461891, 461917,
461921, 461933, 461957, 461971, 461977, 461983, 462013,

462041, 462067, 462073, 462079, 462097, 462103, 462109,
462113, 462131, 462149, 462181, 462191, 462199, 462221,
462239, 462263, 462271, 462307, 462311, 462331, 462337,
462361, 462373, 462377, 462401, 462409, 462419, 462421,
462437, 462443, 462467, 462481, 462491, 462493, 462499,
462529, 462541, 462547, 462557, 462569, 462571, 462577,
462589, 462607, 462629, 462641, 462643, 462653, 462659,
462667, 462673, 462677, 462697, 462713, 462719, 462727,
462733, 462739, 462773, 462827, 462841, 462851, 462863,
462871, 462881, 462887, 462899, 462901, 462911, 462937,
462947, 462953, 462983, 463003, 463031, 463033, 463093,
463103, 463157, 463181, 463189, 463207, 463213, 463219,
463231, 463237, 463247, 463249, 463261, 463283, 463291,
463297, 463303, 463313, 463319, 463321, 463339, 463343,
463363, 463387, 463399, 463433, 463447, 463451, 463453,
463457, 463459, 463483, 463501, 463511, 463513, 463523,
463531, 463537, 463549, 463579, 463613, 463627, 463633,
463643, 463649, 463663, 463679, 463693, 463711, 463717,
463741, 463747, 463753, 463763, 463781, 463787, 463807,
463823, 463829, 463831, 463849, 463861, 463867, 463873,
463889, 463891, 463907, 463919, 463921, 463949, 463963,
463973, 463987, 463993, 464003, 464011, 464021, 464033,
464047, 464069, 464081, 464089, 464119, 464129, 464131,
464137, 464141, 464143, 464171, 464173, 464197, 464201,
464213, 464237, 464251, 464257, 464263, 464279, 464281,
464291, 464309, 464311, 464327, 464351, 464371, 464381,
464383, 464413, 464419, 464437, 464447, 464459, 464467,
464479, 464483, 464521, 464537, 464539, 464549, 464557,
464561, 464587, 464591, 464603, 464617, 464621, 464647,
464663, 464687, 464699, 464741, 464747, 464749, 464753,
464767, 464771, 464773, 464777, 464801, 464803, 464809,
464813, 464819, 464843, 464857, 464879, 464897, 464909,
464917, 464923, 464927, 464939, 464941, 464951, 464953,
464963, 464983, 464993, 464999, 465007, 465011, 465013,
465019, 465041, 465061, 465067, 465071, 465077, 465079,
465089, 465107, 465119, 465133, 465151, 465161, 465163,

465167, 465169, 465173, 465187, 465209, 465211, 465259,
465271, 465277, 465281, 465293, 465299, 465317, 465319,
465331, 465337, 465373, 465379, 465383, 465407, 465419,
465433, 465463, 465469, 465523, 465529, 465541, 465551,
465581, 465587, 465611, 465631, 465643, 465649, 465659,
465679, 465701, 465721, 465739, 465743, 465761, 465781,
465797, 465799, 465809, 465821, 465833, 465841, 465887,
465893, 465901, 465917, 465929, 465931, 465947, 465977,
465989, 466009, 466019, 466027, 466033, 466043, 466061,
466069, 466073, 466079, 466087, 466091, 466121, 466139,
466153, 466171, 466181, 466183, 466201, 466243, 466247,
466261, 466267, 466273, 466283, 466303, 466321, 466331,
466339, 466357, 466369, 466373, 466409, 466423, 466441,
466451, 466483, 466517, 466537, 466547, 466553, 466561,
466567, 466573, 466579, 466603, 466619, 466637, 466649,
466651, 466673, 466717, 466723, 466729, 466733, 466747,
466751, 466777, 466787, 466801, 466819, 466853, 466859,
466897, 466909, 466913, 466919, 466951, 466957, 466997,
467003, 467009, 467017, 467021, 467063, 467081, 467083,
467101, 467119, 467123, 467141, 467147, 467171, 467183,
467197, 467209, 467213, 467237, 467239, 467261, 467293,
467297, 467317, 467329, 467333, 467353, 467371, 467399,
467417, 467431, 467437, 467447, 467471, 467473, 467477,
467479, 467491, 467497, 467503, 467507, 467527, 467531,
467543, 467549, 467557, 467587, 467591, 467611, 467617,
467627, 467629, 467633, 467641, 467651, 467657, 467669,
467671, 467681, 467689, 467699, 467713, 467729, 467737,
467743, 467749, 467773, 467783, 467813, 467827, 467833,
467867, 467869, 467879, 467881, 467893, 467897, 467899,
467903, 467927, 467941, 467953, 467963, 467977, 468001,
468011, 468019, 468029, 468049, 468059, 468067, 468071,
468079, 468107, 468109, 468113, 468121, 468133, 468137,
468151, 468157, 468173, 468187, 468191, 468199, 468239,
468241, 468253, 468271, 468277, 468289, 468319, 468323,
468353, 468359, 468371, 468389, 468421, 468439, 468451,
468463, 468473, 468491, 468493, 468499, 468509, 468527,

468551, 468557, 468577, 468581, 468593, 468599, 468613,
468619, 468623, 468641, 468647, 468653, 468661, 468667,
468683, 468691, 468697, 468703, 468709, 468719, 468737,
468739, 468761, 468773, 468781, 468803, 468817, 468821,
468841, 468851, 468859, 468869, 468883, 468887, 468889,
468893, 468899, 468913, 468953, 468967, 468973, 468983,
469009, 469031, 469037, 469069, 469099, 469121, 469127,
469141, 469153, 469169, 469193, 469207, 469219, 469229,
469237, 469241, 469253, 469267, 469279, 469283, 469303,
469321, 469331, 469351, 469363, 469367, 469369, 469379,
469397, 469411, 469429, 469439, 469457, 469487, 469501,
469529, 469541, 469543, 469561, 469583, 469589, 469613,
469627, 469631, 469649, 469657, 469673, 469687, 469691,
469717, 469723, 469747, 469753, 469757, 469769, 469787,
469793, 469801, 469811, 469823, 469841, 469849, 469877,
469879, 469891, 469907, 469919, 469939, 469957, 469969,
469979, 469993, 470021, 470039, 470059, 470077, 470081,
470083, 470087, 470089, 470131, 470149, 470153, 470161,
470167, 470179, 470201, 470207, 470209, 470213, 470219,
470227, 470243, 470251, 470263, 470279, 470297, 470299,
470303, 470317, 470333, 470347, 470359, 470389, 470399,
470411, 470413, 470417, 470429, 470443, 470447, 470453,
470461, 470471, 470473, 470489, 470501, 470513, 470521,
470531, 470539, 470551, 470579, 470593, 470597, 470599,
470609, 470621, 470627, 470647, 470651, 470653, 470663,
470669, 470689, 470711, 470719, 470731, 470749, 470779,
470783, 470791, 470819, 470831, 470837, 470863, 470867,
470881, 470887, 470891, 470903, 470927, 470933, 470941,
470947, 470957, 470959, 470993, 470999, 471007, 471041,
471061, 471073, 471089, 471091, 471101, 471137, 471139,
471161, 471173, 471179, 471187, 471193, 471209, 471217,
471241, 471253, 471259, 471277, 471281, 471283, 471299,
471301, 471313, 471353, 471389, 471391, 471403, 471407,
471439, 471451, 471467, 471481, 471487, 471503, 471509,
471521, 471533, 471539, 471553, 471571, 471589, 471593,
471607, 471617, 471619, 471641, 471649, 471659, 471671,

471673, 471677, 471683, 471697, 471703, 471719, 471721,
471749, 471769, 471781, 471791, 471803, 471817, 471841,
471847, 471853, 471871, 471893, 471901, 471907, 471923,
471929, 471931, 471943, 471949, 471959, 471997, 472019,
472027, 472051, 472057, 472063, 472067, 472103, 472111,
472123, 472127, 472133, 472139, 472151, 472159, 472163,
472189, 472193, 472247, 472249, 472253, 472261, 472273,
472289, 472301, 472309, 472319, 472331, 472333, 472349,
472369, 472391, 472393, 472399, 472411, 472421, 472457,
472469, 472477, 472523, 472541, 472543, 472559, 472561,
472573, 472597, 472631, 472639, 472643, 472669, 472687,
472691, 472697, 472709, 472711, 472721, 472741, 472751,
472763, 472793, 472799, 472817, 472831, 472837, 472847,
472859, 472883, 472907, 472909, 472921, 472937, 472939,
472963, 472993, 473009, 473021, 473027, 473089, 473101,
473117, 473141, 473147, 473159, 473167, 473173, 473191,
473197, 473201, 473203, 473219, 473227, 473257, 473279,
473287, 473293, 473311, 473321, 473327, 473351, 473353,
473377, 473381, 473383, 473411, 473419, 473441, 473443,
473453, 473471, 473477, 473479, 473497, 473503, 473507,
473513, 473519, 473527, 473531, 473533, 473549, 473579,
473597, 473611, 473617, 473633, 473647, 473659, 473719,
473723, 473729, 473741, 473743, 473761, 473789, 473833,
473839, 473857, 473861, 473867, 473887, 473899, 473911,
473923, 473927, 473929, 473939, 473951, 473953, 473971,
473981, 473987, 473999, 474017, 474029, 474037, 474043,
474049, 474059, 474073, 474077, 474101, 474119, 474127,
474137, 474143, 474151, 474163, 474169, 474197, 474211,
474223, 474241, 474263, 474289, 474307, 474311, 474319,
474337, 474343, 474347, 474359, 474379, 474389, 474391,
474413, 474433, 474437, 474443, 474479, 474491, 474497,
474499, 474503, 474533, 474541, 474547, 474557, 474569,
474571, 474581, 474583, 474619, 474629, 474647, 474659,
474667, 474671, 474707, 474709, 474737, 474751, 474757,
474769, 474779, 474787, 474809, 474811, 474839, 474847,
474857, 474899, 474907, 474911, 474917, 474923, 474931,

474937, 474941, 474949, 474959, 474977, 474983, 475037,
475051, 475073, 475081, 475091, 475093, 475103, 475109,
475141, 475147, 475151, 475159, 475169, 475207, 475219,
475229, 475243, 475271, 475273, 475283, 475289, 475297,
475301, 475327, 475331, 475333, 475351, 475367, 475369,
475379, 475381, 475403, 475417, 475421, 475427, 475429,
475441, 475457, 475469, 475483, 475511, 475523, 475529,
475549, 475583, 475597, 475613, 475619, 475621, 475637,
475639, 475649, 475669, 475679, 475681, 475691, 475693,
475697, 475721, 475729, 475751, 475753, 475759, 475763,
475777, 475789, 475793, 475807, 475823, 475831, 475837,
475841, 475859, 475877, 475879, 475889, 475897, 475903,
475907, 475921, 475927, 475933, 475957, 475973, 475991,
475997, 476009, 476023, 476027, 476029, 476039, 476041,
476059, 476081, 476087, 476089, 476101, 476107, 476111,
476137, 476143, 476167, 476183, 476219, 476233, 476237,
476243, 476249, 476279, 476299, 476317, 476347, 476351,
476363, 476369, 476381, 476401, 476407, 476419, 476423,
476429, 476467, 476477, 476479, 476507, 476513, 476519,
476579, 476587, 476591, 476599, 476603, 476611, 476633,
476639, 476647, 476659, 476681, 476683, 476701, 476713,
476719, 476737, 476743, 476753, 476759, 476783, 476803,
476831, 476849, 476851, 476863, 476869, 476887, 476891,
476911, 476921, 476929, 476977, 476981, 476989, 477011,
477013, 477017, 477019, 477031, 477047, 477073, 477077,
477091, 477131, 477149, 477163, 477209, 477221, 477229,
477259, 477277, 477293, 477313, 477317, 477329, 477341,
477359, 477361, 477383, 477409, 477439, 477461, 477469,
477497, 477511, 477517, 477523, 477539, 477551, 477553,
477557, 477571, 477577, 477593, 477619, 477623, 477637,
477671, 477677, 477721, 477727, 477731, 477739, 477767,
477769, 477791, 477797, 477809, 477811, 477821, 477823,
477839, 477847, 477857, 477863, 477881, 477899, 477913,
477941, 477947, 477973, 477977, 477991, 478001, 478039,
478063, 478067, 478069, 478087, 478099, 478111, 478129,
478139, 478157, 478169, 478171, 478189, 478199, 478207,

478213, 478241, 478243, 478253, 478259, 478271, 478273,
478321, 478339, 478343, 478351, 478391, 478399, 478403,
478411, 478417, 478421, 478427, 478433, 478441, 478451,
478453, 478459, 478481, 478483, 478493, 478523, 478531,
478571, 478573, 478579, 478589, 478603, 478627, 478631,
478637, 478651, 478679, 478697, 478711, 478727, 478729,
478739, 478741, 478747, 478763, 478769, 478787, 478801,
478811, 478813, 478823, 478831, 478843, 478853, 478861,
478871, 478879, 478897, 478901, 478913, 478927, 478931,
478937, 478943, 478963, 478967, 478991, 478999, 479023,
479027, 479029, 479041, 479081, 479131, 479137, 479147,
479153, 479189, 479191, 479201, 479209, 479221, 479231,
479239, 479243, 479263, 479267, 479287, 479299, 479309,
479317, 479327, 479357, 479371, 479377, 479387, 479419,
479429, 479431, 479441, 479461, 479473, 479489, 479497,
479509, 479513, 479533, 479543, 479561, 479569, 479581,
479593, 479599, 479623, 479629, 479639, 479701, 479749,
479753, 479761, 479771, 479777, 479783, 479797, 479813,
479821, 479833, 479839, 479861, 479879, 479881, 479891,
479903, 479909, 479939, 479951, 479953, 479957, 479971,
480013, 480017, 480019, 480023, 480043, 480047, 480049,
480059, 480061, 480071, 480091, 480101, 480107, 480113,
480133, 480143, 480157, 480167, 480169, 480203, 480209,
480287, 480299, 480317, 480329, 480341, 480343, 480349,
480367, 480373, 480379, 480383, 480391, 480409, 480419,
480427, 480449, 480451, 480461, 480463, 480499, 480503,
480509, 480517, 480521, 480527, 480533, 480541, 480553,
480563, 480569, 480583, 480587, 480647, 480661, 480707,
480713, 480731, 480737, 480749, 480761, 480773, 480787,
480803, 480827, 480839, 480853, 480881, 480911, 480919,
480929, 480937, 480941, 480959, 480967, 480979, 480989,
481001, 481003, 481009, 481021, 481043, 481051, 481067,
481073, 481087, 481093, 481097, 481109, 481123, 481133,
481141, 481147, 481153, 481157, 481171, 481177, 481181,
481199, 481207, 481211, 481231, 481249, 481297, 481301,
481303, 481307, 481343, 481363, 481373, 481379, 481387,

481409, 481417, 481433, 481447, 481469, 481489, 481501,
481513, 481531, 481549, 481571, 481577, 481589, 481619,
481633, 481639, 481651, 481667, 481673, 481681, 481693,
481697, 481699, 481721, 481751, 481753, 481769, 481787,
481801, 481807, 481813, 481837, 481843, 481847, 481849,
481861, 481867, 481879, 481883, 481909, 481939, 481963,
481997, 482017, 482021, 482029, 482033, 482039, 482051,
482071, 482093, 482099, 482101, 482117, 482123, 482179,
482189, 482203, 482213, 482227, 482231, 482233, 482243,
482263, 482281, 482309, 482323, 482347, 482351, 482359,
482371, 482387, 482393, 482399, 482401, 482407, 482413,
482423, 482437, 482441, 482483, 482501, 482507, 482509,
482513, 482519, 482527, 482539, 482569, 482593, 482597,
482621, 482627, 482633, 482641, 482659, 482663, 482683,
482687, 482689, 482707, 482711, 482717, 482719, 482731,
482743, 482753, 482759, 482767, 482773, 482789, 482803,
482819, 482827, 482837, 482861, 482863, 482873, 482897,
482899, 482917, 482941, 482947, 482957, 482971, 483017,
483031, 483061, 483071, 483097, 483127, 483139, 483163,
483167, 483179, 483209, 483211, 483221, 483229, 483233,
483239, 483247, 483251, 483281, 483289, 483317, 483323,
483337, 483347, 483367, 483377, 483389, 483397, 483407,
483409, 483433, 483443, 483467, 483481, 483491, 483499,
483503, 483523, 483541, 483551, 483557, 483563, 483577,
483611, 483619, 483629, 483643, 483649, 483671, 483697,
483709, 483719, 483727, 483733, 483751, 483757, 483761,
483767, 483773, 483787, 483809, 483811, 483827, 483829,
483839, 483853, 483863, 483869, 483883, 483907, 483929,
483937, 483953, 483971, 483991, 484019, 484027, 484037,
484061, 484067, 484079, 484091, 484111, 484117, 484123,
484129, 484151, 484153, 484171, 484181, 484193, 484201,
484207, 484229, 484243, 484259, 484283, 484301, 484303,
484327, 484339, 484361, 484369, 484373, 484397, 484411,
484417, 484439, 484447, 484457, 484459, 484487, 484489,
484493, 484531, 484543, 484577, 484597, 484607, 484609,
484613, 484621, 484639, 484643, 484691, 484703, 484727,

484733, 484751, 484763, 484769, 484777, 484787, 484829,
484853, 484867, 484927, 484951, 484987, 484999, 485021,
485029, 485041, 485053, 485059, 485063, 485081, 485101,
485113, 485123, 485131, 485137, 485161, 485167, 485171,
485201, 485207, 485209, 485263, 485311, 485347, 485351,
485363, 485371, 485383, 485389, 485411, 485417, 485423,
485437, 485447, 485479, 485497, 485509, 485519, 485543,
485567, 485587, 485593, 485603, 485609, 485647, 485657,
485671, 485689, 485701, 485717, 485729, 485731, 485753,
485777, 485819, 485827, 485831, 485833, 485893, 485899,
485909, 485923, 485941, 485959, 485977, 485993, 486023,
486037, 486041, 486043, 486053, 486061, 486071, 486091,
486103, 486119, 486133, 486139, 486163, 486179, 486181,
486193, 486203, 486221, 486223, 486247, 486281, 486293,
486307, 486313, 486323, 486329, 486331, 486341, 486349,
486377, 486379, 486389, 486391, 486397, 486407, 486433,
486443, 486449, 486481, 486491, 486503, 486509, 486511,
486527, 486539, 486559, 486569, 486583, 486589, 486601,
486617, 486637, 486641, 486643, 486653, 486667, 486671,
486677, 486679, 486683, 486697, 486713, 486721, 486757,
486767, 486769, 486781, 486797, 486817, 486821, 486833,
486839, 486869, 486907, 486923, 486929, 486943, 486947,
486949, 486971, 486977, 486991, 487007, 487013, 487021,
487049, 487051, 487057, 487073, 487079, 487093, 487099,
487111, 487133, 487177, 487183, 487187, 487211, 487213,
487219, 487247, 487261, 487283, 487303, 487307, 487313,
487349, 487363, 487381, 487387, 487391, 487397, 487423,
487427, 487429, 487447, 487457, 487463, 487469, 487471,
487477, 487481, 487489, 487507, 487561, 487589, 487601,
487603, 487607, 487637, 487649, 487651, 487657, 487681,
487691, 487703, 487709, 487717, 487727, 487733, 487741,
487757, 487769, 487783, 487789, 487793, 487811, 487819,
487829, 487831, 487843, 487873, 487889, 487891, 487897,
487933, 487943, 487973, 487979, 487997, 488003, 488009,
488011, 488021, 488051, 488057, 488069, 488119, 488143,
488149, 488153, 488161, 488171, 488197, 488203, 488207,

488209, 488227, 488231, 488233, 488239, 488249, 488261,
488263, 488287, 488303, 488309, 488311, 488317, 488321,
488329, 488333, 488339, 488347, 488353, 488381, 488399,
488401, 488407, 488417, 488419, 488441, 488459, 488473,
488503, 488513, 488539, 488567, 488573, 488603, 488611,
488617, 488627, 488633, 488639, 488641, 488651, 488687,
488689, 488701, 488711, 488717, 488723, 488729, 488743,
488749, 488759, 488779, 488791, 488797, 488821, 488827,
488833, 488861, 488879, 488893, 488897, 488909, 488921,
488947, 488959, 488981, 488993, 489001, 489011, 489019,
489043, 489053, 489061, 489101, 489109, 489113, 489127,
489133, 489157, 489161, 489179, 489191, 489197, 489217,
489239, 489241, 489257, 489263, 489283, 489299, 489329,
489337, 489343, 489361, 489367, 489389, 489407, 489409,
489427, 489431, 489439, 489449, 489457, 489479, 489487,
489493, 489529, 489539, 489551, 489553, 489557, 489571,
489613, 489631, 489653, 489659, 489673, 489677, 489679,
489689, 489691, 489733, 489743, 489761, 489791, 489793,
489799, 489803, 489817, 489823, 489833, 489847, 489851,
489869, 489871, 489887, 489901, 489911, 489913, 489941,
489943, 489959, 489961, 489977, 489989, 490001, 490003,
490019, 490031, 490033, 490057, 490097, 490103, 490111,
490117, 490121, 490151, 490159, 490169, 490183, 490201,
490207, 490223, 490241, 490247, 490249, 490267, 490271,
490277, 490283, 490309, 490313, 490339, 490367, 490393,
490417, 490421, 490453, 490459, 490463, 490481, 490493,
490499, 490519, 490537, 490541, 490543, 490549, 490559,
490571, 490573, 490577, 490579, 490591, 490619, 490627,
490631, 490643, 490661, 490663, 490697, 490733, 490741,
490769, 490771, 490783, 490829, 490837, 490849, 490859,
490877, 490891, 490913, 490921, 490927, 490937, 490949,
490951, 490957, 490967, 490969, 490991, 490993, 491003,
491039, 491041, 491059, 491081, 491083, 491129, 491137,
491149, 491159, 491167, 491171, 491201, 491213, 491219,
491251, 491261, 491273, 491279, 491297, 491299, 491327,
491329, 491333, 491339, 491341, 491353, 491357, 491371,

491377, 491417, 491423, 491429, 491461, 491483, 491489,
491497, 491501, 491503, 491527, 491531, 491537, 491539,
491581, 491591, 491593, 491611, 491627, 491633, 491639,
491651, 491653, 491669, 491677, 491707, 491719, 491731,
491737, 491747, 491773, 491783, 491789, 491797, 491819,
491833, 491837, 491851, 491857, 491867, 491873, 491899,
491923, 491951, 491969, 491977, 491983, 492007, 492013,
492017, 492029, 492047, 492053, 492059, 492061, 492067,
492077, 492083, 492103, 492113, 492227, 492251, 492253,
492257, 492281, 492293, 492299, 492319, 492377, 492389,
492397, 492403, 492409, 492413, 492421, 492431, 492463,
492467, 492487, 492491, 492511, 492523, 492551, 492563,
492587, 492601, 492617, 492619, 492629, 492631, 492641,
492647, 492659, 492671, 492673, 492707, 492719, 492721,
492731, 492757, 492761, 492763, 492769, 492781, 492799,
492839, 492853, 492871, 492883, 492893, 492901, 492911,
492967, 492979, 493001, 493013, 493021, 493027, 493043,
493049, 493067, 493093, 493109, 493111, 493121, 493123,
493127, 493133, 493139, 493147, 493159, 493169, 493177,
493193, 493201, 493211, 493217, 493219, 493231, 493243,
493249, 493277, 493279, 493291, 493301, 493313, 493333,
493351, 493369, 493393, 493397, 493399, 493403, 493433,
493447, 493457, 493463, 493481, 493523, 493531, 493541,
493567, 493573, 493579, 493583, 493607, 493621, 493627,
493643, 493657, 493693, 493709, 493711, 493721, 493729,
493733, 493747, 493777, 493793, 493807, 493811, 493813,
493817, 493853, 493859, 493873, 493877, 493897, 493919,
493931, 493937, 493939, 493967, 493973, 493979, 493993,
494023, 494029, 494041, 494051, 494069, 494077, 494083,
494093, 494101, 494107, 494129, 494141, 494147, 494167,
494191, 494213, 494237, 494251, 494257, 494267, 494269,
494281, 494287, 494317, 494327, 494341, 494353, 494359,
494369, 494381, 494383, 494387, 494407, 494413, 494441,
494443, 494471, 494497, 494519, 494521, 494539, 494561,
494563, 494567, 494587, 494591, 494609, 494617, 494621,
494639, 494647, 494651, 494671, 494677, 494687, 494693,

494699, 494713, 494719, 494723, 494731, 494737, 494743,
494749, 494759, 494761, 494783, 494789, 494803, 494843,
494849, 494873, 494899, 494903, 494917, 494927, 494933,
494939, 494959, 494987, 495017, 495037, 495041, 495043,
495067, 495071, 495109, 495113, 495119, 495133, 495139,
495149, 495151, 495161, 495181, 495199, 495211, 495221,
495241, 495269, 495277, 495289, 495301, 495307, 495323,
495337, 495343, 495347, 495359, 495361, 495371, 495377,
495389, 495401, 495413, 495421, 495433, 495437, 495449,
495457, 495461, 495491, 495511, 495527, 495557, 495559,
495563, 495569, 495571, 495587, 495589, 495611, 495613,
495617, 495619, 495629, 495637, 495647, 495667, 495679,
495701, 495707, 495713, 495749, 495751, 495757, 495769,
495773, 495787, 495791, 495797, 495799, 495821, 495827,
495829, 495851, 495877, 495893, 495899, 495923, 495931,
495947, 495953, 495959, 495967, 495973, 495983, 496007,
496019, 496039, 496051, 496063, 496073, 496079, 496123,
496127, 496163, 496187, 496193, 496211, 496229, 496231,
496259, 496283, 496289, 496291, 496297, 496303, 496313,
496333, 496339, 496343, 496381, 496399, 496427, 496439,
496453, 496459, 496471, 496477, 496481, 496487, 496493,
496499, 496511, 496549, 496579, 496583, 496609, 496631,
496669, 496681, 496687, 496703, 496711, 496733, 496747,
496763, 496789, 496813, 496817, 496841, 496849, 496871,
496877, 496889, 496891, 496897, 496901, 496913, 496919,
496949, 496963, 496997, 496999, 497011, 497017, 497041,
497047, 497051, 497069, 497093, 497111, 497113, 497117,
497137, 497141, 497153, 497171, 497177, 497197, 497239,
497257, 497261, 497269, 497279, 497281, 497291, 497297,
497303, 497309, 497323, 497339, 497351, 497389, 497411,
497417, 497423, 497449, 497461, 497473, 497479, 497491,
497501, 497507, 497509, 497521, 497537, 497551, 497557,
497561, 497579, 497587, 497597, 497603, 497633, 497659,
497663, 497671, 497677, 497689, 497701, 497711, 497719,
497729, 497737, 497741, 497771, 497773, 497801, 497813,
497831, 497839, 497851, 497867, 497869, 497873,

497899, 497929, 497957, 497963, 497969, 497977, 497989,
497993, 497999, 498013, 498053, 498061, 498073, 498089,
498101, 498103, 498119, 498143, 498163, 498167, 498181,
498209, 498227, 498257, 498259, 498271, 498301, 498331,
498343, 498361, 498367, 498391, 498397, 498401, 498403,
498409, 498439, 498461, 498467, 498469, 498493, 498497,
498521, 498523, 498527, 498551, 498557, 498577, 498583,
498599, 498611, 498613, 498643, 498647, 498653, 498679,
498689, 498691, 498733, 498739, 498749, 498761, 498767,
498779, 498781, 498787, 498791, 498803, 498833, 498857,
498859, 498881, 498907, 498923, 498931, 498937, 498947,
498961, 498973, 498977, 498989, 499021, 499027, 499033,
499039, 499063, 499067, 499099, 499117, 499127, 499129,
499133, 499139, 499141, 499151, 499157, 499159, 499181,
499183, 499189, 499211, 499229, 499253, 499267, 499277,
499283, 499309, 499321, 499327, 499349, 499361, 499363,
499391, 499397, 499403, 499423, 499439, 499459, 499481,
499483, 499493, 499507, 499519, 499523, 499549, 499559,
499571, 499591, 499601, 499607, 499621, 499633, 499637,
499649, 499661, 499663, 499669, 499673, 499679, 499687,
499691, 499693, 499711, 499717, 499729, 499739, 499747,
499781, 499787, 499801, 499819, 499853, 499879, 499883,
499897, 499903, 499927, 499943, 499957, 499969, 499973,
499979, 500009, 500029, 500041, 500057, 500069, 500083,
500107, 500111, 500113, 500119, 500153, 500167, 500173,
500177, 500179, 500197, 500209, 500231, 500233, 500237,
500239, 500249, 500257, 500287, 500299, 500317, 500321,
500333, 500341, 500363, 500369, 500389, 500393, 500413,
500417, 500431, 500443, 500459, 500471, 500473, 500483,
500501, 500509, 500519, 500527, 500567, 500579, 500587,
500603, 500629, 500671, 500677, 500693, 500699, 500713,
500719, 500723, 500729, 500741, 500777, 500791, 500807,
500809, 500831, 500839, 500861, 500873, 500881, 500887,
500891, 500909, 500911, 500921, 500923, 500933, 500947,
500953, 500957, 500977, 501001, 501013, 501019, 501029,
501031, 501037, 501043, 501077, 501089, 501103, 501121,

501131, 501133, 501139, 501157, 501173, 501187, 501191,
501197, 501203, 501209, 501217, 501223, 501229, 501233,
501257, 501271, 501287, 501299, 501317, 501341, 501343,
501367, 501383, 501401, 501409, 501419, 501427, 501451,
501463, 501493, 501503, 501511, 501563, 501577, 501593,
501601, 501617, 501623, 501637, 501659, 501691, 501701,
501703, 501707, 501719, 501731, 501769, 501779, 501803,
501817, 501821, 501827, 501829, 501841, 501863, 501889,
501911, 501931, 501947, 501953, 501967, 501971, 501997,
502001, 502013, 502039, 502043, 502057, 502063, 502079,
502081, 502087, 502093, 502121, 502133, 502141, 502171,
502181, 502217, 502237, 502247, 502259, 502261, 502277,
502301, 502321, 502339, 502393, 502409, 502421, 502429,
502441, 502451, 502487, 502499, 502501, 502507, 502517,
502543, 502549, 502553, 502591, 502597, 502613, 502631,
502633, 502643, 502651, 502669, 502687, 502699, 502703,
502717, 502729, 502769, 502771, 502781, 502787, 502807,
502819, 502829, 502841, 502847, 502861, 502883, 502919,
502921, 502937, 502961, 502973, 503003, 503017, 503039,
503053, 503077, 503123, 503131, 503137, 503147, 503159,
503197, 503207, 503213, 503227, 503231, 503233, 503249,
503267, 503287, 503297, 503303, 503317, 503339, 503351,
503359, 503369, 503381, 503383, 503389, 503407, 503413,
503423, 503431, 503441, 503453, 503483, 503501, 503543,
503549, 503551, 503563, 503593, 503599, 503609, 503611,
503621, 503623, 503647, 503653, 503663, 503707, 503717,
503743, 503753, 503771, 503777, 503779, 503791, 503803,
503819, 503821, 503827, 503851, 503857, 503869, 503879,
503911, 503927, 503929, 503939, 503947, 503959, 503963,
503969, 503983, 503989, 504001, 504011, 504017, 504047,
504061, 504073, 504103, 504121, 504139, 504143, 504149,
504151, 504157, 504181, 504187, 504197, 504209, 504221,
504247, 504269, 504289, 504299, 504307, 504311, 504323,
504337, 504349, 504353, 504359, 504377, 504379, 504389,
504403, 504457, 504461, 504473, 504479, 504521, 504523,
504527, 504547, 504563, 504593, 504599, 504607, 504617,

504619, 504631, 504661, 504667, 504671, 504677, 504683,
504727, 504767, 504787, 504797, 504799, 504817, 504821,
504851, 504853, 504857, 504871, 504877, 504893, 504901,
504929, 504937, 504943, 504947, 504953, 504967, 504983,
504989, 504991, 505027, 505031, 505033, 505049, 505051,
505061, 505067, 505073, 505091, 505097, 505111, 505117,
505123, 505129, 505139, 505157, 505159, 505181, 505187,
505201, 505213, 505231, 505237, 505277, 505279, 505283,
505301, 505313, 505319, 505321, 505327, 505339, 505357,
505367, 505369, 505399, 505409, 505411, 505429, 505447,
505459, 505469, 505481, 505493, 505501, 505511, 505513,
505523, 505537, 505559, 505573, 505601, 505607, 505613,
505619, 505633, 505639, 505643, 505657, 505663, 505669,
505691, 505693, 505709, 505711, 505727, 505759, 505763,
505777, 505781, 505811, 505819, 505823, 505867, 505871,
505877, 505907, 505919, 505927, 505949, 505961, 505969,
505979, 506047, 506071, 506083, 506101, 506113, 506119,
506131, 506147, 506171, 506173, 506183, 506201, 506213,
506251, 506263, 506269, 506281, 506291, 506327, 506329,
506333, 506339, 506347, 506351, 506357, 506381, 506393,
506417, 506423, 506449, 506459, 506461, 506479, 506491,
506501, 506507, 506531, 506533, 506537, 506551, 506563,
506573, 506591, 506593, 506599, 506609, 506629, 506647,
506663, 506683, 506687, 506689, 506699, 506729, 506731,
506743, 506773, 506783, 506791, 506797, 506809, 506837,
506843, 506861, 506873, 506887, 506893, 506899, 506903,
506911, 506929, 506941, 506963, 506983, 506993, 506999,
507029, 507049, 507071, 507077, 507079, 507103, 507109,
507113, 507119, 507137, 507139, 507149, 507151, 507163,
507193, 507197, 507217, 507289, 507301, 507313, 507317,
507329, 507347, 507349, 507359, 507361, 507371, 507383,
507401, 507421, 507431, 507461, 507491, 507497, 507499,
507503, 507523, 507557, 507571, 507589, 507593, 507599,
507607, 507631, 507641, 507667, 507673, 507691, 507697,
507713, 507719, 507743, 507757, 507779, 507781, 507797,
507803, 507809, 507821, 507827, 507839, 507883, 507901,

507907, 507917, 507919, 507937, 507953, 507961, 507971,
507979, 508009, 508019, 508021, 508033, 508037, 508073,
508087, 508091, 508097, 508103, 508129, 508159, 508171,
508187, 508213, 508223, 508229, 508237, 508243, 508259,
508271, 508273, 508297, 508301, 508327, 508331, 508349,
508363, 508367, 508373, 508393, 508433, 508439, 508451,
508471, 508477, 508489, 508499, 508513, 508517, 508531,
508549, 508559, 508567, 508577, 508579, 508583, 508619,
508621, 508637, 508643, 508661, 508693, 508709, 508727,
508771, 508789, 508799, 508811, 508817, 508841, 508847,
508867, 508901, 508903, 508909, 508913, 508919, 508931,
508943, 508951, 508957, 508961, 508969, 508973, 508987,
509023, 509027, 509053, 509063, 509071, 509087, 509101,
509123, 509137, 509147, 509149, 509203, 509221, 509227,
509239, 509263, 509281, 509287, 509293, 509297, 509317,
509329, 509359, 509363, 509389, 509393, 509413, 509417,
509429, 509441, 509449, 509477, 509513, 509521, 509543,
509549, 509557, 509563, 509569, 509573, 509581, 509591,
509603, 509623, 509633, 509647, 509653, 509659, 509681,
509687, 509689, 509693, 509699, 509723, 509731, 509737,
509741, 509767, 509783, 509797, 509801, 509833, 509837,
509843, 509863, 509867, 509879, 509909, 509911, 509921,
509939, 509947, 509959, 509963, 509989, 510007, 510031,
510047, 510049, 510061, 510067, 510073, 510077, 510079,
510089, 510101, 510121, 510127, 510137, 510157, 510179,
510199, 510203, 510217, 510227, 510233, 510241, 510247,
510253, 510271, 510287, 510299, 510311, 510319, 510331,
510361, 510379, 510383, 510401, 510403, 510449, 510451,
510457, 510463, 510481, 510529, 510551, 510553, 510569,
510581, 510583, 510589, 510611, 510613, 510617, 510619,
510677, 510683, 510691, 510707, 510709, 510751, 510767,
510773, 510793, 510803, 510817, 510823, 510827, 510847,
510889, 510907, 510919, 510931, 510941, 510943, 510989,
511001, 511013, 511019, 511033, 511039, 511057, 511061,
511087, 511109, 511111, 511123, 511151, 511153, 511163,
511169, 511171, 511177, 511193, 511201, 511211, 511213,

511223, 511237, 511243, 511261, 511279, 511289, 511297,
511327, 511333, 511337, 511351, 511361, 511387, 511391,
511409, 511417, 511439, 511447, 511453, 511457, 511463,
511477, 511487, 511507, 511519, 511523, 511541, 511549,
511559, 511573, 511579, 511583, 511591, 511603, 511627,
511631, 511633, 511669, 511691, 511703, 511711, 511723,
511757, 511787, 511793, 511801, 511811, 511831, 511843,
511859, 511867, 511873, 511891, 511897, 511909, 511933,
511939, 511961, 511963, 511991, 511997, 512009, 512011,
512021, 512047, 512059, 512093, 512101, 512137, 512147,
512167, 512207, 512249, 512251, 512269, 512287, 512311,
512321, 512333, 512353, 512389, 512419, 512429, 512443,
512467, 512497, 512503, 512507, 512521, 512531, 512537,
512543, 512569, 512573, 512579, 512581, 512591, 512593,
512597, 512609, 512621, 512641, 512657, 512663, 512671,
512683, 512711, 512713, 512717, 512741, 512747, 512761,
512767, 512779, 512797, 512803, 512819, 512821, 512843,
512849, 512891, 512899, 512903, 512917, 512921, 512927,
512929, 512959, 512977, 512989, 512999, 513001, 513013,
513017, 513031, 513041, 513047, 513053, 513059, 513067,
513083, 513101, 513103, 513109, 513131, 513137, 513157,
513167, 513169, 513173, 513203, 513239, 513257, 513269,
513277, 513283, 513307, 513311, 513313, 513319, 513341,
513347, 513353, 513367, 513371, 513397, 513407, 513419,
513427, 513431, 513439, 513473, 513479, 513481, 513509,
513511, 513529, 513533, 513593, 513631, 513641, 513649,
513673, 513679, 513683, 513691, 513697, 513719, 513727,
513731, 513739, 513749, 513761, 513767, 513769, 513781,
513829, 513839, 513841, 513871, 513881, 513899, 513917,
513923, 513937, 513943, 513977, 513991, 514001, 514009,
514013, 514021, 514049, 514051, 514057, 514061, 514079,
514081, 514093, 514103, 514117, 514123, 514127, 514147,
514177, 514187, 514201, 514219, 514229, 514243, 514247,
514249, 514271, 514277, 514289, 514309, 514313, 514333,
514343, 514357, 514361, 514379, 514399, 514417, 514429,
514433, 514453, 514499, 514513, 514519, 514523, 514529,

514531, 514543, 514561, 514571, 514621, 514637, 514639,
514643, 514649, 514651, 514669, 514681, 514711, 514733,
514739, 514741, 514747, 514751, 514757, 514769, 514783,
514793, 514819, 514823, 514831, 514841, 514847, 514853,
514859, 514867, 514873, 514889, 514903, 514933, 514939,
514949, 514967, 515041, 515087, 515089, 515111, 515143,
515149, 515153, 515173, 515191, 515227, 515231, 515233,
515237, 515279, 515293, 515311, 515323, 515351, 515357,
515369, 515371, 515377, 515381, 515401, 515429, 515477,
515507, 515519, 515539, 515563, 515579, 515587, 515597,
515611, 515621, 515639, 515651, 515653, 515663, 515677,
515681, 515687, 515693, 515701, 515737, 515741, 515761,
515771, 515773, 515777, 515783, 515803, 515813, 515839,
515843, 515857, 515861, 515873, 515887, 515917, 515923,
515929, 515941, 515951, 515969, 515993, 516017, 516023,
516049, 516053, 516077, 516091, 516127, 516151, 516157,
516161, 516163, 516169, 516179, 516193, 516199, 516209,
516223, 516227, 516233, 516247, 516251, 516253, 516277,
516283, 516293, 516319, 516323, 516349, 516359, 516361,
516371, 516377, 516391, 516407, 516421, 516431, 516433,
516437, 516449, 516457, 516469, 516493, 516499, 516517,
516521, 516539, 516541, 516563, 516587, 516589, 516599,
516611, 516617, 516619, 516623, 516643, 516653, 516673,
516679, 516689, 516701, 516709, 516713, 516721, 516727,
516757, 516793, 516811, 516821, 516829, 516839, 516847,
516871, 516877, 516883, 516907, 516911, 516931, 516947,
516949, 516959, 516973, 516977, 516979, 516991, 517003,
517043, 517061, 517067, 517073, 517079, 517081, 517087,
517091, 517129, 517151, 517169, 517177, 517183, 517189,
517207, 517211, 517217, 517229, 517241, 517243, 517249,
517261, 517267, 517277, 517289, 517303, 517337, 517343,
517367, 517373, 517381, 517393, 517399, 517403, 517411,
517417, 517457, 517459, 517469, 517471, 517481, 517487,
517499, 517501, 517507, 517511, 517513, 517547, 517549,
517553, 517571, 517577, 517589, 517597, 517603, 517609,
517613, 517619, 517637, 517639, 517711, 517717, 517721,

517729, 517733, 517739, 517747, 517817, 517823, 517831,
517861, 517873, 517877, 517901, 517919, 517927, 517931,
517949, 517967, 517981, 517991, 517999, 518017, 518047,
518057, 518059, 518083, 518099, 518101, 518113, 518123,
518129, 518131, 518137, 518153, 518159, 518171, 518179,
518191, 518207, 518209, 518233, 518237, 518239, 518249,
518261, 518291, 518299, 518311, 518327, 518341, 518387,
518389, 518411, 518417, 518429, 518431, 518447, 518467,
518471, 518473, 518509, 518521, 518533, 518543, 518579,
518587, 518597, 518611, 518621, 518657, 518689, 518699,
518717, 518729, 518737, 518741, 518743, 518747, 518759,
518761, 518767, 518779, 518801, 518803, 518807, 518809,
518813, 518831, 518863, 518867, 518893, 518911, 518933,
518953, 518981, 518983, 518989, 519011, 519031, 519037,
519067, 519083, 519089, 519091, 519097, 519107, 519119,
519121, 519131, 519151, 519161, 519193, 519217, 519227,
519229, 519247, 519257, 519269, 519283, 519287, 519301,
519307, 519349, 519353, 519359, 519371, 519373, 519383,
519391, 519413, 519427, 519433, 519457, 519487, 519499,
519509, 519521, 519523, 519527, 519539, 519551, 519553,
519577, 519581, 519587, 519611, 519619, 519643, 519647,
519667, 519683, 519691, 519703, 519713, 519733, 519737,
519769, 519787, 519793, 519797, 519803, 519817, 519863,
519881, 519889, 519907, 519917, 519919, 519923, 519931,
519943, 519947, 519971, 519989, 519997, 520019, 520021,
520031, 520043, 520063, 520067, 520073, 520103, 520111,
520123, 520129, 520151, 520193, 520213, 520241, 520279,
520291, 520297, 520307, 520309, 520313, 520339, 520349,
520357, 520361, 520363, 520369, 520379, 520381, 520393,
520409, 520411, 520423, 520427, 520433, 520447, 520451,
520529, 520547, 520549, 520567, 520571, 520589, 520607,
520609, 520621, 520631, 520633, 520649, 520679, 520691,
520699, 520703, 520717, 520721, 520747, 520759, 520763,
520787, 520813, 520837, 520841, 520853, 520867, 520889,
520913, 520921, 520943, 520957, 520963, 520967, 520969,
520981, 521009, 521021, 521023, 521039, 521041, 521047,

521051, 521063, 521107, 521119, 521137, 521153, 521161,
521167, 521173, 521177, 521179, 521201, 521231, 521243,
521251, 521267, 521281, 521299, 521309, 521317, 521329,
521357, 521359, 521363, 521369, 521377, 521393, 521399,
521401, 521429, 521447, 521471, 521483, 521491, 521497,
521503, 521519, 521527, 521533, 521537, 521539, 521551,
521557, 521567, 521581, 521603, 521641, 521657, 521659,
521669, 521671, 521693, 521707, 521723, 521743, 521749,
521753, 521767, 521777, 521789, 521791, 521809, 521813,
521819, 521831, 521861, 521869, 521879, 521881, 521887,
521897, 521903, 521923, 521929, 521981, 521993, 521999,
522017, 522037, 522047, 522059, 522061, 522073, 522079,
522083, 522113, 522127, 522157, 522161, 522167, 522191,
522199, 522211, 522227, 522229, 522233, 522239, 522251,
522259, 522281, 522283, 522289, 522317, 522323, 522337,
522371, 522373, 522383, 522391, 522409, 522413, 522439,
522449, 522469, 522479, 522497, 522517, 522521, 522523,
522541, 522553, 522569, 522601, 522623, 522637, 522659,
522661, 522673, 522677, 522679, 522689, 522703, 522707,
522719, 522737, 522749, 522757, 522761, 522763, 522787,
522811, 522827, 522829, 522839, 522853, 522857, 522871,
522881, 522883, 522887, 522919, 522943, 522947, 522959,
522961, 522989, 523007, 523021, 523031, 523049, 523093,
523097, 523109, 523129, 523169, 523177, 523207, 523213,
523219, 523261, 523297, 523307, 523333, 523349, 523351,
523357, 523387, 523403, 523417, 523427, 523433, 523459,
523463, 523487, 523489, 523493, 523511, 523519, 523541,
523543, 523553, 523571, 523573, 523577, 523597, 523603,
523631, 523637, 523639, 523657, 523667, 523669, 523673,
523681, 523717, 523729, 523741, 523759, 523763, 523771,
523777, 523793, 523801, 523829, 523847, 523867, 523877,
523903, 523907, 523927, 523937, 523949, 523969, 523987,
523997, 524047, 524053, 524057, 524063, 524071, 524081,
524087, 524099, 524113, 524119, 524123, 524149, 524171,
524189, 524197, 524201, 524203, 524219, 524221, 524231,
524243, 524257, 524261, 524269, 524287, 524309, 524341,

524347, 524351, 524353, 524369, 524387, 524389, 524411,
524413, 524429, 524453, 524497, 524507, 524509, 524519,
524521, 524591, 524593, 524599, 524633, 524669, 524681,
524683, 524701, 524707, 524731, 524743, 524789, 524801,
524803, 524827, 524831, 524857, 524863, 524869, 524873,
524893, 524899, 524921, 524933, 524939, 524941, 524947,
524957, 524959, 524963, 524969, 524971, 524981, 524983,
524999, 525001, 525013, 525017, 525029, 525043, 525101,
525127, 525137, 525143, 525157, 525163, 525167, 525191,
525193, 525199, 525209, 525221, 525241, 525247, 525253,
525257, 525299, 525313, 525353, 525359, 525361, 525373,
525377, 525379, 525391, 525397, 525409, 525431, 525433,
525439, 525457, 525461, 525467, 525491, 525493, 525517,
525529, 525533, 525541, 525571, 525583, 525593, 525599,
525607, 525641, 525649, 525671, 525677, 525697, 525709,
525713, 525719, 525727, 525731, 525739, 525769, 525773,
525781, 525809, 525817, 525839, 525869, 525871, 525887,
525893, 525913, 525923, 525937, 525947, 525949, 525953,
525961, 525979, 525983, 526027, 526037, 526049, 526051,
526063, 526067, 526069, 526073, 526087, 526117, 526121,
526139, 526157, 526159, 526189, 526193, 526199, 526213,
526223, 526231, 526249, 526271, 526283, 526289, 526291,
526297, 526307, 526367, 526373, 526381, 526387, 526391,
526397, 526423, 526429, 526441, 526453, 526459, 526483,
526499, 526501, 526511, 526531, 526543, 526571, 526573,
526583, 526601, 526619, 526627, 526633, 526637, 526649,
526651, 526657, 526667, 526679, 526681, 526703, 526709,
526717, 526733, 526739, 526741, 526759, 526763, 526777,
526781, 526829, 526831, 526837, 526853, 526859, 526871,
526909, 526913, 526931, 526937, 526943, 526951, 526957,
526963, 526993, 526997, 527053, 527057, 527063, 527069,
527071, 527081, 527099, 527123, 527129, 527143, 527159,
527161, 527173, 527179, 527203, 527207, 527209, 527237,
527251, 527273, 527281, 527291, 527327, 527333, 527347,
527353, 527377, 527381, 527393, 527399, 527407, 527411,
527419, 527441, 527447, 527453, 527489, 527507, 527533,

527557, 527563, 527581, 527591, 527599, 527603, 527623, 527627, 527633, 527671, 527699, 527701, 527729, 527741, 527749, 527753, 527789, 527803, 527809, 527819, 527843, 527851, 527869, 527881, 527897, 527909, 527921, 527929, 527941, 527981, 527983, 527987, 527993, 528001, 528013, 528041, 528043, 528053, 528091, 528097, 528107, 528127, 528131, 528137, 528163, 528167, 528191, 528197, 528217, 528223, 528247, 528263, 528289, 528299, 528313, 528317, 528329, 528373, 528383, 528391, 528401, 528403, 528413, 528419, 528433, 528469, 528487, 528491, 528509, 528511, 528527, 528559, 528611, 528623, 528629, 528631, 528659, 528667, 528673, 528679, 528691, 528707, 528709, 528719, 528763, 528779, 528791, 528799, 528811, 528821, 528823, 528833, 528863, 528877, 528881, 528883, 528911, 528929, 528947, 528967, 528971, 528973, 528991, 529003, 529007, 529027, 529033, 529037, 529043, 529049, 529051, 529097, 529103, 529117, 529121, 529127, 529129, 529153, 529157, 529181, 529183, 529213, 529229, 529237, 529241, 529259, 529271, 529273, 529301, 529307, 529313, 529327, 529343, 529349, 529357, 529381, 529393, 529411, 529421, 529423, 529471, 529489, 529513, 529517, 529519, 529531, 529547, 529577, 529579, 529603, 529619, 529637, 529649, 529657, 529673, 529681, 529687, 529691, 529693, 529709, 529723, 529741, 529747, 529751, 529807, 529811, 529813, 529819, 529829, 529847, 529871, 529927, 529933, 529939, 529957, 529961, 529973, 529979, 529981, 529987, 529999, 530017, 530021, 530027, 530041, 530051, 530063, 530087, 530093, 530129, 530137, 530143, 530177, 530183, 530197, 530203, 530209, 530227, 530237, 530249, 530251, 530261, 530267, 530279, 530293, 530297, 530303, 530329, 530333, 530339, 530353, 530359, 530389, 530393, 530401, 530429, 530443, 530447, 530501, 530507, 530513, 530527, 530531, 530533, 530539, 530549, 530567, 530597, 530599, 530603, 530609, 530641, 530653, 530659, 530669, 530693, 530701, 530711, 530713, 530731, 530741, 530743, 530753, 530767, 530773, 530797, 530807, 530833, 530837, 530843, 530851, 530857,

530861, 530869, 530897, 530911, 530947, 530969, 530977,
530983, 530989, 531017, 531023, 531043, 531071, 531079,
531101, 531103, 531121, 531133, 531143, 531163, 531169,
531173, 531197, 531203, 531229, 531239, 531253, 531263,
531281, 531287, 531299, 531331, 531337, 531343, 531347,
531353, 531359, 531383, 531457, 531481, 531497, 531521,
531547, 531551, 531569, 531571, 531581, 531589, 531611,
531613, 531623, 531631, 531637, 531667, 531673, 531689,
531701, 531731, 531793, 531799, 531821, 531823, 531827,
531833, 531841, 531847, 531857, 531863, 531871, 531877,
531901, 531911, 531919, 531977, 531983, 531989, 531997,
532001, 532009, 532027, 532033, 532061, 532069, 532093,
532099, 532141, 532153, 532159, 532163, 532183, 532187,
532193, 532199, 532241, 532249, 532261, 532267, 532277,
532283, 532307, 532313, 532327, 532331, 532333, 532349,
532373, 532379, 532391, 532403, 532417, 532421, 532439,
532447, 532451, 532453, 532489, 532501, 532523, 532529,
532531, 532537, 532547, 532561, 532601, 532603, 532607,
532619, 532621, 532633, 532639, 532663, 532669, 532687,
532691, 532709, 532733, 532739, 532751, 532757, 532771,
532781, 532783, 532789, 532801, 532811, 532823, 532849,
532853, 532867, 532907, 532919, 532949, 532951, 532981,
532993, 532999, 533003, 533009, 533011, 533033, 533051,
533053, 533063, 533077, 533089, 533111, 533129, 533149,
533167, 533177, 533189, 533191, 533213, 533219, 533227,
533237, 533249, 533257, 533261, 533263, 533297, 533303,
533317, 533321, 533327, 533353, 533363, 533371, 533389,
533399, 533413, 533447, 533453, 533459, 533509, 533543,
533549, 533573, 533581, 533593, 533633, 533641, 533671,
533693, 533711, 533713, 533719, 533723, 533737, 533747,
533777, 533801, 533809, 533821, 533831, 533837, 533857,
533879, 533887, 533893, 533909, 533921, 533927, 533959,
533963, 533969, 533971, 533989, 533993, 533999, 534007,
534013, 534019, 534029, 534043, 534047, 534049, 534059,
534073, 534077, 534091, 534101, 534113, 534137, 534167,
534173, 534199, 534203, 534211, 534229, 534241, 534253,

534283, 534301, 534307, 534311, 534323, 534329, 534341,
534367, 534371, 534403, 534407, 534431, 534439, 534473,
534491, 534511, 534529, 534553, 534571, 534577, 534581,
534601, 534607, 534617, 534629, 534631, 534637, 534647,
534649, 534659, 534661, 534671, 534697, 534707, 534739,
534799, 534811, 534827, 534839, 534841, 534851, 534857,
534883, 534889, 534913, 534923, 534931, 534943, 534949,
534971, 535013, 535019, 535033, 535037, 535061, 535099,
535103, 535123, 535133, 535151, 535159, 535169, 535181,
535193, 535207, 535219, 535229, 535237, 535243, 535273,
535303, 535319, 535333, 535349, 535351, 535361, 535387,
535391, 535399, 535481, 535487, 535489, 535499, 535511,
535523, 535529, 535547, 535571, 535573, 535589, 535607,
535609, 535627, 535637, 535663, 535669, 535673, 535679,
535697, 535709, 535727, 535741, 535751, 535757, 535771,
535783, 535793, 535811, 535849, 535859, 535861, 535879,
535919, 535937, 535939, 535943, 535957, 535967, 535973,
535991, 535999, 536017, 536023, 536051, 536057, 536059,
536069, 536087, 536099, 536101, 536111, 536141, 536147,
536149, 536189, 536191, 536203, 536213, 536219, 536227,
536233, 536243, 536267, 536273, 536279, 536281, 536287,
536293, 536311, 536323, 536353, 536357, 536377, 536399,
536407, 536423, 536441, 536443, 536447, 536449, 536453,
536461, 536467, 536479, 536491, 536509, 536513, 536531,
536533, 536561, 536563, 536593, 536609, 536621, 536633,
536651, 536671, 536677, 536687, 536699, 536717, 536719,
536729, 536743, 536749, 536771, 536773, 536777, 536779,
536791, 536801, 536803, 536839, 536849, 536857, 536867,
536869, 536891, 536909, 536917, 536923, 536929, 536933,
536947, 536953, 536971, 536989, 536999, 537001, 537007,
537011, 537023, 537029, 537037, 537041, 537067, 537071,
537079, 537091, 537127, 537133, 537143, 537157, 537169,
537181, 537191, 537197, 537221, 537233, 537241, 537269,
537281, 537287, 537307, 537331, 537343, 537347, 537373,
537379, 537401, 537403, 537413, 537497, 537527, 537547,
537569, 537583, 537587, 537599, 537611, 537637, 537661,

537673, 537679, 537703, 537709, 537739, 537743, 537749,
537769, 537773, 537781, 537787, 537793, 537811, 537841,
537847, 537853, 537877, 537883, 537899, 537913, 537919,
537941, 537991, 538001, 538019, 538049, 538051, 538073,
538079, 538093, 538117, 538121, 538123, 538127, 538147,
538151, 538157, 538159, 538163, 538199, 538201, 538247,
538249, 538259, 538267, 538283, 538297, 538301, 538303,
538309, 538331, 538333, 538357, 538367, 538397, 538399,
538411, 538423, 538457, 538471, 538481, 538487, 538511,
538513, 538519, 538523, 538529, 538553, 538561, 538567,
538579, 538589, 538597, 538621, 538649, 538651, 538697,
538709, 538711, 538721, 538723, 538739, 538751, 538763,
538771, 538777, 538789, 538799, 538801, 538817, 538823,
538829, 538841, 538871, 538877, 538921, 538927, 538931,
538939, 538943, 538987, 539003, 539009, 539039, 539047,
539089, 539093, 539101, 539107, 539111, 539113, 539129,
539141, 539153, 539159, 539167, 539171, 539207, 539219,
539233, 539237, 539261, 539267, 539269, 539293, 539303,
539309, 539311, 539321, 539323, 539339, 539347, 539351,
539389, 539401, 539447, 539449, 539479, 539501, 539503,
539507, 539509, 539533, 539573, 539621, 539629, 539633,
539639, 539641, 539653, 539663, 539677, 539687, 539711,
539713, 539723, 539729, 539743, 539761, 539783, 539797,
539837, 539839, 539843, 539849, 539863, 539881, 539897,
539899, 539921, 539947, 539993, 540041, 540061, 540079,
540101, 540119, 540121, 540139, 540149, 540157, 540167,
540173, 540179, 540181, 540187, 540203, 540217, 540233,
540251, 540269, 540271, 540283, 540301, 540307, 540343,
540347, 540349, 540367, 540373, 540377, 540383, 540389,
540391, 540433, 540437, 540461, 540469, 540509, 540511,
540517, 540539, 540541, 540557, 540559, 540577, 540587,
540599, 540611, 540613, 540619, 540629, 540677, 540679,
540689, 540691, 540697, 540703, 540713, 540751, 540769,
540773, 540779, 540781, 540803, 540809, 540823, 540851,
540863, 540871, 540877, 540901, 540907, 540961, 540989,
541001, 541007, 541027, 541049, 541061, 541087, 541097,

541129, 541133, 541141, 541153, 541181, 541193, 541201,
541217, 541231, 541237, 541249, 541267, 541271, 541283,
541301, 541309, 541339, 541349, 541361, 541363, 541369,
541381, 541391, 541417, 541439, 541447, 541469, 541483,
541507, 541511, 541523, 541529, 541531, 541537, 541543,
541547, 541549, 541571, 541577, 541579, 541589, 541613,
541631, 541657, 541661, 541669, 541693, 541699, 541711,
541721, 541727, 541759, 541763, 541771, 541777, 541781,
541799, 541817, 541831, 541837, 541859, 541889, 541901,
541927, 541951, 541967, 541987, 541991, 541993, 541999,
542021, 542023, 542027, 542053, 542063, 542071, 542081,
542083, 542093, 542111, 542117, 542119, 542123, 542131,
542141, 542149, 542153, 542167, 542183, 542189, 542197,
542207, 542219, 542237, 542251, 542261, 542263, 542281,
542293, 542299, 542323, 542371, 542401, 542441, 542447,
542461, 542467, 542483, 542489, 542497, 542519, 542533,
542537, 542539, 542551, 542557, 542567, 542579, 542587,
542599, 542603, 542683, 542687, 542693, 542713, 542719,
542723, 542747, 542761, 542771, 542783, 542791, 542797,
542821, 542831, 542837, 542873, 542891, 542911, 542921,
542923, 542933, 542939, 542947, 542951, 542981, 542987,
542999, 543017, 543019, 543029, 543061, 543097, 543113,
543131, 543139, 543143, 543149, 543157, 543161, 543163,
543187, 543203, 543217, 543223, 543227, 543233, 543241,
543253, 543259, 543281, 543287, 543289, 543299, 543307,
543311, 543313, 543341, 543349, 543353, 543359, 543379,
543383, 543407, 543427, 543463, 543497, 543503, 543509,
543539, 543551, 543553, 543593, 543601, 543607, 543611,
543617, 543637, 543659, 543661, 543671, 543679, 543689,
543703, 543707, 543713, 543769, 543773, 543787, 543791,
543793, 543797, 543811, 543827, 543841, 543853, 543857,
543859, 543871, 543877, 543883, 543887, 543889, 543901,
543911, 543929, 543967, 543971, 543997, 544001, 544007,
544009, 544013, 544021, 544031, 544097, 544099, 544109,
544123, 544129, 544133, 544139, 544171, 544177, 544183,
544199, 544223, 544259, 544273, 544277, 544279, 544367,

544373, 544399, 544403, 544429, 544451, 544471, 544477,
544487, 544501, 544513, 544517, 544543, 544549, 544601,
544613, 544627, 544631, 544651, 544667, 544699, 544717,
544721, 544723, 544727, 544757, 544759, 544771, 544781,
544793, 544807, 544813, 544837, 544861, 544877, 544879,
544883, 544889, 544897, 544903, 544919, 544927, 544937,
544961, 544963, 544979, 545023, 545029, 545033, 545057,
545063, 545087, 545089, 545093, 545117, 545131, 545141,
545143, 545161, 545189, 545203, 545213, 545231, 545239,
545257, 545267, 545291, 545329, 545371, 545387, 545429,
545437, 545443, 545449, 545473, 545477, 545483, 545497,
545521, 545527, 545533, 545543, 545549, 545551, 545579,
545599, 545609, 545617, 545621, 545641, 545647, 545651,
545663, 545711, 545723, 545731, 545747, 545749, 545759,
545773, 545789, 545791, 545827, 545843, 545863, 545873,
545893, 545899, 545911, 545917, 545929, 545933, 545939,
545947, 545959, 546001, 546017, 546019, 546031, 546047,
546053, 546067, 546071, 546097, 546101, 546103, 546109,
546137, 546149, 546151, 546173, 546179, 546197, 546211,
546233, 546239, 546241, 546253, 546263, 546283, 546289,
546317, 546323, 546341, 546349, 546353, 546361, 546367,
546373, 546391, 546461, 546467, 546479, 546509, 546523,
546547, 546569, 546583, 546587, 546599, 546613, 546617,
546619, 546631, 546643, 546661, 546671, 546677, 546683,
546691, 546709, 546719, 546731, 546739, 546781, 546841,
546859, 546863, 546869, 546881, 546893, 546919, 546937,
546943, 546947, 546961, 546967, 546977, 547007, 547021,
547037, 547061, 547087, 547093, 547097, 547103, 547121,
547133, 547139, 547171, 547223, 547229, 547237, 547241,
547249, 547271, 547273, 547291, 547301, 547321, 547357,
547361, 547363, 547369, 547373, 547387, 547397, 547399,
547411, 547441, 547453, 547471, 547483, 547487, 547493,
547499, 547501, 547513, 547529, 547537, 547559, 547567,
547577, 547583, 547601, 547609, 547619, 547627, 547639,
547643, 547661, 547663, 547681, 547709, 547727, 547741,
547747, 547753, 547763, 547769, 547787, 547817, 547819,

547823, 547831, 547849, 547853, 547871, 547889, 547901,
547909, 547951, 547957, 547999, 548003, 548039, 548059,
548069, 548083, 548089, 548099, 548117, 548123, 548143,
548153, 548189, 548201, 548213, 548221, 548227, 548239,
548243, 548263, 548291, 548309, 548323, 548347, 548351,
548363, 548371, 548393, 548399, 548407, 548417, 548423,
548441, 548453, 548459, 548461, 548489, 548501, 548503,
548519, 548521, 548533, 548543, 548557, 548567, 548579,
548591, 548623, 548629, 548657, 548671, 548677, 548687,
548693, 548707, 548719, 548749, 548753, 548761, 548771,
548783, 548791, 548827, 548831, 548833, 548837, 548843,
548851, 548861, 548869, 548893, 548897, 548903, 548909,
548927, 548953, 548957, 548963, 549001, 549011, 549013,
549019, 549023, 549037, 549071, 549089, 549091, 549097,
549121, 549139, 549149, 549161, 549163, 549167, 549169,
549193, 549203, 549221, 549229, 549247, 549257, 549259,
549281, 549313, 549319, 549323, 549331, 549379, 549391,
549403, 549421, 549431, 549443, 549449, 549481, 549503,
549509, 549511, 549517, 549533, 549547, 549551, 549553,
549569, 549587, 549589, 549607, 549623, 549641, 549643,
549649, 549667, 549683, 549691, 549701, 549707, 549713,
549719, 549733, 549737, 549739, 549749, 549751, 549767,
549817, 549833, 549839, 549863, 549877, 549883, 549911,
549937, 549943, 549949, 549977, 549979, 550007, 550009,
550027, 550049, 550061, 550063, 550073, 550111, 550117,
550127, 550129, 550139, 550163, 550169, 550177, 550181,
550189, 550211, 550213, 550241, 550267, 550279, 550283,
550289, 550309, 550337, 550351, 550369, 550379, 550427,
550439, 550441, 550447, 550457, 550469, 550471, 550489,
550513, 550519, 550531, 550541, 550553, 550577, 550607,
550609, 550621, 550631, 550637, 550651, 550657, 550661,
550663, 550679, 550691, 550703, 550717, 550721, 550733,
550757, 550763, 550789, 550801, 550811, 550813, 550831,
550841, 550843, 550859, 550861, 550903, 550909, 550937,
550939, 550951, 550961, 550969, 550973, 550993, 550997,
551003, 551017, 551027, 551039, 551059, 551063, 551069,

551093, 551099, 551107, 551113, 551129, 551143, 551179, 551197, 551207, 551219, 551231, 551233, 551269, 551281, 551297, 551311, 551321, 551339, 551347, 551363, 551381, 551387, 551407, 551423, 551443, 551461, 551483, 551489, 551503, 551519, 551539, 551543, 551549, 551557, 551569, 551581, 551587, 551597, 551651, 551653, 551659, 551671, 551689, 551693, 551713, 551717, 551723, 551729, 551731, 551743, 551753, 551767, 551773, 551801, 551809, 551813, 551843, 551849, 551861, 551909, 551911, 551917, 551927, 551933, 551951, 551959, 551963, 551981, 552001, 552011, 552029, 552031, 552047, 552053, 552059, 552089, 552091, 552103, 552107, 552113, 552127, 552137, 552179, 552193, 552217, 552239, 552241, 552259, 552263, 552271, 552283, 552301, 552317, 552341, 552353, 552379, 552397, 552401, 552403, 552469, 552473, 552481, 552491, 552493, 552511, 552523, 552527, 552553, 552581, 552583, 552589, 552611, 552649, 552659, 552677, 552703, 552707, 552709, 552731, 552749, 552751, 552757, 552787, 552791, 552793, 552809, 552821, 552833, 552841, 552847, 552859, 552883, 552887, 552899, 552913, 552917, 552971, 552983, 552991, 553013, 553037, 553043, 553051, 553057, 553067, 553073, 553093, 553097, 553099, 553103, 553123, 553139, 553141, 553153, 553171, 553181, 553193, 553207, 553211, 553229, 553249, 553253, 553277, 553279, 553309, 553351, 553363, 553369, 553411, 553417, 553433, 553439, 553447, 553457, 553463, 553471, 553481, 553507, 553513, 553517, 553529, 553543, 553549, 553561, 553573, 553583, 553589, 553591, 553601, 553607, 553627, 553643, 553649, 553667, 553681, 553687, 553699, 553703, 553727, 553733, 553747, 553757, 553759, 553769, 553789, 553811, 553837, 553849, 553867, 553873, 553897, 553901, 553919, 553921, 553933, 553961, 553963, 553981, 553991, 554003, 554011, 554017, 554051, 554077, 554087, 554089, 554117, 554123, 554129, 554137, 554167, 554171, 554179, 554189, 554207, 554209, 554233, 554237, 554263, 554269, 554293, 554299, 554303, 554317, 554347, 554377, 554383, 554417, 554419, 554431, 554447, 554453,

554467, 554503, 554527, 554531, 554569, 554573, 554597,
554611, 554627, 554633, 554639, 554641, 554663, 554669,
554677, 554699, 554707, 554711, 554731, 554747, 554753,
554759, 554767, 554779, 554789, 554791, 554797, 554803,
554821, 554833, 554837, 554839, 554843, 554849, 554887,
554891, 554893, 554899, 554923, 554927, 554951, 554959,
554969, 554977, 555029, 555041, 555043, 555053, 555073,
555077, 555083, 555091, 555097, 555109, 555119, 555143,
555167, 555209, 555221, 555251, 555253, 555257, 555277,
555287, 555293, 555301, 555307, 555337, 555349, 555361,
555383, 555391, 555419, 555421, 555439, 555461, 555487,
555491, 555521, 555523, 555557, 555589, 555593, 555637,
555661, 555671, 555677, 555683, 555691, 555697, 555707,
555739, 555743, 555761, 555767, 555823, 555827, 555829,
555853, 555857, 555871, 555931, 555941, 555953, 555967,
556007, 556021, 556027, 556037, 556043, 556051, 556067,
556069, 556093, 556103, 556123, 556159, 556177, 556181,
556211, 556219, 556229, 556243, 556253, 556261, 556267,
556271, 556273, 556279, 556289, 556313, 556321, 556327,
556331, 556343, 556351, 556373, 556399, 556403, 556441,
556459, 556477, 556483, 556487, 556513, 556519, 556537,
556559, 556573, 556579, 556583, 556601, 556607, 556609,
556613, 556627, 556639, 556651, 556679, 556687, 556691,
556693, 556697, 556709, 556723, 556727, 556741, 556753,
556763, 556769, 556781, 556789, 556793, 556799, 556811,
556817, 556819, 556823, 556841, 556849, 556859, 556861,
556867, 556883, 556891, 556931, 556939, 556943, 556957,
556967, 556981, 556987, 556999, 557017, 557021, 557027,
557033, 557041, 557057, 557059, 557069, 557087, 557093,
557153, 557159, 557197, 557201, 557261, 557269, 557273,
557281, 557303, 557309, 557321, 557329, 557339, 557369,
557371, 557377, 557423, 557443, 557449, 557461, 557483,
557489, 557519, 557521, 557533, 557537, 557551, 557567,
557573, 557591, 557611, 557633, 557639, 557663, 557671,
557693, 557717, 557729, 557731, 557741, 557743, 557747,
557759, 557761, 557779, 557789, 557801, 557803, 557831,

557857, 557861, 557863, 557891, 557899, 557903, 557927,
557981, 557987, 558007, 558017, 558029, 558053, 558067,
558083, 558091, 558109, 558113, 558121, 558139, 558149,
558167, 558179, 558197, 558203, 558209, 558223, 558241,
558251, 558253, 558287, 558289, 558307, 558319, 558343,
558401, 558413, 558421, 558427, 558431, 558457, 558469,
558473, 558479, 558491, 558497, 558499, 558521, 558529,
558533, 558539, 558541, 558563, 558583, 558587, 558599,
558611, 558629, 558643, 558661, 558683, 558703, 558721,
558731, 558757, 558769, 558781, 558787, 558791, 558793,
558827, 558829, 558863, 558869, 558881, 558893, 558913,
558931, 558937, 558947, 558973, 558979, 558997, 559001,
559049, 559051, 559067, 559081, 559093, 559099, 559123,
559133, 559157, 559177, 559183, 559201, 559211, 559213,
559217, 559219, 559231, 559243, 559259, 559277, 559297,
559313, 559319, 559343, 559357, 559367, 559369, 559397,
559421, 559451, 559459, 559469, 559483, 559511, 559513,
559523, 559529, 559541, 559547, 559549, 559561, 559571,
559577, 559583, 559591, 559597, 559631, 559633, 559639,
559649, 559667, 559673, 559679, 559687, 559703, 559709,
559739, 559747, 559777, 559781, 559799, 559807, 559813,
559831, 559841, 559849, 559859, 559877, 559883, 559901,
559907, 559913, 559939, 559967, 559973, 559991, 560017,
560023, 560029, 560039, 560047, 560081, 560083, 560089,
560093, 560107, 560113, 560117, 560123, 560137, 560149,
560159, 560171, 560173, 560179, 560191, 560207, 560213,
560221, 560227, 560233, 560237, 560239, 560243, 560249,
560281, 560293, 560297, 560299, 560311, 560317, 560341,
560353, 560393, 560411, 560437, 560447, 560459, 560471,
560477, 560479, 560489, 560491, 560501, 560503, 560531,
560543, 560551, 560561, 560597, 560617, 560621, 560639,
560641, 560653, 560669, 560683, 560689, 560701, 560719,
560737, 560753, 560761, 560767, 560771, 560783, 560797,
560803, 560827, 560837, 560863, 560869, 560873, 560887,
560891, 560893, 560897, 560929, 560939, 560941, 560969,
560977, 561019, 561047, 561053, 561059, 561061, 561079,

561083, 561091, 561097, 561101, 561103, 561109, 561161,
561173, 561181, 561191, 561199, 561229, 561251, 561277,
561307, 561313, 561343, 561347, 561359, 561367, 561373,
561377, 561389, 561409, 561419, 561439, 561461, 561521,
561529, 561551, 561553, 561559, 561599, 561607, 561667,
561703, 561713, 561733, 561761, 561767, 561787, 561797,
561809, 561829, 561839, 561907, 561917, 561923, 561931,
561943, 561947, 561961, 561973, 561983, 561997, 562007,
562019, 562021, 562043, 562091, 562103, 562129, 562147,
562169, 562181, 562193, 562201, 562231, 562259, 562271,
562273, 562283, 562291, 562297, 562301, 562307, 562313,
562333, 562337, 562349, 562351, 562357, 562361, 562399,
562403, 562409, 562417, 562421, 562427, 562439, 562459,
562477, 562493, 562501, 562517, 562519, 562537, 562577,
562579, 562589, 562591, 562607, 562613, 562621, 562631,
562633, 562651, 562663, 562669, 562673, 562691, 562693,
562699, 562703, 562711, 562721, 562739, 562753, 562759,
562763, 562781, 562789, 562813, 562831, 562841, 562871,
562897, 562901, 562909, 562931, 562943, 562949, 562963,
562967, 562973, 562979, 562987, 562997, 563009, 563011,
563021, 563039, 563041, 563047, 563051, 563077, 563081,
563099, 563113, 563117, 563119, 563131, 563149, 563153,
563183, 563197, 563219, 563249, 563263, 563287, 563327,
563351, 563357, 563359, 563377, 563401, 563411, 563413,
563417, 563419, 563447, 563449, 563467, 563489, 563501,
563503, 563543, 563551, 563561, 563587, 563593, 563599,
563623, 563657, 563663, 563723, 563743, 563747, 563777,
563809, 563813, 563821, 563831, 563837, 563851, 563869,
563881, 563887, 563897, 563929, 563933, 563947, 563971,
563987, 563999, 564013, 564017, 564041, 564049, 564059,
564061, 564089, 564097, 564103, 564127, 564133, 564149,
564163, 564173, 564191, 564197, 564227, 564229, 564233,
564251, 564257, 564269, 564271, 564299, 564301, 564307,
564313, 564323, 564353, 564359, 564367, 564371, 564373,
564391, 564401, 564407, 564409, 564419, 564437, 564449,
564457, 564463, 564467, 564491, 564497, 564523, 564533,

564593, 564607, 564617, 564643, 564653, 564667, 564671,
564679, 564701, 564703, 564709, 564713, 564761, 564779,
564793, 564797, 564827, 564871, 564881, 564899, 564917,
564919, 564923, 564937, 564959, 564973, 564979, 564983,
564989, 564997, 565013, 565039, 565049, 565057, 565069,
565109, 565111, 565127, 565163, 565171, 565177, 565183,
565189, 565207, 565237, 565241, 565247, 565259, 565261,
565273, 565283, 565289, 565303, 565319, 565333, 565337,
565343, 565361, 565379, 565381, 565387, 565391, 565393,
565427, 565429, 565441, 565451, 565463, 565469, 565483,
565489, 565507, 565511, 565517, 565519, 565549, 565553,
565559, 565567, 565571, 565583, 565589, 565597, 565603,
565613, 565637, 565651, 565661, 565667, 565723, 565727,
565769, 565771, 565787, 565793, 565813, 565849, 565867,
565889, 565891, 565907, 565909, 565919, 565921, 565937,
565973, 565979, 565997, 566011, 566023, 566047, 566057,
566077, 566089, 566101, 566107, 566131, 566149, 566161,
566173, 566179, 566183, 566201, 566213, 566227, 566231,
566233, 566273, 566311, 566323, 566347, 566387, 566393,
566413, 566417, 566429, 566431, 566437, 566441, 566443,
566453, 566521, 566537, 566539, 566543, 566549, 566551,
566557, 566563, 566567, 566617, 566633, 566639, 566653,
566659, 566677, 566681, 566693, 566701, 566707, 566717,
566719, 566723, 566737, 566759, 566767, 566791, 566821,
566833, 566851, 566857, 566879, 566911, 566939, 566947,
566963, 566971, 566977, 566987, 566999, 567011, 567013,
567031, 567053, 567059, 567067, 567097, 567101, 567107,
567121, 567143, 567179, 567181, 567187, 567209, 567257,
567263, 567277, 567319, 567323, 567367, 567377, 567383,
567389, 567401, 567407, 567439, 567449, 567451, 567467,
567487, 567493, 567499, 567527, 567529, 567533, 567569,
567601, 567607, 567631, 567649, 567653, 567659, 567661,
567667, 567673, 567689, 567719, 567737, 567751, 567761,
567767, 567779, 567793, 567811, 567829, 567841, 567857,
567863, 567871, 567877, 567881, 567883, 567899, 567937,
567943, 567947, 567949, 567961, 567979, 567991, 567997,

568019, 568027, 568033, 568049, 568069, 568091, 568097,
568109, 568133, 568151, 568153, 568163, 568171, 568177,
568187, 568189, 568193, 568201, 568207, 568231, 568237,
568241, 568273, 568279, 568289, 568303, 568349, 568363,
568367, 568387, 568391, 568433, 568439, 568441, 568453,
568471, 568481, 568493, 568523, 568541, 568549, 568577,
568609, 568619, 568627, 568643, 568657, 568669, 568679,
568691, 568699, 568709, 568723, 568751, 568783, 568787,
568807, 568823, 568831, 568853, 568877, 568891, 568903,
568907, 568913, 568921, 568963, 568979, 568987, 568991,
568999, 569003, 569011, 569021, 569047, 569053, 569057,
569071, 569077, 569081, 569083, 569111, 569117, 569137,
569141, 569159, 569161, 569189, 569197, 569201, 569209,
569213, 569237, 569243, 569249, 569251, 569263, 569267,
569269, 569321, 569323, 569369, 569417, 569419, 569423,
569431, 569447, 569461, 569479, 569497, 569507, 569533,
569573, 569579, 569581, 569599, 569603, 569609, 569617,
569623, 569659, 569663, 569671, 569683, 569711, 569713,
569717, 569729, 569731, 569747, 569759, 569771, 569773,
569797, 569809, 569813, 569819, 569831, 569839, 569843,
569851, 569861, 569869, 569887, 569893, 569897, 569903,
569927, 569939, 569957, 569983, 570001, 570013, 570029,
570041, 570043, 570047, 570049, 570071, 570077, 570079,
570083, 570091, 570107, 570109, 570113, 570131, 570139,
570161, 570173, 570181, 570191, 570217, 570221, 570233,
570253, 570329, 570359, 570373, 570379, 570389, 570391,
570403, 570407, 570413, 570419, 570421, 570461, 570463,
570467, 570487, 570491, 570497, 570499, 570509, 570511,
570527, 570529, 570539, 570547, 570553, 570569, 570587,
570601, 570613, 570637, 570643, 570649, 570659, 570667,
570671, 570677, 570683, 570697, 570719, 570733, 570737,
570743, 570781, 570821, 570827, 570839, 570841, 570851,
570853, 570859, 570881, 570887, 570901, 570919, 570937,
570949, 570959, 570961, 570967, 570991, 571001, 571019,
571031, 571037, 571049, 571069, 571093, 571099, 571111,
571133, 571147, 571157, 571163, 571199, 571201, 571211,

571223, 571229, 571231, 571261, 571267, 571279, 571303,
571321, 571331, 571339, 571369, 571381, 571397, 571399,
571409, 571433, 571453, 571471, 571477, 571531, 571541,
571579, 571583, 571589, 571601, 571603, 571633, 571657,
571673, 571679, 571699, 571709, 571717, 571721, 571741,
571751, 571759, 571777, 571783, 571789, 571799, 571801,
571811, 571841, 571847, 571853, 571861, 571867, 571871,
571873, 571877, 571903, 571933, 571939, 571969, 571973,
572023, 572027, 572041, 572051, 572053, 572059, 572063,
572069, 572087, 572093, 572107, 572137, 572161, 572177,
572179, 572183, 572207, 572233, 572239, 572251, 572269,
572281, 572303, 572311, 572321, 572323, 572329, 572333,
572357, 572387, 572399, 572417, 572419, 572423, 572437,
572449, 572461, 572471, 572479, 572491, 572497, 572519,
572521, 572549, 572567, 572573, 572581, 572587, 572597,
572599, 572609, 572629, 572633, 572639, 572651, 572653,
572657, 572659, 572683, 572687, 572699, 572707, 572711,
572749, 572777, 572791, 572801, 572807, 572813, 572821,
572827, 572833, 572843, 572867, 572879, 572881, 572903,
572909, 572927, 572933, 572939, 572941, 572963, 572969,
572993, 573007, 573031, 573047, 573101, 573107, 573109,
573119, 573143, 573161, 573163, 573179, 573197, 573247,
573253, 573263, 573277, 573289, 573299, 573317, 573329,
573341, 573343, 573371, 573379, 573383, 573409, 573437,
573451, 573457, 573473, 573479, 573481, 573487, 573493,
573497, 573509, 573511, 573523, 573527, 573557, 573569,
573571, 573637, 573647, 573673, 573679, 573691, 573719,
573737, 573739, 573757, 573761, 573763, 573787, 573791,
573809, 573817, 573829, 573847, 573851, 573863, 573871,
573883, 573887, 573899, 573901, 573929, 573941, 573953,
573967, 573973, 573977, 574003, 574031, 574033, 574051,
574061, 574081, 574099, 574109, 574127, 574157, 574159,
574163, 574169, 574181, 574183, 574201, 574219, 574261,
574279, 574283, 574289, 574297, 574307, 574309, 574363,
574367, 574373, 574393, 574423, 574429, 574433, 574439,
574477, 574489, 574493, 574501, 574507, 574529, 574543,

574547, 574597, 574619, 574621, 574627, 574631, 574643,
574657, 574667, 574687, 574699, 574703, 574711, 574723,
574727, 574733, 574741, 574789, 574799, 574801, 574813,
574817, 574859, 574907, 574913, 574933, 574939, 574949,
574963, 574967, 574969, 575009, 575027, 575033, 575053,
575063, 575077, 575087, 575119, 575123, 575129, 575131,
575137, 575153, 575173, 575177, 575203, 575213, 575219,
575231, 575243, 575249, 575251, 575257, 575261, 575303,
575317, 575359, 575369, 575371, 575401, 575417, 575429,
575431, 575441, 575473, 575479, 575489, 575503, 575513,
575551, 575557, 575573, 575579, 575581, 575591, 575593,
575611, 575623, 575647, 575651, 575669, 575677, 575689,
575693, 575699, 575711, 575717, 575723, 575747, 575753,
575777, 575791, 575821, 575837, 575849, 575857, 575863,
575867, 575893, 575903, 575921, 575923, 575941, 575957,
575959, 575963, 575987, 576001, 576013, 576019, 576029,
576031, 576041, 576049, 576089, 576101, 576119, 576131,
576151, 576161, 576167, 576179, 576193, 576203, 576211,
576217, 576221, 576223, 576227, 576287, 576293, 576299,
576313, 576319, 576341, 576377, 576379, 576391, 576421,
576427, 576431, 576439, 576461, 576469, 576473, 576493,
576509, 576523, 576529, 576533, 576539, 576551, 576553,
576577, 576581, 576613, 576617, 576637, 576647, 576649,
576659, 576671, 576677, 576683, 576689, 576701, 576703,
576721, 576727, 576731, 576739, 576743, 576749, 576757,
576769, 576787, 576791, 576881, 576883, 576889, 576899,
576943, 576949, 576967, 576977, 577007, 577009, 577033,
577043, 577063, 577067, 577069, 577081, 577097, 577111,
577123, 577147, 577151, 577153, 577169, 577177, 577193,
577219, 577249, 577259, 577271, 577279, 577307, 577327,
577331, 577333, 577349, 577351, 577363, 577387, 577397,
577399, 577427, 577453, 577457, 577463, 577471, 577483,
577513, 577517, 577523, 577529, 577531, 577537, 577547,
577559, 577573, 577589, 577601, 577613, 577627, 577637,
577639, 577667, 577721, 577739, 577751, 577757, 577781,
577799, 577807, 577817, 577831, 577849, 577867, 577873,

577879, 577897, 577901, 577909, 577919, 577931, 577937,
577939, 577957, 577979, 577981, 578021, 578029, 578041,
578047, 578063, 578077, 578093, 578117, 578131, 578167,
578183, 578191, 578203, 578209, 578213, 578251, 578267,
578297, 578299, 578309, 578311, 578317, 578327, 578353,
578363, 578371, 578399, 578401, 578407, 578419, 578441,
578453, 578467, 578477, 578483, 578489, 578497, 578503,
578509, 578533, 578537, 578563, 578573, 578581, 578587,
578597, 578603, 578609, 578621, 578647, 578659, 578687,
578689, 578693, 578701, 578719, 578729, 578741, 578777,
578779, 578789, 578803, 578819, 578821, 578827, 578839,
578843, 578857, 578861, 578881, 578917, 578923, 578957,
578959, 578971, 578999, 579011, 579017, 579023, 579053,
579079, 579083, 579107, 579113, 579119, 579133, 579179,
579197, 579199, 579239, 579251, 579259, 579263, 579277,
579281, 579283, 579287, 579311, 579331, 579353, 579379,
579407, 579409, 579427, 579433, 579451, 579473, 579497,
579499, 579503, 579517, 579521, 579529, 579533, 579539,
579541, 579563, 579569, 579571, 579583, 579587, 579611,
579613, 579629, 579637, 579641, 579643, 579653, 579673,
579701, 579707, 579713, 579721, 579737, 579757, 579763,
579773, 579779, 579809, 579829, 579851, 579869, 579877,
579881, 579883, 579893, 579907, 579947, 579949, 579961,
579967, 579973, 579983, 580001, 580031, 580033, 580079,
580081, 580093, 580133, 580163, 580169, 580183, 580187,
580201, 580213, 580219, 580231, 580259, 580291, 580301,
580303, 580331, 580339, 580343, 580357, 580361, 580373,
580379, 580381, 580409, 580417, 580471, 580477, 580487,
580513, 580529, 580549, 580553, 580561, 580577, 580607,
580627, 580631, 580633, 580639, 580663, 580673, 580687,
580691, 580693, 580711, 580717, 580733, 580747, 580757,
580759, 580763, 580787, 580793, 580807, 580813, 580837,
580843, 580859, 580871, 580889, 580891, 580901, 580913,
580919, 580927, 580939, 580969, 580981, 580997, 581029,
581041, 581047, 581069, 581071, 581089, 581099, 581101,
581137, 581143, 581149, 581171, 581173, 581177, 581183,

581197, 581201, 581227, 581237, 581239, 581261, 581263,
581293, 581303, 581311, 581323, 581333, 581341, 581351,
581353, 581369, 581377, 581393, 581407, 581411, 581429,
581443, 581447, 581459, 581473, 581491, 581521, 581527,
581549, 581551, 581557, 581573, 581597, 581599, 581617,
581639, 581657, 581663, 581683, 581687, 581699, 581701,
581729, 581731, 581743, 581753, 581767, 581773, 581797,
581809, 581821, 581843, 581857, 581863, 581869, 581873,
581891, 581909, 581921, 581941, 581947, 581953, 581981,
581983, 582011, 582013, 582017, 582031, 582037, 582067,
582083, 582119, 582137, 582139, 582157, 582161, 582167,
582173, 582181, 582203, 582209, 582221, 582223, 582227,
582247, 582251, 582299, 582317, 582319, 582371, 582391,
582409, 582419, 582427, 582433, 582451, 582457, 582469,
582499, 582509, 582511, 582541, 582551, 582563, 582587,
582601, 582623, 582643, 582649, 582677, 582689, 582691,
582719, 582721, 582727, 582731, 582737, 582761, 582763,
582767, 582773, 582781, 582793, 582809, 582821, 582851,
582853, 582859, 582887, 582899, 582931, 582937, 582949,
582961, 582971, 582973, 582983, 583007, 583013, 583019,
583021, 583031, 583069, 583087, 583127, 583139, 583147,
583153, 583169, 583171, 583181, 583189, 583207, 583213,
583229, 583237, 583249, 583267, 583273, 583279, 583291,
583301, 583337, 583339, 583351, 583367, 583391, 583397,
583403, 583409, 583417, 583421, 583447, 583459, 583469,
583481, 583493, 583501, 583511, 583519, 583523, 583537,
583543, 583577, 583603, 583613, 583619, 583621, 583631,
583651, 583657, 583669, 583673, 583697, 583727, 583733,
583753, 583769, 583777, 583783, 583789, 583801, 583841,
583853, 583859, 583861, 583873, 583879, 583903, 583909,
583937, 583969, 583981, 583991, 583997, 584011, 584027,
584033, 584053, 584057, 584063, 584081, 584099, 584141,
584153, 584167, 584183, 584203, 584249, 584261, 584279,
584281, 584303, 584347, 584357, 584359, 584377, 584387,
584393, 584399, 584411, 584417, 584429, 584447, 584471,
584473, 584509, 584531, 584557, 584561, 584587, 584593,

584599, 584603, 584609, 584621, 584627, 584659, 584663,
584677, 584693, 584699, 584707, 584713, 584719, 584723,
584737, 584767, 584777, 584789, 584791, 584809, 584849,
584863, 584869, 584873, 584879, 584897, 584911, 584917,
584923, 584951, 584963, 584971, 584981, 584993, 584999,
585019, 585023, 585031, 585037, 585041, 585043, 585049,
585061, 585071, 585073, 585077, 585107, 585113, 585119,
585131, 585149, 585163, 585199, 585217, 585251, 585269,
585271, 585283, 585289, 585313, 585317, 585337, 585341,
585367, 585383, 585391, 585413, 585437, 585443, 585461,
585467, 585493, 585503, 585517, 585547, 585551, 585569,
585577, 585581, 585587, 585593, 585601, 585619, 585643,
585653, 585671, 585677, 585691, 585721, 585727, 585733,
585737, 585743, 585749, 585757, 585779, 585791, 585799,
585839, 585841, 585847, 585853, 585857, 585863, 585877,
585881, 585883, 585889, 585899, 585911, 585913, 585917,
585919, 585953, 585989, 585997, 586009, 586037, 586051,
586057, 586067, 586073, 586087, 586111, 586121, 586123,
586129, 586139, 586147, 586153, 586189, 586213, 586237,
586273, 586277, 586291, 586301, 586309, 586319, 586349,
586361, 586363, 586367, 586387, 586403, 586429, 586433,
586457, 586459, 586463, 586471, 586493, 586499, 586501,
586541, 586543, 586567, 586571, 586577, 586589, 586601,
586603, 586609, 586627, 586631, 586633, 586667, 586679,
586693, 586711, 586723, 586741, 586769, 586787, 586793,
586801, 586811, 586813, 586819, 586837, 586841, 586849,
586871, 586897, 586903, 586909, 586919, 586921, 586933,
586939, 586951, 586961, 586973, 586979, 586981, 587017,
587021, 587033, 587051, 587053, 587057, 587063, 587087,
587101, 587107, 587117, 587123, 587131, 587137, 587143,
587149, 587173, 587179, 587189, 587201, 587219, 587263,
587267, 587269, 587281, 587287, 587297, 587303, 587341,
587371, 587381, 587387, 587413, 587417, 587429, 587437,
587441, 587459, 587467, 587473, 587497, 587513, 587519,
587527, 587533, 587539, 587549, 587551, 587563, 587579,
587599, 587603, 587617, 587621, 587623, 587633, 587659,

587669, 587677, 587687, 587693, 587711, 587731, 587737,
587747, 587749, 587753, 587771, 587773, 587789, 587813,
587827, 587833, 587849, 587863, 587887, 587891, 587897,
587927, 587933, 587947, 587959, 587969, 587971, 587987,
587989, 587999, 588011, 588019, 588037, 588043, 588061,
588073, 588079, 588083, 588097, 588113, 588121, 588131,
588151, 588167, 588169, 588173, 588191, 588199, 588229,
588239, 588241, 588257, 588277, 588293, 588311, 588347,
588359, 588361, 588383, 588389, 588397, 588403, 588433,
588437, 588463, 588481, 588493, 588503, 588509, 588517,
588521, 588529, 588569, 588571, 588619, 588631, 588641,
588647, 588649, 588667, 588673, 588683, 588703, 588733,
588737, 588743, 588767, 588773, 588779, 588811, 588827,
588839, 588871, 588877, 588881, 588893, 588911, 588937,
588941, 588947, 588949, 588953, 588977, 589021, 589027,
589049, 589063, 589109, 589111, 589123, 589139, 589159,
589163, 589181, 589187, 589189, 589207, 589213, 589219,
589231, 589241, 589243, 589273, 589289, 589291, 589297,
589327, 589331, 589349, 589357, 589387, 589409, 589439,
589451, 589453, 589471, 589481, 589493, 589507, 589529,
589531, 589579, 589583, 589591, 589601, 589607, 589609,
589639, 589643, 589681, 589711, 589717, 589751, 589753,
589759, 589763, 589783, 589793, 589807, 589811, 589829,
589847, 589859, 589861, 589873, 589877, 589903, 589921,
589933, 589993, 589997, 590021, 590027, 590033, 590041,
590071, 590077, 590099, 590119, 590123, 590129, 590131,
590137, 590141, 590153, 590171, 590201, 590207, 590243,
590251, 590263, 590267, 590269, 590279, 590309, 590321,
590323, 590327, 590357, 590363, 590377, 590383, 590389,
590399, 590407, 590431, 590437, 590489, 590537, 590543,
590567, 590573, 590593, 590599, 590609, 590627, 590641,
590647, 590657, 590659, 590669, 590713, 590717, 590719,
590741, 590753, 590771, 590797, 590809, 590813, 590819,
590833, 590839, 590867, 590899, 590921, 590923, 590929,
590959, 590963, 590983, 590987, 591023, 591053, 591061,
591067, 591079, 591089, 591091, 591113, 591127, 591131,

591137, 591161, 591163, 591181, 591193, 591233, 591259,
591271, 591287, 591289, 591301, 591317, 591319, 591341,
591377, 591391, 591403, 591407, 591421, 591431, 591443,
591457, 591469, 591499, 591509, 591523, 591553, 591559,
591581, 591599, 591601, 591611, 591623, 591649, 591653,
591659, 591673, 591691, 591709, 591739, 591743, 591749,
591751, 591757, 591779, 591791, 591827, 591841, 591847,
591863, 591881, 591887, 591893, 591901, 591937, 591959,
591973, 592019, 592027, 592049, 592057, 592061, 592073,
592087, 592099, 592121, 592129, 592133, 592139, 592157,
592199, 592217, 592219, 592223, 592237, 592261, 592289,
592303, 592307, 592309, 592321, 592337, 592343, 592351,
592357, 592367, 592369, 592387, 592391, 592393, 592429,
592451, 592453, 592463, 592469, 592483, 592489, 592507,
592517, 592531, 592547, 592561, 592577, 592589, 592597,
592601, 592609, 592621, 592639, 592643, 592649, 592661,
592663, 592681, 592693, 592723, 592727, 592741, 592747,
592759, 592763, 592793, 592843, 592849, 592853, 592861,
592873, 592877, 592897, 592903, 592919, 592931, 592939,
592967, 592973, 592987, 592993, 593003, 593029, 593041,
593051, 593059, 593071, 593081, 593083, 593111, 593119,
593141, 593143, 593149, 593171, 593179, 593183, 593207,
593209, 593213, 593227, 593231, 593233, 593251, 593261,
593273, 593291, 593293, 593297, 593321, 593323, 593353,
593381, 593387, 593399, 593401, 593407, 593429, 593447,
593449, 593473, 593479, 593491, 593497, 593501, 593507,
593513, 593519, 593531, 593539, 593573, 593587, 593597,
593603, 593627, 593629, 593633, 593641, 593647, 593651,
593689, 593707, 593711, 593767, 593777, 593783, 593839,
593851, 593863, 593869, 593899, 593903, 593933, 593951,
593969, 593977, 593987, 593993, 594023, 594037, 594047,
594091, 594103, 594107, 594119, 594137, 594151, 594157,
594161, 594163, 594179, 594193, 594203, 594211, 594227,
594241, 594271, 594281, 594283, 594287, 594299, 594311,
594313, 594329, 594359, 594367, 594379, 594397, 594401,
594403, 594421, 594427, 594449, 594457, 594467, 594469,

594499, 594511, 594521, 594523, 594533, 594551, 594563,
594569, 594571, 594577, 594617, 594637, 594641, 594653,
594667, 594679, 594697, 594709, 594721, 594739, 594749,
594751, 594773, 594793, 594821, 594823, 594827, 594829,
594857, 594889, 594899, 594911, 594917, 594929, 594931,
594953, 594959, 594961, 594977, 594989, 595003, 595037,
595039, 595043, 595057, 595069, 595073, 595081, 595087,
595093, 595097, 595117, 595123, 595129, 595139, 595141,
595157, 595159, 595181, 595183, 595201, 595207, 595229,
595247, 595253, 595261, 595267, 595271, 595277, 595291,
595303, 595313, 595319, 595333, 595339, 595351, 595363,
595373, 595379, 595381, 595411, 595451, 595453, 595481,
595513, 595519, 595523, 595547, 595549, 595571, 595577,
595579, 595613, 595627, 595687, 595703, 595709, 595711,
595717, 595733, 595741, 595801, 595807, 595817, 595843,
595873, 595877, 595927, 595939, 595943, 595949, 595951,
595957, 595961, 595963, 595967, 595981, 596009, 596021,
596027, 596047, 596053, 596059, 596069, 596081, 596083,
596093, 596117, 596119, 596143, 596147, 596159, 596179,
596209, 596227, 596231, 596243, 596251, 596257, 596261,
596273, 596279, 596291, 596293, 596317, 596341, 596363,
596369, 596399, 596419, 596423, 596461, 596489, 596503,
596507, 596537, 596569, 596573, 596579, 596587, 596593,
596599, 596611, 596623, 596633, 596653, 596663, 596669,
596671, 596693, 596707, 596737, 596741, 596749, 596767,
596779, 596789, 596803, 596821, 596831, 596839, 596851,
596857, 596861, 596863, 596879, 596899, 596917, 596927,
596929, 596933, 596941, 596963, 596977, 596983, 596987,
597031, 597049, 597053, 597059, 597073, 597127, 597131,
597133, 597137, 597169, 597209, 597221, 597239, 597253,
597263, 597269, 597271, 597301, 597307, 597349, 597353,
597361, 597367, 597383, 597391, 597403, 597407, 597409,
597419, 597433, 597437, 597451, 597473, 597497, 597521,
597523, 597539, 597551, 597559, 597577, 597581, 597589,
597593, 597599, 597613, 597637, 597643, 597659, 597671,
597673, 597677, 597679, 597689, 597697, 597757, 597761,

597767, 597769, 597781, 597803, 597823, 597827, 597833,
597853, 597859, 597869, 597889, 597899, 597901, 597923,
597929, 597967, 597997, 598007, 598049, 598051, 598057,
598079, 598093, 598099, 598123, 598127, 598141, 598151,
598159, 598163, 598187, 598189, 598193, 598219, 598229,
598261, 598303, 598307, 598333, 598363, 598369, 598379,
598387, 598399, 598421, 598427, 598439, 598447, 598457,
598463, 598487, 598489, 598501, 598537, 598541, 598571,
598613, 598643, 598649, 598651, 598657, 598669, 598681,
598687, 598691, 598711, 598721, 598727, 598729, 598777,
598783, 598789, 598799, 598817, 598841, 598853, 598867,
598877, 598883, 598891, 598903, 598931, 598933, 598963,
598967, 598973, 598981, 598987, 598999, 599003, 599009,
599021, 599023, 599069, 599087, 599117, 599143, 599147,
599149, 599153, 599191, 599213, 599231, 599243, 599251,
599273, 599281, 599303, 599309, 599321, 599341, 599353,
599359, 599371, 599383, 599387, 599399, 599407, 599413,
599419, 599429, 599477, 599479, 599491, 599513, 599519,
599537, 599551, 599561, 599591, 599597, 599603, 599611,
599623, 599629, 599657, 599663, 599681, 599693, 599699,
599701, 599713, 599719, 599741, 599759, 599779, 599783,
599803, 599831, 599843, 599857, 599869, 599891, 599899,
599927, 599933, 599939, 599941, 599959, 599983, 599993,
599999, 600011, 600043, 600053, 600071, 600073, 600091,
600101, 600109, 600167, 600169, 600203, 600217, 600221,
600233, 600239, 600241, 600247, 600269, 600283, 600289,
600293, 600307, 600311, 600317, 600319, 600337, 600359,
600361, 600367, 600371, 600401, 600403, 600407, 600421,
600433, 600449, 600451, 600463, 600469, 600487, 600517,
600529, 600557, 600569, 600577, 600601, 600623, 600631,
600641, 600659, 600673, 600689, 600697, 600701, 600703,
600727, 600751, 600791, 600823, 600827, 600833, 600841,
600857, 600877, 600881, 600883, 600889, 600893, 600931,
600947, 600949, 600959, 600961, 600973, 600979, 600983,
601021, 601031, 601037, 601039, 601043, 601061, 601067,
601079, 601093, 601127, 601147, 601187, 601189, 601193,

601201, 601207, 601219, 601231, 601241, 601247, 601259, 601267, 601283, 601291, 601297, 601309, 601313, 601319, 601333, 601339, 601357, 601379, 601397, 601411, 601423, 601439, 601451, 601457, 601487, 601507, 601541, 601543, 601589, 601591, 601607, 601631, 601651, 601669, 601687, 601697, 601717, 601747, 601751, 601759, 601763, 601771, 601801, 601807, 601813, 601819, 601823, 601831, 601849, 601873, 601883, 601889, 601897, 601903, 601943, 601949, 601961, 601969, 601981, 602029, 602033, 602039, 602047, 602057, 602081, 602083, 602087, 602093, 602099, 602111, 602137, 602141, 602143, 602153, 602179, 602197, 602201, 602221, 602227, 602233, 602257, 602267, 602269, 602279, 602297, 602309, 602311, 602317, 602321, 602333, 602341, 602351, 602377, 602383, 602401, 602411, 602431, 602453, 602461, 602477, 602479, 602489, 602501, 602513, 602521, 602543, 602551, 602593, 602597, 602603, 602621, 602627, 602639, 602647, 602677, 602687, 602689, 602711, 602713, 602717, 602729, 602743, 602753, 602759, 602773, 602779, 602801, 602821, 602831, 602839, 602867, 602873, 602887, 602891, 602909, 602929, 602947, 602951, 602971, 602977, 602983, 602999, 603011, 603013, 603023, 603047, 603077, 603091, 603101, 603103, 603131, 603133, 603149, 603173, 603191, 603203, 603209, 603217, 603227, 603257, 603283, 603311, 603319, 603349, 603389, 603391, 603401, 603431, 603443, 603457, 603467, 603487, 603503, 603521, 603523, 603529, 603541, 603553, 603557, 603563, 603569, 603607, 603613, 603623, 603641, 603667, 603679, 603689,
603719, 603731, 603739, 603749, 603761, 603769, 603781, 603791, 603793, 603817, 603821, 603833, 603847, 603851, 603853, 603859, 603881, 603893, 603899, 603901, 603907, 603913, 603917, 603919, 603923, 603931, 603937, 603947, 603949, 603989, 604001, 604007, 604013, 604031, 604057, 604063, 604069, 604073, 604171, 604189, 604223, 604237, 604243, 604249, 604259, 604277, 604291, 604309, 604313, 604319, 604339, 604343, 604349, 604361, 604369, 604379, 604397, 604411, 604427, 604433, 604441, 604477, 604481,

604517, 604529, 604547, 604559, 604579, 604589, 604603,
604609, 604613, 604619, 604649, 604651, 604661, 604697,
604699, 604711, 604727, 604729, 604733, 604753, 604759,
604781, 604787, 604801, 604811, 604819, 604823, 604829,
604837, 604859, 604861, 604867, 604883, 604907, 604931,
604939, 604949, 604957, 604973, 604997, 605009, 605021,
605023, 605039, 605051, 605069, 605071, 605113, 605117,
605123, 605147, 605167, 605173, 605177, 605191, 605221,
605233, 605237, 605239, 605249, 605257, 605261, 605309,
605323, 605329, 605333, 605347, 605369, 605393, 605401,
605411, 605413, 605443, 605471, 605477, 605497, 605503,
605509, 605531, 605533, 605543, 605551, 605573, 605593,
605597, 605599, 605603, 605609, 605617, 605629, 605639,
605641, 605687, 605707, 605719, 605779, 605789, 605809,
605837, 605849, 605861, 605867, 605873, 605879, 605887,
605893, 605909, 605921, 605933, 605947, 605953, 605977,
605987, 605993, 606017, 606029, 606031, 606037, 606041,
606049, 606059, 606077, 606079, 606083, 606091, 606113,
606121, 606131, 606173, 606181, 606223, 606241, 606247,
606251, 606299, 606301, 606311, 606313, 606323, 606341,
606379, 606383, 606413, 606433, 606443, 606449, 606493,
606497, 606503, 606521, 606527, 606539, 606559, 606569,
606581, 606587, 606589, 606607, 606643, 606649, 606653,
606659, 606673, 606721, 606731, 606733, 606737, 606743,
606757, 606791, 606811, 606829, 606833, 606839, 606847,
606857, 606863, 606899, 606913, 606919, 606943, 606959,
606961, 606967, 606971, 606997, 607001, 607003, 607007,
607037, 607043, 607049, 607063, 607067, 607081, 607091,
607093, 607097, 607109, 607127, 607129, 607147, 607151,
607153, 607157, 607163, 607181, 607199, 607213, 607219,
607249, 607253, 607261, 607301, 607303, 607307, 607309,
607319, 607331, 607337, 607339, 607349, 607357, 607363,
607417, 607421, 607423, 607471, 607493, 607517, 607531,
607549, 607573, 607583, 607619, 607627, 607667, 607669,
607681, 607697, 607703, 607721, 607723, 607727, 607741,
607769, 607813, 607819, 607823, 607837, 607843, 607861,

607883, 607889, 607909, 607921, 607931, 607933, 607939,
607951, 607961, 607967, 607991, 607993, 608011, 608029,
608033, 608087, 608089, 608099, 608117, 608123, 608129,
608131, 608147, 608161, 608177, 608191, 608207, 608213,
608269, 608273, 608297, 608299, 608303, 608339, 608347,
608357, 608359, 608369, 608371, 608383, 608389, 608393,
608401, 608411, 608423, 608429, 608431, 608459, 608471,
608483, 608497, 608519, 608521, 608527, 608581, 608591,
608593, 608609, 608611, 608633, 608653, 608659, 608669,
608677, 608693, 608701, 608737, 608743, 608749, 608759,
608767, 608789, 608819, 608831, 608843, 608851, 608857,
608863, 608873, 608887, 608897, 608899, 608903, 608941,
608947, 608953, 608977, 608987, 608989, 608999, 609043,
609047, 609067, 609071, 609079, 609101, 609107, 609113,
609143, 609149, 609163, 609173, 609179, 609199, 609209,
609221, 609227, 609233, 609241, 609253, 609269, 609277,
609283, 609289, 609307, 609313, 609337, 609359, 609361,
609373, 609379, 609391, 609397, 609403, 609407, 609421,
609437, 609443, 609461, 609487, 609503, 609509, 609517,
609527, 609533, 609541, 609571, 609589, 609593, 609599,
609601, 609607, 609613, 609617, 609619, 609641, 609673,
609683, 609701, 609709, 609743, 609751, 609757, 609779,
609781, 609803, 609809, 609821, 609859, 609877, 609887,
609907, 609911, 609913, 609923, 609929, 609979, 609989,
609991, 609997, 610031, 610063, 610081, 610123, 610157,
610163, 610187, 610193, 610199, 610217, 610219, 610229,
610243, 610271, 610279, 610289, 610301, 610327, 610331,
610339, 610391, 610409, 610417, 610429, 610439, 610447,
610457, 610469, 610501, 610523, 610541, 610543, 610553,
610559, 610567, 610579, 610583, 610619, 610633, 610639,
610651, 610661, 610667, 610681, 610699, 610703, 610721,
610733, 610739, 610741, 610763, 610781, 610783, 610787,
610801, 610817, 610823, 610829, 610837, 610843, 610847,
610849, 610867, 610877, 610879, 610891, 610913, 610919,
610921, 610933, 610957, 610969, 610993, 611011, 611027,
611033, 611057, 611069, 611071, 611081, 611101, 611111,

611113, 611131, 611137, 611147, 611189, 611207, 611213,
611257, 611263, 611279, 611293, 611297, 611323, 611333,
611389, 611393, 611411, 611419, 611441, 611449, 611453,
611459, 611467, 611483, 611497, 611531, 611543, 611549,
611551, 611557, 611561, 611587, 611603, 611621, 611641,
611657, 611671, 611693, 611707, 611729, 611753, 611791,
611801, 611803, 611827, 611833, 611837, 611839, 611873,
611879, 611887, 611903, 611921, 611927, 611939, 611951,
611953, 611957, 611969, 611977, 611993, 611999, 612011,
612023, 612037, 612041, 612043, 612049, 612061, 612067,
612071, 612083, 612107, 612109, 612113, 612133, 612137,
612149, 612169, 612173, 612181, 612193, 612217, 612223,
612229, 612259, 612263, 612301, 612307, 612317, 612319,
612331, 612341, 612349, 612371, 612373, 612377, 612383,
612401, 612407, 612439, 612481, 612497, 612511, 612553,
612583, 612589, 612611, 612613, 612637, 612643, 612649,
612671, 612679, 612713, 612719, 612727, 612737, 612751,
612763, 612791, 612797, 612809, 612811, 612817, 612823,
612841, 612847, 612853, 612869, 612877, 612889, 612923,
612929, 612947, 612967, 612971, 612977, 613007, 613009,
613013, 613049, 613061, 613097, 613099, 613141, 613153,
613163, 613169, 613177, 613181, 613189, 613199, 613213,
613219, 613229, 613231, 613243, 613247, 613253, 613267,
613279, 613289, 613297, 613337, 613357, 613363, 613367,
613381, 613421, 613427, 613439, 613441, 613447, 613451,
613463, 613469, 613471, 613493, 613499, 613507, 613523,
613549, 613559, 613573, 613577, 613597, 613607, 613609,
613633, 613637, 613651, 613661, 613667, 613673, 613699,
613733, 613741, 613747, 613759, 613763, 613807, 613813,
613817, 613829, 613841, 613849, 613861, 613883, 613889,
613903, 613957, 613967, 613969, 613981, 613993, 613999,
614041, 614051, 614063, 614071, 614093, 614101, 614113,
614129, 614143, 614147, 614153, 614167, 614177, 614179,
614183, 614219, 614267, 614279, 614291, 614293, 614297,
614321, 614333, 614377, 614387, 614413, 614417, 614437,
614477, 614483, 614503, 614527, 614531, 614543, 614561,

614563, 614569, 614609, 614611, 614617, 614623, 614633,
614639, 614657, 614659, 614671, 614683, 614687, 614693,
614701, 614717, 614729, 614741, 614743, 614749, 614753,
614759, 614773, 614827, 614843, 614849, 614851, 614863,
614881, 614893, 614909, 614917, 614927, 614963, 614981,
614983, 615019, 615031, 615047, 615053, 615067, 615101,
615103, 615107, 615137, 615151, 615161, 615187, 615229,
615233, 615253, 615259, 615269, 615289, 615299, 615313,
615337, 615341, 615343, 615367, 615379, 615389, 615401,
615403, 615413, 615427, 615431, 615437, 615449, 615473,
615479, 615491, 615493, 615497, 615509, 615521, 615539,
615557, 615577, 615599, 615607, 615617, 615623, 615661,
615677, 615679, 615709, 615721, 615731, 615739, 615743,
615749, 615751, 615761, 615767, 615773, 615793, 615799,
615821, 615827, 615829, 615833, 615869, 615883, 615887,
615907, 615919, 615941, 615949, 615971, 615997, 616003,
616027, 616051, 616069, 616073, 616079, 616103, 616111,
616117, 616129, 616139, 616141, 616153, 616157, 616169,
616171, 616181, 616207, 616211, 616219, 616223, 616229,
616243, 616261, 616277, 616289, 616307, 616313, 616321,
616327, 616361, 616367, 616387, 616391, 616393, 616409,
616411, 616433, 616439, 616459, 616463, 616481, 616489,
616501, 616507, 616513, 616519, 616523, 616529, 616537,
616547, 616579, 616589, 616597, 616639, 616643, 616669,
616673, 616703, 616717, 616723, 616729, 616741, 616757,
616769, 616783, 616787, 616789, 616793, 616799, 616829,
616841, 616843, 616849, 616871, 616877, 616897, 616909,
616933, 616943, 616951, 616961, 616991, 616997, 616999,
617011, 617027, 617039, 617051, 617053, 617059, 617077,
617087, 617107, 617119, 617129, 617131, 617147, 617153,
617161, 617189, 617191, 617231, 617233, 617237, 617249,
617257, 617269, 617273, 617293, 617311, 617327, 617333,
617339, 617341, 617359, 617363, 617369, 617387, 617401,
617411, 617429, 617447, 617453, 617467, 617471, 617473,
617479, 617509, 617521, 617531, 617537, 617579, 617587,
617647, 617651, 617657, 617677, 617681, 617689, 617693,

617699, 617707, 617717, 617719, 617723, 617731, 617759,
617761, 617767, 617777, 617791, 617801, 617809, 617819,
617843, 617857, 617873, 617879, 617887, 617917, 617951,
617959, 617963, 617971, 617983, 618029, 618031, 618041,
618049, 618053, 618083, 618119, 618131, 618161, 618173,
618199, 618227, 618229, 618253, 618257, 618269, 618271,
618287, 618301, 618311, 618323, 618329, 618337, 618347,
618349, 618361, 618377, 618407, 618413, 618421, 618437,
618439, 618463, 618509, 618521, 618547, 618559, 618571,
618577, 618581, 618587, 618589, 618593, 618619, 618637,
618643, 618671, 618679, 618703, 618707, 618719, 618799,
618823, 618833, 618841, 618847, 618857, 618859, 618869,
618883, 618913, 618929, 618941, 618971, 618979, 618991,
618997, 619007, 619009, 619019, 619027, 619033, 619057,
619061, 619067, 619079, 619111, 619117, 619139, 619159,
619169, 619181, 619187, 619189, 619207, 619247, 619253,
619261, 619273, 619277, 619279, 619303, 619309, 619313,
619331, 619363, 619373, 619391, 619397, 619471, 619477,
619511, 619537, 619543, 619561, 619573, 619583, 619589,
619603, 619607, 619613, 619621, 619657, 619669, 619681,
619687, 619693, 619711, 619739, 619741, 619753, 619763,
619771, 619793, 619807, 619811, 619813, 619819, 619831,
619841, 619849, 619867, 619897, 619909, 619921, 619967,
619979, 619981, 619987, 619999, 620003, 620029, 620033,
620051, 620099, 620111, 620117, 620159, 620161, 620171,
620183, 620197, 620201, 620227, 620233, 620237, 620239,
620251, 620261, 620297, 620303, 620311, 620317, 620329,
620351, 620359, 620363, 620377, 620383, 620393, 620401,
620413, 620429, 620437, 620441, 620461, 620467, 620491,
620507, 620519, 620531, 620549, 620561, 620567, 620569,
620579, 620603, 620623, 620639, 620647, 620657, 620663,
620671, 620689, 620693, 620717, 620731, 620743, 620759,
620771, 620773, 620777, 620813, 620821, 620827, 620831,
620849, 620869, 620887, 620909, 620911, 620929, 620933,
620947, 620957, 620981, 620999, 621007, 621013, 621017,
621029, 621031, 621043, 621059, 621083, 621097, 621113,

621133, 621139, 621143, 621217, 621223, 621227, 621239,
621241, 621259, 621289, 621301, 621317, 621337, 621343,
621347, 621353, 621359, 621371, 621389, 621419, 621427,
621431, 621443, 621451, 621461, 621473, 621521, 621527,
621541, 621583, 621611, 621617, 621619, 621629, 621631,
621641, 621671, 621679, 621697, 621701, 621703, 621721,
621739, 621749, 621757, 621769, 621779, 621799, 621821,
621833, 621869, 621871, 621883, 621893, 621913, 621923,
621937, 621941, 621983, 621997, 622009, 622019, 622043,
622049, 622051, 622067, 622073, 622091, 622103, 622109,
622123, 622129, 622133, 622151, 622157, 622159, 622177,
622187, 622189, 622241, 622243, 622247, 622249, 622277,
622301, 622313, 622331, 622333, 622337, 622351, 622367,
622397, 622399, 622423, 622477, 622481, 622483, 622493,
622513, 622519, 622529, 622547, 622549, 622561, 622571,
622577, 622603, 622607, 622613, 622619, 622621, 622637,
622639, 622663, 622669, 622709, 622723, 622729, 622751,
622777, 622781, 622793, 622813, 622849, 622861, 622879,
622889, 622901, 622927, 622943, 622957, 622967, 622987,
622997, 623003, 623009, 623017, 623023, 623041, 623057,
623059, 623071, 623107, 623171, 623209, 623221, 623261,
623263, 623269, 623279, 623281, 623291, 623299, 623303,
623321, 623327, 623341, 623351, 623353, 623383, 623387,
623393, 623401, 623417, 623423, 623431, 623437, 623477,
623521, 623531, 623537, 623563, 623591, 623617, 623621,
623633, 623641, 623653, 623669, 623671, 623677, 623681,
623683, 623699, 623717, 623719, 623723, 623729, 623743,
623759, 623767, 623771, 623803, 623839, 623851, 623867,
623869, 623879, 623881, 623893, 623923, 623929, 623933,
623947, 623957, 623963, 623977, 623983, 623989, 624007,
624031, 624037, 624047, 624049, 624067, 624089, 624097,
624119, 624133, 624139, 624149, 624163, 624191, 624199,
624203, 624209, 624229, 624233, 624241, 624251, 624259,
624271, 624277, 624311, 624313, 624319, 624329, 624331,
624347, 624391, 624401, 624419, 624443, 624451, 624467,
624469, 624479, 624487, 624497, 624509, 624517, 624521,

624539, 624541, 624577, 624593, 624599, 624601, 624607,
624643, 624649, 624667, 624683, 624707, 624709, 624721,
624727, 624731, 624737, 624763, 624769, 624787, 624791,
624797, 624803, 624809, 624829, 624839, 624847, 624851,
624859, 624917, 624961, 624973, 624977, 624983, 624997,
625007, 625033, 625057, 625063, 625087, 625103, 625109,
625111, 625129, 625133, 625169, 625171, 625181, 625187,
625199, 625213, 625231, 625237, 625253, 625267, 625279,
625283, 625307, 625319, 625343, 625351, 625367, 625369,
625397, 625409, 625451, 625477, 625483, 625489, 625507,
625517, 625529, 625543, 625589, 625591, 625609, 625621,
625627, 625631, 625637, 625643, 625657, 625661, 625663,
625697, 625699, 625763, 625777, 625789, 625811, 625819,
625831, 625837, 625861, 625871, 625883, 625909, 625913,
625927, 625939, 625943, 625969, 625979, 625997, 626009,
626011, 626033, 626051, 626063, 626113, 626117, 626147,
626159, 626173, 626177, 626189, 626191, 626201, 626207,
626239, 626251, 626261, 626317, 626323, 626333, 626341,
626347, 626363, 626377, 626389, 626393, 626443, 626477,
626489, 626519, 626533, 626539, 626581, 626597, 626599,
626609, 626611, 626617, 626621, 626623, 626627, 626629,
626663, 626683, 626687, 626693, 626701, 626711, 626713,
626723, 626741, 626749, 626761, 626771, 626783, 626797,
626809, 626833, 626837, 626861, 626887, 626917, 626921,
626929, 626947, 626953, 626959, 626963, 626987, 627017,
627041, 627059, 627071, 627073, 627083, 627089, 627091,
627101, 627119, 627131, 627139, 627163, 627169, 627191,
627197, 627217, 627227, 627251, 627257, 627269, 627271,
627293, 627301, 627329, 627349, 627353, 627377, 627379,
627383, 627391, 627433, 627449, 627479, 627481, 627491,
627511, 627541, 627547, 627559, 627593, 627611, 627617,
627619, 627637, 627643, 627659, 627661, 627667, 627673,
627709, 627721, 627733, 627749, 627773, 627787, 627791,
627797, 627799, 627811, 627841, 627859, 627901, 627911,
627919, 627943, 627947, 627953, 627961, 627973, 628013,
628021, 628037, 628049, 628051, 628057, 628063, 628093,

628097, 628127, 628139, 628171, 628183, 628189, 628193,
628207, 628213, 628217, 628219, 628231, 628261, 628267,
628289, 628301, 628319, 628357, 628363, 628373, 628379,
628391, 628399, 628423, 628427, 628447, 628477, 628487,
628493, 628499, 628547, 628561, 628583, 628591, 628651,
628673, 628679, 628681, 628687, 628699, 628709, 628721,
628753, 628757, 628759, 628781, 628783, 628787, 628799,
628801, 628811, 628819, 628841, 628861, 628877, 628909,
628913, 628921, 628937, 628939, 628973, 628993, 628997,
629003, 629009, 629011, 629023, 629029, 629059, 629081,
629113, 629137, 629143, 629171, 629177, 629203, 629243,
629249, 629263, 629281, 629311, 629339, 629341, 629351,
629371, 629381, 629383, 629401, 629411, 629417, 629429,
629449, 629467, 629483, 629491, 629509, 629513, 629537,
629567, 629569, 629591, 629593, 629609, 629611, 629617,
629623, 629653, 629683, 629687, 629689, 629701, 629711,
629723, 629737, 629743, 629747, 629767, 629773, 629779,
629803, 629807, 629819, 629843, 629857, 629861, 629873,
629891, 629897, 629899, 629903, 629921, 629927, 629929,
629939, 629963, 629977, 629987, 629989, 630017, 630023,
630029, 630043, 630067, 630101, 630107, 630127, 630151,
630163, 630167, 630169, 630181, 630193, 630197, 630229,
630247, 630263, 630281, 630299, 630307, 630319, 630349,
630353, 630391, 630433, 630451, 630467, 630473, 630481,
630493, 630521, 630523, 630529, 630559, 630577, 630583,
630587, 630589, 630593, 630607, 630613, 630659, 630677,
630689, 630701, 630709, 630713, 630719, 630733, 630737,
630797, 630803, 630823, 630827, 630841, 630863, 630871,
630893, 630899, 630901, 630907, 630911, 630919, 630941,
630967, 630997, 631003, 631013, 631039, 631061, 631121,
631133, 631139, 631151, 631153, 631157, 631171, 631181,
631187, 631223, 631229, 631247, 631249, 631259, 631271,
631273, 631291, 631307, 631339, 631357, 631361, 631387,
631391, 631399, 631409, 631429, 631453, 631457, 631459,
631469, 631471, 631483, 631487, 631507, 631513, 631529,
631531, 631537, 631549, 631559, 631573, 631577, 631583,

631597, 631613, 631619, 631643, 631667, 631679, 631681,
631711, 631717, 631723, 631733, 631739, 631751, 631753,
631789, 631817, 631819, 631843, 631847, 631853, 631859,
631861, 631867, 631889, 631901, 631903, 631913, 631927,
631931, 631937, 631979, 631987, 631991, 631993, 632029,
632041, 632053, 632081, 632083, 632087, 632089, 632101,
632117, 632123, 632141, 632147, 632153, 632189, 632209,
632221, 632227, 632231, 632251, 632257, 632267, 632273,
632297, 632299, 632321, 632323, 632327, 632329, 632347,
632351, 632353, 632363, 632371, 632381, 632389, 632393,
632447, 632459, 632473, 632483, 632497, 632501, 632503,
632521, 632557, 632561, 632591, 632609, 632623, 632627,
632629, 632647, 632669, 632677, 632683, 632699, 632713,
632717, 632743, 632747, 632773, 632777, 632813, 632839,
632843, 632851, 632857, 632881, 632897, 632911, 632923,
632939, 632941, 632971, 632977, 632987, 632993, 633001,
633013, 633037, 633053, 633067, 633079, 633091, 633133,
633151, 633161, 633187, 633197, 633209, 633221, 633253,
633257, 633263, 633271, 633287, 633307, 633317, 633337,
633359, 633377, 633379, 633383, 633401, 633407, 633427,
633449, 633461, 633463, 633467, 633469, 633473, 633487,
633497, 633559, 633569, 633571, 633583, 633599, 633613,
633623, 633629, 633649, 633653, 633667, 633739, 633751,
633757, 633767, 633781, 633791, 633793, 633797, 633799,
633803, 633823, 633833, 633877, 633883, 633923, 633931,
633937, 633943, 633953, 633961, 633967, 633991, 634003,
634013, 634031, 634061, 634079, 634091, 634097, 634103,
634141, 634157, 634159, 634169, 634177, 634181, 634187,
634199, 634211, 634223, 634237, 634241, 634247, 634261,
634267, 634273, 634279, 634301, 634307, 634313, 634327,
634331, 634343, 634367, 634373, 634397, 634421, 634441,
634471, 634483, 634493, 634499, 634511, 634519, 634523,
634531, 634541, 634567, 634573, 634577, 634597, 634603,
634609, 634643, 634649, 634651, 634679, 634681, 634687,
634703, 634709, 634717, 634727, 634741, 634747, 634757,
634759, 634793, 634807, 634817, 634841, 634853, 634859,

634861, 634871, 634891, 634901, 634903, 634927, 634937, 634939, 634943, 634969, 634979, 635003, 635021, 635039, 635051, 635057, 635087, 635119, 635147, 635149, 635197, 635203, 635207, 635249, 635251, 635263, 635267, 635279, 635287, 635291, 635293, 635309, 635317, 635333, 635339, 635347, 635351, 635353, 635359, 635363, 635387, 635389, 635413, 635423, 635431, 635441, 635449, 635461, 635471, 635483, 635507, 635519, 635527, 635533, 635563, 635567, 635599, 635603, 635617, 635639, 635653, 635659, 635689, 635707, 635711, 635729, 635731, 635737, 635777, 635801, 635809, 635813, 635821, 635837, 635849, 635867, 635879, 635891, 635893, 635909, 635917, 635923, 635939, 635959, 635969, 635977, 635981, 635983, 635989, 636017, 636023, 636043, 636059, 636061, 636071, 636073, 636107, 636109, 636133, 636137, 636149, 636193, 636211, 636217, 636241, 636247, 636257, 636263, 636277, 636283, 636287, 636301, 636313, 636319, 636331, 636343, 636353, 636359, 636403, 636407, 636409, 636421, 636469, 636473, 636499, 636533, 636539, 636541, 636547, 636553, 636563, 636569, 636613, 636619, 636631, 636653, 636673, 636697, 636719, 636721, 636731, 636739, 636749, 636761, 636763, 636773, 636781, 636809, 636817, 636821, 636829, 636851, 636863, 636877, 636917, 636919, 636931, 636947, 636953, 636967, 636983, 636997, 637001, 637003, 637067, 637073, 637079, 637097, 637129, 637139, 637157, 637163, 637171, 637199, 637201, 637229, 637243, 637271, 637277, 637283, 637291, 637297, 637309, 637319, 637321, 637327, 637337, 637339, 637349, 637369, 637379, 637409, 637421, 637423, 637447, 637459, 637463, 637471, 637489, 637499, 637513, 637519, 637529, 637531, 637543, 637573, 637597, 637601, 637603, 637607, 637627, 637657, 637669, 637691, 637699, 637709, 637711, 637717, 637723, 637727, 637729, 637751, 637771, 637781, 637783, 637787, 637817, 637829, 637831, 637841, 637873, 637883, 637909, 637933, 637937, 637939, 638023, 638047, 638051, 638059, 638063, 638081, 638117, 638123, 638147, 638159, 638161, 638171, 638177, 638179, 638201, 638233,

638263, 638269, 638303, 638317, 638327, 638347, 638359,
638371, 638423, 638431, 638437, 638453, 638459, 638467,
638489, 638501, 638527, 638567, 638581, 638587, 638621,
638629, 638633, 638663, 638669, 638689, 638699, 638717,
638719, 638767, 638801, 638819, 638839, 638857, 638861,
638893, 638923, 638933, 638959, 638971, 638977, 638993,
638999, 639007, 639011, 639043, 639049, 639053, 639083,
639091, 639137, 639143, 639151, 639157, 639167, 639169,
639181, 639211, 639253, 639257, 639259, 639263, 639269,
639299, 639307, 639311, 639329, 639337, 639361, 639371,
639391, 639433, 639439, 639451, 639487, 639491, 639493,
639511, 639517, 639533, 639547, 639563, 639571, 639577,
639589, 639599, 639601, 639631, 639637, 639647, 639671,
639677, 639679, 639689, 639697, 639701, 639703, 639713,
639719, 639731, 639739, 639757, 639833, 639839, 639851,
639853, 639857, 639907, 639911, 639937, 639941, 639949,
639959, 639983, 639997, 640007, 640009, 640019, 640027,
640039, 640043, 640049, 640061, 640069, 640099, 640109,
640121, 640127, 640139, 640151, 640153, 640163, 640193,
640219, 640223, 640229, 640231, 640247, 640249, 640259,
640261, 640267, 640279, 640303, 640307, 640333, 640363,
640369, 640411, 640421, 640457, 640463, 640477, 640483,
640499, 640529, 640531, 640579, 640583, 640589, 640613,
640621, 640631, 640649, 640663, 640667, 640669, 640687,
640691, 640727, 640733, 640741, 640771, 640777, 640793,
640837, 640847, 640853, 640859, 640873, 640891, 640901,
640907, 640919, 640933, 640943, 640949, 640957, 640963,
640967, 640973, 640993, 641051, 641057, 641077, 641083,
641089, 641093, 641101, 641129, 641131, 641143, 641167,
641197, 641203, 641213, 641227, 641239, 641261, 641279,
641287, 641299, 641317, 641327, 641371, 641387, 641411,
641413, 641419, 641437, 641441, 641453, 641467, 641471,
641479, 641491, 641513, 641519, 641521, 641549, 641551,
641579, 641581, 641623, 641633, 641639, 641681, 641701,
641713, 641747, 641749, 641761, 641789, 641791, 641803,
641813, 641819, 641821, 641827, 641833, 641843, 641863,

641867, 641873, 641881, 641891, 641897, 641909, 641923,
641929, 641959, 641969, 641981, 642011, 642013, 642049,
642071, 642077, 642079, 642113, 642121, 642133, 642149,
642151, 642157, 642163, 642197, 642199, 642211, 642217,
642223, 642233, 642241, 642247, 642253, 642281, 642359,
642361, 642373, 642403, 642407, 642419, 642427, 642457,
642487, 642517, 642527, 642529, 642533, 642547, 642557,
642563, 642581, 642613, 642623, 642673, 642683, 642701,
642737, 642739, 642769, 642779, 642791, 642797, 642799,
642809, 642833, 642853, 642869, 642871, 642877, 642881,
642899, 642907, 642931, 642937, 642947, 642953, 642973,
642977, 642997, 643009, 643021, 643031, 643039, 643043,
643051, 643061, 643073, 643081, 643087, 643099, 643121,
643129, 643183, 643187, 643199, 643213, 643217, 643231,
643243, 643273, 643301, 643303, 643369, 643373, 643403,
643421, 643429, 643439, 643453, 643457, 643463, 643469,
643493, 643507, 643523, 643547, 643553, 643567, 643583,
643589, 643619, 643633, 643639, 643649, 643651, 643661,
643681, 643691, 643693, 643697, 643703, 643723, 643729,
643751, 643781, 643847, 643849, 643859, 643873, 643879,
643883, 643889, 643919, 643927, 643949, 643957, 643961,
643969, 643991, 644009, 644029, 644047, 644051, 644053,
644057, 644089, 644101, 644107, 644117, 644123, 644129,
644131, 644141, 644143, 644153, 644159, 644173, 644191,
644197, 644201, 644227, 644239, 644257, 644261, 644291,
644297, 644327, 644341, 644353, 644359, 644363, 644377,
644381, 644383, 644401, 644411, 644431, 644443, 644447,
644489, 644491, 644507, 644513, 644519, 644531, 644549,
644557, 644563, 644569, 644593, 644597, 644599, 644617,
644629, 644647, 644653, 644669, 644671, 644687, 644701,
644717, 644729, 644731, 644747, 644753, 644767, 644783,
644789, 644797, 644801, 644837, 644843, 644857, 644863,
644867, 644869, 644881, 644899, 644909, 644911, 644923,
644933, 644951, 644977, 644999, 645011, 645013, 645019,
645023, 645037, 645041, 645049, 645067, 645077, 645083,
645091, 645097, 645131, 645137, 645149, 645179, 645187,

645233, 645257, 645313, 645329, 645347, 645353, 645367,
645383, 645397, 645409, 645419, 645431, 645433, 645443,
645467, 645481, 645493, 645497, 645499, 645503, 645521,
645527, 645529, 645571, 645577, 645581, 645583, 645599,
645611, 645629, 645641, 645647, 645649, 645661, 645683,
645691, 645703, 645713, 645727, 645737, 645739, 645751,
645763, 645787, 645803, 645833, 645839, 645851, 645857,
645877, 645889, 645893, 645901, 645907, 645937, 645941,
645973, 645979, 646003, 646013, 646027, 646039, 646067,
646073, 646099, 646103, 646147, 646157, 646159, 646169,
646181, 646183, 646189, 646193, 646199, 646237, 646253,
646259, 646267, 646271, 646273, 646291, 646301, 646307,
646309, 646339, 646379, 646397, 646403, 646411, 646421,
646423, 646433, 646453, 646519, 646523, 646537, 646543,
646549, 646571, 646573, 646577, 646609, 646619, 646631,
646637, 646643, 646669, 646687, 646721, 646757, 646771,
646781, 646823, 646831, 646837, 646843, 646859, 646873,
646879, 646883, 646889, 646897, 646909, 646913, 646927,
646937, 646957, 646979, 646981, 646991, 646993, 647011,
647033, 647039, 647047, 647057, 647069, 647081, 647099,
647111, 647113, 647117, 647131, 647147, 647161, 647189,
647201, 647209, 647219, 647261, 647263, 647293, 647303,
647321, 647327, 647333, 647341, 647357, 647359, 647363,
647371, 647399, 647401, 647417, 647429, 647441, 647453,
647477, 647489, 647503, 647509, 647527, 647531, 647551,
647557, 647579, 647587, 647593, 647609, 647617, 647627,
647641, 647651, 647659, 647663, 647687, 647693, 647719,
647723, 647741, 647743, 647747, 647753, 647771, 647783,
647789, 647809, 647821, 647837, 647839, 647851, 647861,
647891, 647893, 647909, 647917, 647951, 647953, 647963,
647987, 648007, 648019, 648029, 648041, 648047, 648059,
648061, 648073, 648079, 648097, 648101, 648107, 648119,
648133, 648173, 648181, 648191, 648199, 648211, 648217,
648229, 648239, 648257, 648259, 648269, 648283, 648289,
648293, 648317, 648331, 648341, 648343, 648371, 648377,
648379, 648383, 648391, 648433, 648437, 648449, 648481,

648509, 648563, 648607, 648617, 648619, 648629, 648631,
648649, 648653, 648671, 648677, 648689, 648709, 648719,
648731, 648763, 648779, 648803, 648841, 648859, 648863,
648871, 648887, 648889, 648911, 648917, 648931, 648937,
648953, 648961, 648971, 648997, 649001, 649007, 649039,
649063, 649069, 649073, 649079, 649081, 649087, 649093,
649123, 649141, 649147, 649151, 649157, 649183, 649217,
649261, 649273, 649277, 649279, 649283, 649291, 649307,
649321, 649361, 649379, 649381, 649403, 649421, 649423,
649427, 649457, 649469, 649471, 649483, 649487, 649499,
649501, 649507, 649511, 649529, 649541, 649559, 649567,
649573, 649577, 649613, 649619, 649631, 649633, 649639,
649643, 649651, 649657, 649661, 649697, 649709, 649717,
649739, 649751, 649769, 649771, 649777, 649783, 649787,
649793, 649799, 649801, 649813, 649829, 649843, 649849,
649867, 649871, 649877, 649879, 649897, 649907, 649921,
649937, 649969, 649981, 649991, 650011, 650017, 650059,
650071, 650081, 650099, 650107, 650179, 650183, 650189,
650213, 650227, 650261, 650269, 650281, 650291, 650317,
650327, 650329, 650347, 650359, 650387, 650401, 650413,
650449, 650477, 650479, 650483, 650519, 650537, 650543,
650549, 650563, 650567, 650581, 650591, 650599, 650609,
650623, 650627, 650669, 650701, 650759, 650761, 650779,
650813, 650821, 650827, 650833, 650851, 650861, 650863,
650869, 650873, 650911, 650917, 650927, 650933, 650953,
650971, 650987, 651017, 651019, 651029, 651043, 651067,
651071, 651097, 651103, 651109, 651127, 651139, 651143,
651169, 651179, 651181, 651191, 651193, 651221, 651223,
651239, 651247, 651251, 651257, 651271, 651281, 651289,
651293, 651323, 651331, 651347, 651361, 651397, 651401,
651437, 651439, 651461, 651473, 651481, 651487, 651503,
651509, 651517, 651587, 651617, 651641, 651647, 651649,
651667, 651683, 651689, 651697, 651727, 651731, 651733,
651767, 651769, 651793, 651803, 651809, 651811, 651821,
651839, 651841, 651853, 651857, 651863, 651869, 651877,
651881, 651901, 651913, 651943, 651971, 651997, 652019,

652033, 652039, 652063, 652079, 652081, 652087, 652117,
652121, 652153, 652189, 652207, 652217, 652229, 652237,
652241, 652243, 652261, 652279, 652283, 652291, 652319,
652321, 652331, 652339, 652343, 652357, 652361, 652369,
652373, 652381, 652411, 652417, 652429, 652447, 652451,
652453, 652493, 652499, 652507, 652541, 652543, 652549,
652559, 652567, 652573, 652577, 652591, 652601, 652607,
652609, 652621, 652627, 652651, 652657, 652667, 652699,
652723, 652727, 652733, 652739, 652741, 652747, 652753,
652759, 652787, 652811, 652831, 652837, 652849, 652853,
652871, 652903, 652909, 652913, 652921, 652931, 652933,
652937, 652943, 652957, 652969, 652991, 652997, 652999,
653033, 653057, 653083, 653111, 653113, 653117, 653143,
653153, 653197, 653203, 653207, 653209, 653243, 653267,
653273, 653281, 653311, 653321, 653339, 653357, 653363,
653431, 653461, 653473, 653491, 653501, 653503, 653507,
653519, 653537, 653539, 653561, 653563, 653579, 653593,
653617, 653621, 653623, 653641, 653647, 653651, 653659,
653687, 653693, 653707, 653711, 653713, 653743, 653749,
653761, 653777, 653789, 653797, 653801, 653819, 653831,
653879, 653881, 653893, 653899, 653903, 653927, 653929,
653941, 653951, 653963, 653969, 653977, 653993, 654001,
654011, 654019, 654023, 654029, 654047, 654053, 654067,
654089, 654107, 654127, 654149, 654161, 654163, 654167,
654169, 654187, 654191, 654209, 654221, 654223, 654229,
654233, 654257, 654293, 654301, 654307, 654323, 654343,
654349, 654371, 654397, 654413, 654421, 654427, 654439,
654491, 654499, 654509, 654527, 654529, 654539, 654541,
654553, 654571, 654587, 654593, 654601, 654611, 654613,
654623, 654629, 654671, 654679, 654697, 654701, 654727,
654739, 654743, 654749, 654767, 654779, 654781, 654799,
654803, 654817, 654821, 654827, 654839, 654853, 654877,
654889, 654917, 654923, 654931, 654943, 654967, 654991,
655001, 655003, 655013, 655021, 655033, 655037, 655043,
655069, 655087, 655103, 655111, 655121, 655157, 655181,
655211, 655219, 655223, 655229, 655241, 655243, 655261,

655267, 655273, 655283, 655289, 655301, 655331, 655337, 655351, 655357, 655373, 655379, 655387, 655399, 655439, 655453, 655471, 655489, 655507, 655511, 655517, 655531, 655541, 655547, 655559, 655561, 655579, 655583, 655597, 655601, 655637, 655643, 655649, 655651, 655657, 655687, 655693, 655717, 655723, 655727, 655757, 655807, 655847, 655849, 655859, 655883, 655901, 655909, 655913, 655927, 655943, 655961, 655987, 656023, 656039, 656063, 656077, 656113, 656119, 656129, 656141, 656147, 656153, 656171, 656221, 656237, 656263, 656267, 656273, 656291, 656297, 656303, 656311, 656321, 656323, 656329, 656333, 656347, 656371, 656377, 656389, 656407, 656423, 656429, 656459, 656471, 656479, 656483, 656519, 656527, 656561, 656587, 656597, 656599, 656603, 656609, 656651, 656657, 656671, 656681, 656683, 656687, 656701, 656707, 656737, 656741, 656749, 656753, 656771, 656783, 656791, 656809, 656819, 656833, 656839, 656891, 656917, 656923, 656939, 656951, 656959, 656977, 656989, 656993, 657017, 657029, 657047, 657049, 657061, 657071, 657079, 657089, 657091, 657113, 657121, 657127, 657131, 657187, 657193, 657197, 657233, 657257, 657269, 657281, 657289, 657299, 657311, 657313, 657323, 657347, 657361, 657383, 657403, 657413, 657431, 657439, 657451, 657469, 657473, 657491, 657493, 657497, 657499, 657523, 657529, 657539, 657557, 657581, 657583, 657589, 657607, 657617, 657649, 657653, 657659, 657661, 657703, 657707, 657719, 657743, 657779, 657793, 657809, 657827, 657841, 657863, 657893, 657911, 657929, 657931, 657947, 657959, 657973, 657983, 658001, 658043, 658051, 658057, 658069, 658079, 658111, 658117, 658123, 658127, 658139, 658153, 658159, 658169, 658187, 658199, 658211, 658219, 658247, 658253, 658261, 658277, 658279, 658303, 658309, 658319, 658321, 658327, 658349, 658351, 658367, 658379, 658391, 658403, 658417, 658433, 658447, 658453, 658477, 658487, 658507, 658547, 658549, 658573, 658579, 658589, 658591, 658601, 658607, 658613, 658633, 658639, 658643, 658649, 658663, 658681, 658703, 658751, 658753,

658783, 658807, 658817, 658831, 658837, 658841, 658871,
658873, 658883, 658897, 658907, 658913, 658919, 658943,
658961, 658963, 658969, 658979, 658991, 658997, 659011,
659023, 659047, 659059, 659063, 659069, 659077, 659101,
659137, 659159, 659171, 659173, 659177, 659189, 659221,
659231, 659237, 659251, 659279, 659299, 659317, 659327,
659333, 659353, 659371, 659419, 659423, 659437, 659453,
659467, 659473, 659497, 659501, 659513, 659521, 659531,
659539, 659563, 659569, 659591, 659597, 659609, 659611,
659621, 659629, 659639, 659653, 659657, 659669, 659671,
659689, 659693, 659713, 659723, 659741, 659759, 659761,
659783, 659819, 659831, 659843, 659849, 659863, 659873,
659881, 659899, 659917, 659941, 659947, 659951, 659963,
659983, 659999, 660001, 660013, 660029, 660047, 660053,
660061, 660067, 660071, 660073, 660097, 660103, 660119,
660131, 660137, 660157, 660167, 660181, 660197, 660199,
660217, 660227, 660241, 660251, 660271, 660277, 660281,
660299, 660329, 660337, 660347, 660349, 660367, 660377,
660379, 660391, 660403, 660409, 660449, 660493, 660503,
660509, 660521, 660529, 660547, 660557, 660559, 660563,
660589, 660593, 660599, 660601, 660607, 660617, 660619,
660643, 660659, 660661, 660683, 660719, 660727, 660731,
660733, 660757, 660769, 660787, 660791, 660799, 660809,
660811, 660817, 660833, 660851, 660853, 660887, 660893,
660899, 660901, 660917, 660923, 660941, 660949, 660973,
660983, 661009, 661019, 661027, 661049, 661061, 661091,
661093, 661097, 661099, 661103, 661109, 661117, 661121,
661139, 661183, 661187, 661189, 661201, 661217, 661231,
661237, 661253, 661259, 661267, 661321, 661327, 661343,
661361, 661373, 661393, 661417, 661421, 661439, 661459,
661477, 661481, 661483, 661513, 661517, 661541, 661547,
661553, 661603, 661607, 661613, 661621, 661663, 661673,
661679, 661697, 661721, 661741, 661769, 661777, 661823,
661849, 661873, 661877, 661879, 661883, 661889, 661897,
661909, 661931, 661939, 661949, 661951, 661961, 661987,
661993, 662003, 662021, 662029, 662047, 662059, 662063,

662083, 662107, 662111, 662141, 662143, 662149, 662177,
662203, 662227, 662231, 662251, 662261, 662267, 662281,
662287, 662309, 662323, 662327, 662339, 662351, 662353,
662357, 662369, 662401, 662407, 662443, 662449, 662477,
662483, 662491, 662513, 662527, 662531, 662537, 662539,
662551, 662567, 662591, 662617, 662639, 662647, 662657,
662671, 662681, 662689, 662693, 662713, 662719, 662743,
662771, 662773, 662789, 662797, 662819, 662833, 662839,
662843, 662867, 662897, 662899, 662917, 662939, 662941,
662947, 662951, 662953, 662957, 662999, 663001, 663007,
663031, 663037, 663049, 663053, 663071, 663097, 663127,
663149, 663161, 663163, 663167, 663191, 663203, 663209,
663239, 663241, 663263, 663269, 663281, 663283, 663301,
663319, 663331, 663349, 663359, 663371, 663407, 663409,
663437, 663463, 663517, 663529, 663539, 663541, 663547,
663557, 663563, 663569, 663571, 663581, 663583, 663587,
663589, 663599, 663601, 663631, 663653, 663659, 663661,
663683, 663709, 663713, 663737, 663763, 663787, 663797,
663821, 663823, 663827, 663853, 663857, 663869, 663881,
663893, 663907, 663937, 663959, 663961, 663967, 663973,
663977, 663979, 663983, 663991, 663997, 664009, 664019,
664043, 664061, 664067, 664091, 664099, 664109, 664117,
664121, 664123, 664133, 664141, 664151, 664177, 664193,
664199, 664211, 664243, 664253, 664271, 664273, 664289,
664319, 664331, 664357, 664369, 664379, 664381, 664403,
664421, 664427, 664441, 664459, 664471, 664507, 664511,
664529, 664537, 664549, 664561, 664571, 664579, 664583,
664589, 664597, 664603, 664613, 664619, 664621, 664633,
664661, 664663, 664667, 664669, 664679, 664687, 664691,
664693, 664711, 664739, 664757, 664771, 664777, 664789,
664793, 664799, 664843, 664847, 664849, 664879, 664891,
664933, 664949, 664967, 664973, 664997, 665011, 665017,
665029, 665039, 665047, 665051, 665053, 665069, 665089,
665111, 665113, 665117, 665123, 665131, 665141, 665153,
665177, 665179, 665201, 665207, 665213, 665221, 665233,
665239, 665251, 665267, 665279, 665293, 665299, 665303,

665311, 665351, 665359, 665369, 665381, 665387, 665419,
665429, 665447, 665479, 665501, 665503, 665507, 665527,
665549, 665557, 665563, 665569, 665573, 665591, 665603,
665617, 665629, 665633, 665659, 665677, 665713, 665719,
665723, 665747, 665761, 665773, 665783, 665789, 665801,
665803, 665813, 665843, 665857, 665897, 665921, 665923,
665947, 665953, 665981, 665983, 665993, 666013, 666019,
666023, 666031, 666041, 666067, 666073, 666079, 666089,
666091, 666109, 666119, 666139, 666143, 666167, 666173,
666187, 666191, 666203, 666229, 666233, 666269, 666277,
666301, 666329, 666353, 666403, 666427, 666431, 666433,
666437, 666439, 666461, 666467, 666493, 666511, 666527,
666529, 666541, 666557, 666559, 666599, 666607, 666637,
666643, 666647, 666649, 666667, 666671, 666683, 666697,
666707, 666727, 666733, 666737, 666749, 666751, 666769,
666773, 666811, 666821, 666823, 666829, 666857, 666871,
666889, 666901, 666929, 666937, 666959, 666979, 666983,
666989, 667013, 667019, 667021, 667081, 667091, 667103,
667123, 667127, 667129, 667141, 667171, 667181, 667211,
667229, 667241, 667243, 667273, 667283, 667309, 667321,
667333, 667351, 667361, 667363, 667367, 667379, 667417,
667421, 667423, 667427, 667441, 667463, 667477, 667487,
667501, 667507, 667519, 667531, 667547, 667549, 667553,
667559, 667561, 667577, 667631, 667643, 667649, 667657,
667673, 667687, 667691, 667697, 667699, 667727, 667741,
667753, 667769, 667781, 667801, 667817, 667819, 667829,
667837, 667859, 667861, 667867, 667883, 667903, 667921,
667949, 667963, 667987, 667991, 667999, 668009, 668029,
668033, 668047, 668051, 668069, 668089, 668093, 668111,
668141, 668153, 668159, 668179, 668201, 668203, 668209,
668221, 668243, 668273, 668303, 668347, 668407, 668417,
668471, 668509, 668513, 668527, 668531, 668533, 668539,
668543, 668567, 668579, 668581, 668599, 668609, 668611,
668617, 668623, 668671, 668677, 668687, 668699, 668713,
668719, 668737, 668741, 668747, 668761, 668791, 668803,
668813, 668821, 668851, 668867, 668869, 668873, 668879,

668903, 668929, 668939, 668947, 668959, 668963, 668989,
668999, 669023, 669029, 669049, 669077, 669089, 669091,
669107, 669113, 669121, 669127, 669133, 669167, 669173,
669181, 669241, 669247, 669271, 669283, 669287, 669289,
669301, 669311, 669329, 669359, 669371, 669377, 669379,
669391, 669401, 669413, 669419, 669433, 669437, 669451,
669463, 669479, 669481, 669527, 669551, 669577, 669607,
669611, 669637, 669649, 669659, 669661, 669667, 669673,
669677, 669679, 669689, 669701, 669707, 669733, 669763,
669787, 669791, 669839, 669847, 669853, 669857, 669859,
669863, 669869, 669887, 669901, 669913, 669923, 669931,
669937, 669943, 669947, 669971, 669989, 670001, 670031,
670037, 670039, 670049, 670051, 670097, 670099, 670129,
670139, 670147, 670177, 670193, 670199, 670211, 670217,
670223, 670231, 670237, 670249, 670261, 670279, 670297,
670303, 670321, 670333, 670343, 670349, 670363, 670379,
670399, 670409, 670447, 670457, 670471, 670487, 670489,
670493, 670507, 670511, 670517, 670541, 670543, 670559,
670577, 670583, 670597, 670613, 670619, 670627, 670639,
670669, 670673, 670693, 670711, 670727, 670729, 670739,
670763, 670777, 670781, 670811, 670823, 670849, 670853,
670867, 670877, 670897, 670903, 670919, 670931, 670951,
670963, 670987, 670991, 671003, 671017, 671029, 671039,
671059, 671063, 671081, 671087, 671093, 671123, 671131,
671141, 671159, 671161, 671189, 671201, 671219, 671233,
671249, 671257, 671261, 671269, 671287, 671299, 671303,
671323, 671339, 671353, 671357, 671369, 671383, 671401,
671417, 671431, 671443, 671467, 671471, 671477, 671501,
671519, 671533, 671537, 671557, 671581, 671591, 671603,
671609, 671633, 671647, 671651, 671681, 671701, 671717,
671729, 671743, 671753, 671777, 671779, 671791, 671831,
671837, 671851, 671887, 671893, 671903, 671911, 671917,
671921, 671933, 671939, 671941, 671947, 671969, 671971,
671981, 671999, 672019, 672029, 672041, 672043, 672059,
672073, 672079, 672097, 672103, 672107, 672127, 672131,
672137, 672143, 672151, 672167, 672169, 672181, 672193,

672209, 672223, 672227, 672229, 672251, 672271, 672283,
672289, 672293, 672311, 672317, 672323, 672341, 672349,
672377, 672379, 672439, 672443, 672473, 672493, 672499,
672521, 672557, 672577, 672587, 672593, 672629, 672641,
672643, 672653, 672667, 672703, 672743, 672757, 672767,
672779, 672781, 672787, 672799, 672803, 672811, 672817,
672823, 672827, 672863, 672869, 672871, 672883, 672901,
672913, 672937, 672943, 672949, 672953, 672967, 672977,
672983, 673019, 673039, 673063, 673069, 673073, 673091,
673093, 673109, 673111, 673117, 673121, 673129, 673157,
673193, 673199, 673201, 673207, 673223, 673241, 673247,
673271, 673273, 673291, 673297, 673313, 673327, 673339,
673349, 673381, 673391, 673397, 673399, 673403, 673411,
673427, 673429, 673441, 673447, 673451, 673457, 673459,
673469, 673487, 673499, 673513, 673529, 673549, 673553,
673567, 673573, 673579, 673609, 673613, 673619, 673637,
673639, 673643, 673649, 673667, 673669, 673747, 673769,
673781, 673787, 673793, 673801, 673811, 673817, 673837,
673879, 673891, 673921, 673943, 673951, 673961, 673979,
673991, 674017, 674057, 674059, 674071, 674083, 674099,
674117, 674123, 674131, 674159, 674161, 674173, 674183,
674189, 674227, 674231, 674239, 674249, 674263, 674269,
674273, 674299, 674321, 674347, 674357, 674363, 674371,
674393, 674419, 674431, 674449, 674461, 674483, 674501,
674533, 674537, 674551, 674563, 674603, 674647, 674669,
674677, 674683, 674693, 674699, 674701, 674711, 674717,
674719, 674731, 674741, 674749, 674759, 674761, 674767,
674771, 674789, 674813, 674827, 674831, 674833, 674837,
674851, 674857, 674867, 674879, 674903, 674929, 674941,
674953, 674957, 674977, 674987, 675029, 675067, 675071,
675079, 675083, 675097, 675109, 675113, 675131, 675133,
675151, 675161, 675163, 675173, 675179, 675187, 675197,
675221, 675239, 675247, 675251, 675253, 675263, 675271,
675299, 675313, 675319, 675341, 675347, 675391, 675407,
675413, 675419, 675449, 675457, 675463, 675481, 675511,
675539, 675541, 675551, 675553, 675559, 675569, 675581,

675593, 675601, 675607, 675611, 675617, 675629, 675643,
675713, 675739, 675743, 675751, 675781, 675797, 675817,
675823, 675827, 675839, 675841, 675859, 675863, 675877,
675881, 675889, 675923, 675929, 675931, 675959, 675973,
675977, 675979, 676007, 676009, 676031, 676037, 676043,
676051, 676057, 676061, 676069, 676099, 676103, 676111,
676129, 676147, 676171, 676211, 676217, 676219, 676241,
676253, 676259, 676279, 676289, 676297, 676337, 676339,
676349, 676363, 676373, 676387, 676391, 676409, 676411,
676421, 676427, 676463, 676469, 676493, 676523, 676573,
676589, 676597, 676601, 676649, 676661, 676679, 676703,
676717, 676721, 676727, 676733, 676747, 676751, 676763,
676771, 676807, 676829, 676859, 676861, 676883, 676891,
676903, 676909, 676919, 676927, 676931, 676937, 676943,
676961, 676967, 676979, 676981, 676987, 676993, 677011,
677021, 677029, 677041, 677057, 677077, 677081, 677107,
677111, 677113, 677119, 677147, 677167, 677177, 677213,
677227, 677231, 677233, 677239, 677309, 677311, 677321,
677323, 677333, 677357, 677371, 677387, 677423, 677441,
677447, 677459, 677461, 677471, 677473, 677531, 677533,
677539, 677543, 677561, 677563, 677587, 677627, 677639,
677647, 677657, 677681, 677683, 677687, 677717, 677737,
677767, 677779, 677783, 677791, 677813, 677827, 677857,
677891, 677927, 677947, 677953, 677959, 677983, 678023,
678037, 678047, 678061, 678077, 678101, 678103, 678133,
678157, 678169, 678179, 678191, 678199, 678203, 678211,
678217, 678221, 678229, 678253, 678289, 678299, 678329,
678341, 678343, 678367, 678371, 678383, 678401, 678407,
678409, 678413, 678421, 678437, 678451, 678463, 678479,
678481, 678493, 678499, 678533, 678541, 678553, 678563,
678577, 678581, 678593, 678599, 678607, 678611, 678631,
678637, 678641, 678647, 678649, 678653, 678659, 678719,
678721, 678731, 678739, 678749, 678757, 678761, 678763,
678767, 678773, 678779, 678809, 678823, 678829, 678833,
678859, 678871, 678883, 678901, 678907, 678941, 678943,
678949, 678959, 678971, 678989, 679033, 679037, 679039,

679051, 679067, 679087, 679111, 679123, 679127, 679153,
679157, 679169, 679171, 679183, 679207, 679219, 679223,
679229, 679249, 679277, 679279, 679297, 679309, 679319,
679333, 679361, 679363, 679369, 679373, 679381, 679403,
679409, 679417, 679423, 679433, 679451, 679463, 679487,
679501, 679517, 679519, 679531, 679537, 679561, 679597,
679603, 679607, 679633, 679639, 679669, 679681, 679691,
679699, 679709, 679733, 679741, 679747, 679751, 679753,
679781, 679793, 679807, 679823, 679829, 679837, 679843,
679859, 679867, 679879, 679883, 679891, 679897, 679907,
679909, 679919, 679933, 679951, 679957, 679961, 679969,
679981, 679993, 679999, 680003, 680027, 680039, 680059,
680077, 680081, 680083, 680107, 680123, 680129, 680159,
680161, 680177, 680189, 680203, 680209, 680213, 680237,
680249, 680263, 680291, 680293, 680297, 680299, 680321,
680327, 680341, 680347, 680353, 680377, 680387, 680399,
680401, 680411, 680417, 680431, 680441, 680443, 680453,
680489, 680503, 680507, 680509, 680531, 680539, 680567,
680569, 680587, 680597, 680611, 680623, 680633, 680651,
680657, 680681, 680707, 680749, 680759, 680767, 680783,
680803, 680809, 680831, 680857, 680861, 680873, 680879,
680881, 680917, 680929, 680959, 680971, 680987, 680989,
680993, 681001, 681011, 681019, 681041, 681047, 681049,
681061, 681067, 681089, 681091, 681113, 681127, 681137,
681151, 681167, 681179, 681221, 681229, 681251, 681253,
681257, 681259, 681271, 681293, 681311, 681337, 681341,
681361, 681367, 681371, 681403, 681407, 681409, 681419,
681427, 681449, 681451, 681481, 681487, 681493, 681497,
681521, 681523, 681539, 681557, 681563, 681589, 681607,
681613, 681623, 681631, 681647, 681673, 681677, 681689,
681719, 681727, 681731, 681763, 681773, 681781, 681787,
681809, 681823, 681833, 681839, 681841, 681883, 681899,
681913, 681931, 681943, 681949, 681971, 681977, 681979,
681983, 681997, 682001, 682009, 682037, 682049, 682063,
682069, 682079, 682141, 682147, 682151, 682153, 682183,
682207, 682219, 682229, 682237, 682247, 682259, 682277,

682289, 682291, 682303, 682307, 682321, 682327, 682333,
682337, 682361, 682373, 682411, 682417, 682421, 682427,
682439, 682447, 682463, 682471, 682483, 682489, 682511,
682519, 682531, 682547, 682597, 682607, 682637, 682657,
682673, 682679, 682697, 682699, 682723, 682729, 682733,
682739, 682751, 682763, 682777, 682789, 682811, 682819,
682901, 682933, 682943, 682951, 682967, 683003, 683021,
683041, 683047, 683071, 683083, 683087, 683119, 683129,
683143, 683149, 683159, 683201, 683231, 683251, 683257,
683273, 683299, 683303, 683317, 683323, 683341, 683351,
683357, 683377, 683381, 683401, 683407, 683437, 683447,
683453, 683461, 683471, 683477, 683479, 683483, 683489,
683503, 683513, 683567, 683591, 683597, 683603, 683651,
683653, 683681, 683687, 683693, 683699, 683701, 683713,
683719, 683731, 683737, 683747, 683759, 683777, 683783,
683789, 683807, 683819, 683821, 683831, 683833, 683843,
683857, 683861, 683863, 683873, 683887, 683899, 683909,
683911, 683923, 683933, 683939, 683957, 683983, 684007,
684017, 684037, 684053, 684091, 684109, 684113, 684119,
684121, 684127, 684157, 684163, 684191, 684217, 684221,
684239, 684269, 684287, 684289, 684293, 684311, 684329,
684337, 684347, 684349, 684373, 684379, 684407, 684419,
684427, 684433, 684443, 684451, 684469, 684473, 684493,
684527, 684547, 684557, 684559, 684569, 684581, 684587,
684599, 684617, 684637, 684643, 684647, 684683, 684713,
684727, 684731, 684751, 684757, 684767, 684769, 684773,
684791, 684793, 684799, 684809, 684829, 684841, 684857,
684869, 684889, 684923, 684949, 684961, 684973, 684977,
684989, 685001, 685019, 685031, 685039, 685051, 685057,
685063, 685073, 685081, 685093, 685099, 685103, 685109,
685123, 685141, 685169, 685177, 685199, 685231, 685247,
685249, 685271, 685297, 685301, 685319, 685337, 685339,
685361, 685367, 685369, 685381, 685393, 685417, 685427,
685429, 685453, 685459, 685471, 685493, 685511, 685513,
685519, 685537, 685541, 685547, 685591, 685609, 685613,
685621, 685631, 685637, 685649, 685669, 685679, 685697,

685717, 685723, 685733, 685739, 685747, 685753, 685759,
685781, 685793, 685819, 685849, 685859, 685907, 685939,
685963, 685969, 685973, 685987, 685991, 686003, 686009,
686011, 686027, 686029, 686039, 686041, 686051, 686057,
686087, 686089, 686099, 686117, 686131, 686141, 686143,
686149, 686173, 686177, 686197, 686201, 686209, 686267,
686269, 686293, 686317, 686321, 686333, 686339, 686353,
686359, 686363, 686417, 686423, 686437, 686449, 686453,
686473, 686479, 686503, 686513, 686519, 686551, 686563,
686593, 686611, 686639, 686669, 686671, 686687, 686723,
686729, 686731, 686737, 686761, 686773, 686789, 686797,
686801, 686837, 686843, 686863, 686879, 686891, 686893,
686897, 686911, 686947, 686963, 686969, 686971, 686977,
686989, 686993, 687007, 687013, 687017, 687019, 687023,
687031, 687041, 687061, 687073, 687083, 687101, 687107,
687109, 687121, 687131, 687139, 687151, 687161, 687163,
687179, 687223, 687233, 687277, 687289, 687299, 687307,
687311, 687317, 687331, 687341, 687343, 687359, 687383,
687389, 687397, 687403, 687413, 687431, 687433, 687437,
687443, 687457, 687461, 687473, 687481, 687499, 687517,
687521, 687523, 687541, 687551, 687559, 687581, 687593,
687623, 687637, 687641, 687647, 687679, 687683, 687691,
687707, 687721, 687737, 687749, 687767, 687773, 687779,
687787, 687809, 687823, 687829, 687839, 687847, 687893,
687901, 687917, 687923, 687931, 687949, 687961, 687977,
688003, 688013, 688027, 688031, 688063, 688067, 688073,
688087, 688097, 688111, 688133, 688139, 688147, 688159,
688187, 688201, 688217, 688223, 688249, 688253, 688277,
688297, 688309, 688333, 688339, 688357, 688379, 688393,
688397, 688403, 688411, 688423, 688433, 688447, 688451,
688453, 688477, 688511, 688531, 688543, 688561, 688573,
688591, 688621, 688627, 688631, 688637, 688657, 688661,
688669, 688679, 688697, 688717, 688729, 688733, 688741,
688747, 688757, 688763, 688777, 688783, 688799, 688813,
688861, 688867, 688871, 688889, 688907, 688939, 688951,
688957, 688969, 688979, 688999, 689021, 689033, 689041,

689063, 689071, 689077, 689081, 689089, 689093, 689107,
689113, 689131, 689141, 689167, 689201, 689219, 689233,
689237, 689257, 689261, 689267, 689279, 689291, 689309,
689317, 689321, 689341, 689357, 689369, 689383, 689389,
689393, 689411, 689431, 689441, 689459, 689461, 689467,
689509, 689551, 689561, 689581, 689587, 689597, 689599,
689603, 689621, 689629, 689641, 689693, 689699, 689713,
689723, 689761, 689771, 689779, 689789, 689797, 689803,
689807, 689827, 689831, 689851, 689867, 689869, 689873,
689879, 689891, 689893, 689903, 689917, 689921, 689929,
689951, 689957, 689959, 689963, 689981, 689987, 690037,
690059, 690073, 690089, 690103, 690119, 690127, 690139,
690143, 690163, 690187, 690233, 690259, 690269, 690271,
690281, 690293, 690323, 690341, 690367, 690377, 690397,
690407, 690419, 690427, 690433, 690439, 690449, 690467,
690491, 690493, 690509, 690511, 690533, 690541, 690553,
690583, 690589, 690607, 690611, 690629, 690661, 690673,
690689, 690719, 690721, 690757, 690787, 690793, 690817,
690839, 690841, 690869, 690871, 690887, 690889, 690919,
690929, 690953, 690997, 691001, 691037, 691051, 691063,
691079, 691109, 691111, 691121, 691129, 691147, 691151,
691153, 691181, 691183, 691189, 691193, 691199, 691231,
691241, 691267, 691289, 691297, 691309, 691333, 691337,
691343, 691349, 691363, 691381, 691399, 691409, 691433,
691451, 691463, 691489, 691499, 691531, 691553, 691573,
691583, 691589, 691591, 691631, 691637, 691651, 691661,
691681, 691687, 691693, 691697, 691709, 691721, 691723,
691727, 691729, 691739, 691759, 691763, 691787, 691799,
691813, 691829, 691837, 691841, 691843, 691871, 691877,
691891, 691897, 691903, 691907, 691919, 691921, 691931,
691949, 691973, 691979, 691991, 691997, 692009, 692017,
692051, 692059, 692063, 692071, 692089, 692099, 692117,
692141, 692147, 692149, 692161, 692191, 692221, 692239,
692249, 692269, 692273, 692281, 692287, 692297, 692299,
692309, 692327, 692333, 692347, 692353, 692371, 692387,
692389, 692399, 692401, 692407, 692413, 692423, 692431,

692441, 692453, 692459, 692467, 692513, 692521, 692537,
692539, 692543, 692567, 692581, 692591, 692621, 692641,
692647, 692651, 692663, 692689, 692707, 692711, 692717,
692729, 692743, 692753, 692761, 692771, 692779, 692789,
692821, 692851, 692863, 692893, 692917, 692927, 692929,
692933, 692957, 692963, 692969, 692983, 693019, 693037,
693041, 693061, 693079, 693089, 693097, 693103, 693127,
693137, 693149, 693157, 693167, 693169, 693179, 693223,
693257, 693283, 693317, 693323, 693337, 693353, 693359,
693373, 693397, 693401, 693403, 693409, 693421, 693431,
693437, 693487, 693493, 693503, 693523, 693527, 693529,
693533, 693569, 693571, 693601, 693607, 693619, 693629,
693659, 693661, 693677, 693683, 693689, 693691, 693697,
693701, 693727, 693731, 693733, 693739, 693743, 693757,
693779, 693793, 693799, 693809, 693827, 693829, 693851,
693859, 693871, 693877, 693881, 693943, 693961, 693967,
693989, 694019, 694033, 694039, 694061, 694069, 694079,
694081, 694087, 694091, 694123, 694189, 694193, 694201,
694207, 694223, 694259, 694261, 694271, 694273, 694277,
694313, 694319, 694327, 694333, 694339, 694349, 694357,
694361, 694367, 694373, 694381, 694387, 694391, 694409,
694427, 694457, 694471, 694481, 694483, 694487, 694511,
694513, 694523, 694541, 694549, 694559, 694567, 694571,
694591, 694597, 694609, 694619, 694633, 694649, 694651,
694717, 694721, 694747, 694763, 694781, 694783, 694789,
694829, 694831, 694867, 694871, 694873, 694879, 694901,
694919, 694951, 694957, 694979, 694987, 694997, 694999,
695003, 695017, 695021, 695047, 695059, 695069, 695081,
695087, 695089, 695099, 695111, 695117, 695131, 695141,
695171, 695207, 695239, 695243, 695257, 695263, 695269,
695281, 695293, 695297, 695309, 695323, 695327, 695329,
695347, 695369, 695371, 695377, 695389, 695407, 695411,
695441, 695447, 695467, 695477, 695491, 695503, 695509,
695561, 695567, 695573, 695581, 695593, 695599, 695603,
695621, 695627, 695641, 695659, 695663, 695677, 695687,
695689, 695701, 695719, 695743, 695749, 695771, 695777,

695791, 695801, 695809, 695839, 695843, 695867, 695873,
695879, 695881, 695899, 695917, 695927, 695939, 695999,
696019, 696053, 696061, 696067, 696077, 696079, 696083,
696107, 696109, 696119, 696149, 696181, 696239, 696253,
696257, 696263, 696271, 696281, 696313, 696317, 696323,
696343, 696349, 696359, 696361, 696373, 696379, 696403,
696413, 696427, 696433, 696457, 696481, 696491, 696497,
696503, 696517, 696523, 696533, 696547, 696569, 696607,
696611, 696617, 696623, 696629, 696653, 696659, 696679,
696691, 696719, 696721, 696737, 696743, 696757, 696763,
696793, 696809, 696811, 696823, 696827, 696833, 696851,
696853, 696887, 696889, 696893, 696907, 696929, 696937,
696961, 696989, 696991, 697009, 697013, 697019, 697033,
697049, 697063, 697069, 697079, 697087, 697093, 697111,
697121, 697127, 697133, 697141, 697157, 697181, 697201,
697211, 697217, 697259, 697261, 697267, 697271, 697303,
697327, 697351, 697373, 697379, 697381, 697387, 697397,
697399, 697409, 697423, 697441, 697447, 697453, 697457,
697481, 697507, 697511, 697513, 697519, 697523, 697553,
697579, 697583, 697591, 697601, 697603, 697637, 697643,
697673, 697681, 697687, 697691, 697693, 697703, 697727,
697729, 697733, 697757, 697759, 697787, 697819, 697831,
697877, 697891, 697897, 697909, 697913, 697937, 697951,
697967, 697973, 697979, 697993, 697999, 698017, 698021,
698039, 698051, 698053, 698077, 698083, 698111, 698171,
698183, 698239, 698249, 698251, 698261, 698263, 698273,
698287, 698293, 698297, 698311, 698329, 698339, 698359,
698371, 698387, 698393, 698413, 698417, 698419, 698437,
698447, 698471, 698483, 698491, 698507, 698521, 698527,
698531, 698539, 698543, 698557, 698567, 698591, 698641,
698653, 698669, 698701, 698713, 698723, 698729, 698773,
698779, 698821, 698827, 698849, 698891, 698899, 698903,
698923, 698939, 698977, 698983, 699001, 699007, 699037,
699053, 699059, 699073, 699077, 699089, 699113, 699119,
699133, 699151, 699157, 699169, 699187, 699191, 699197,
699211, 699217, 699221, 699241, 699253, 699271, 699287,

699289, 699299, 699319, 699323, 699343, 699367, 699373,
699379, 699383, 699401, 699427, 699437, 699443, 699449,
699463, 699469, 699493, 699511, 699521, 699527, 699529,
699539, 699541, 699557, 699571, 699581, 699617, 699631,
699641, 699649, 699697, 699709, 699719, 699733, 699757,
699761, 699767, 699791, 699793, 699817, 699823, 699863,
699931, 699943, 699947, 699953, 699961, 699967, 700001,
700027, 700057, 700067, 700079, 700081, 700087, 700099,
700103, 700109, 700127, 700129, 700171, 700199, 700201,
700211, 700223, 700229, 700237, 700241, 700277, 700279,
700303, 700307, 700319, 700331, 700339, 700361, 700363,
700367, 700387, 700391, 700393, 700423, 700429, 700433,
700459, 700471, 700499, 700523, 700537, 700561, 700571,
700573, 700577, 700591, 700597, 700627, 700633, 700639,
700643, 700673, 700681, 700703, 700717, 700751, 700759,
700781, 700789, 700801, 700811, 700831, 700837, 700849,
700871, 700877, 700883, 700897, 700907, 700919, 700933,
700937, 700949, 700963, 700993, 701009, 701011, 701023,
701033, 701047, 701089, 701117, 701147, 701159, 701177,
701179, 701209, 701219, 701221, 701227, 701257, 701279,
701291, 701299, 701329, 701341, 701357, 701359, 701377,
701383, 701399, 701401, 701413, 701417, 701419, 701443,
701447, 701453, 701473, 701479, 701489, 701497, 701507,
701509, 701527, 701531, 701549, 701579, 701581, 701593,
701609, 701611, 701621, 701627, 701629, 701653, 701669,
701671, 701681, 701699, 701711, 701719, 701731, 701741,
701761, 701783, 701791, 701819, 701837, 701863, 701881,
701903, 701951, 701957, 701963, 701969, 702007, 702011,
702017, 702067, 702077, 702101, 702113, 702127, 702131,
702137, 702139, 702173, 702179, 702193, 702199, 702203,
702211, 702239, 702257, 702269, 702281, 702283, 702311,
702313, 702323, 702329, 702337, 702341, 702347, 702349,
702353, 702379, 702391, 702407, 702413, 702431, 702433,
702439, 702451, 702469, 702497, 702503, 702511, 702517,
702523, 702529, 702539, 702551, 702557, 702587, 702589,
702599, 702607, 702613, 702623, 702671, 702679, 702683,

702701, 702707, 702721, 702731, 702733, 702743, 702773,
702787, 702803, 702809, 702817, 702827, 702847, 702851,
702853, 702869, 702881, 702887, 702893, 702913, 702937,
702983, 702991, 703013, 703033, 703039, 703081, 703117,
703121, 703123, 703127, 703139, 703141, 703169, 703193,
703211, 703217, 703223, 703229, 703231, 703243, 703249,
703267, 703277, 703301, 703309, 703321, 703327, 703331,
703349, 703357, 703379, 703393, 703411, 703441, 703447,
703459, 703463, 703471, 703489, 703499, 703531, 703537,
703559, 703561, 703631, 703643, 703657, 703663, 703673,
703679, 703691, 703699, 703709, 703711, 703721, 703733,
703753, 703763, 703789, 703819, 703837, 703849, 703861,
703873, 703883, 703897, 703903, 703907, 703943, 703949,
703957, 703981, 703991, 704003, 704009, 704017, 704023,
704027, 704029, 704059, 704069, 704087, 704101, 704111,
704117, 704131, 704141, 704153, 704161, 704177, 704183,
704189, 704213, 704219, 704233, 704243, 704251, 704269,
704279, 704281, 704287, 704299, 704303, 704309, 704321,
704357, 704393, 704399, 704419, 704441, 704447, 704449,
704453, 704461, 704477, 704507, 704521, 704527, 704549,
704551, 704567, 704569, 704579, 704581, 704593, 704603,
704617, 704647, 704657, 704663, 704681, 704687, 704713,
704719, 704731, 704747, 704761, 704771, 704777, 704779,
704783, 704797, 704801, 704807, 704819, 704833, 704839,
704849, 704857, 704861, 704863, 704867, 704897, 704929,
704933, 704947, 704983, 704989, 704993, 704999, 705011,
705013, 705017, 705031, 705043, 705053, 705073, 705079,
705097, 705113, 705119, 705127, 705137, 705161, 705163,
705167, 705169, 705181, 705191, 705197, 705209, 705247,
705259, 705269, 705277, 705293, 705307, 705317, 705389,
705403, 705409, 705421, 705427, 705437, 705461, 705491,
705493, 705499, 705521, 705533, 705559, 705613, 705631,
705643, 705689, 705713, 705737, 705751, 705763, 705769,
705779, 705781, 705787, 705821, 705827, 705829, 705833,
705841, 705863, 705871, 705883, 705899, 705919, 705937,
705949, 705967, 705973, 705989, 706001, 706003, 706009,

706019, 706033, 706039, 706049, 706051, 706067, 706099, 706109, 706117, 706133, 706141, 706151, 706157, 706159, 706183, 706193, 706201, 706207, 706213, 706229, 706253, 706267, 706283, 706291, 706297, 706301, 706309, 706313, 706337, 706357, 706369, 706373, 706403, 706417, 706427, 706463, 706481, 706487, 706499, 706507, 706523, 706547, 706561, 706597, 706603, 706613, 706621, 706631, 706633, 706661, 706669, 706679, 706703, 706709, 706729, 706733, 706747, 706751, 706753, 706757, 706763, 706787, 706793, 706801, 706829, 706837, 706841, 706847, 706883, 706897, 706907, 706913, 706919, 706921, 706943, 706961, 706973, 706987, 706999, 707011, 707027, 707029, 707053, 707071, 707099, 707111, 707117, 707131, 707143, 707153, 707159, 707177, 707191, 707197, 707219, 707249, 707261, 707279, 707293, 707299, 707321, 707341, 707359, 707383, 707407, 707429, 707431, 707437, 707459, 707467, 707501, 707527, 707543, 707561, 707563, 707573, 707627, 707633, 707647, 707653, 707669, 707671, 707677, 707683, 707689, 707711, 707717, 707723, 707747, 707753, 707767, 707789, 707797, 707801, 707813, 707827, 707831, 707849, 707857, 707869, 707873, 707887, 707911, 707923, 707929, 707933, 707939, 707951, 707953, 707957, 707969, 707981, 707983, 708007, 708011, 708017, 708023, 708031, 708041, 708047, 708049, 708053, 708061, 708091, 708109, 708119, 708131, 708137, 708139, 708161, 708163, 708179, 708199, 708221, 708223, 708229, 708251, 708269, 708283, 708287, 708293, 708311, 708329, 708343, 708347, 708353, 708359, 708361, 708371, 708403, 708437, 708457, 708473, 708479, 708481, 708493, 708497, 708517, 708527, 708559, 708563, 708569, 708583, 708593, 708599, 708601, 708641, 708647, 708667, 708689, 708703, 708733, 708751, 708803, 708823, 708839, 708857, 708859, 708893, 708899, 708907, 708913, 708923, 708937, 708943, 708959, 708979, 708989, 708991, 708997, 709043, 709057, 709097, 709117, 709123, 709139, 709141, 709151, 709153, 709157, 709201, 709211, 709217, 709231, 709237, 709271, 709273, 709279, 709283, 709307, 709321, 709337,

709349, 709351, 709381, 709409, 709417, 709421, 709433,
709447, 709451, 709453, 709469, 709507, 709519, 709531,
709537, 709547, 709561, 709589, 709603, 709607, 709609,
709649, 709651, 709663, 709673, 709679, 709691, 709693,
709703, 709729, 709739, 709741, 709769, 709777, 709789,
709799, 709817, 709823, 709831, 709843, 709847, 709853,
709861, 709871, 709879, 709901, 709909, 709913, 709921,
709927, 709957, 709963, 709967, 709981, 709991, 710009,
710023, 710027, 710051, 710053, 710081, 710089, 710119,
710189, 710207, 710219, 710221, 710257, 710261, 710273,
710293, 710299, 710321, 710323, 710327, 710341, 710351,
710371, 710377, 710383, 710389, 710399, 710441, 710443,
710449, 710459, 710473, 710483, 710491, 710503, 710513,
710519, 710527, 710531, 710557, 710561, 710569, 710573,
710599, 710603, 710609, 710621, 710623, 710627, 710641,
710663, 710683, 710693, 710713, 710777, 710779, 710791,
710813, 710837, 710839, 710849, 710851, 710863, 710867,
710873, 710887, 710903, 710909, 710911, 710917,
710929, 710933, 710951, 710959, 710971, 710977, 710987,
710989, 711001, 711017, 711019, 711023, 711041, 711049,
711089, 711097, 711121, 711131, 711133, 711143, 711163,
711173, 711181, 711187, 711209, 711223, 711259, 711287,
711299, 711307, 711317, 711329, 711353, 711371, 711397,
711409, 711427, 711437, 711463, 711479, 711497, 711499,
711509, 711517, 711523, 711539, 711563, 711577, 711583,
711589, 711617, 711629, 711649, 711653, 711679, 711691,
711701, 711707, 711709, 711713, 711727, 711731, 711749,
711751, 711757, 711793, 711811, 711817, 711829, 711839,
711847, 711859, 711877, 711889, 711899, 711913, 711923,
711929, 711937, 711947, 711959, 711967, 711973, 711983,
712007, 712021, 712051, 712067, 712093, 712109, 712121,
712133, 712157, 712169, 712171, 712183, 712199, 712219,
712237, 712279, 712289, 712301, 712303, 712319, 712321,
712331, 712339, 712357, 712409, 712417, 712427, 712429,
712433, 712447, 712477, 712483, 712489, 712493, 712499,
712507, 712511, 712531, 712561, 712571, 712573, 712601,

712603, 712631, 712651, 712669, 712681, 712687, 712693, 712697, 712711, 712717, 712739, 712781, 712807, 712819, 712837, 712841, 712843, 712847, 712883, 712889, 712891, 712909, 712913, 712927, 712939, 712951, 712961, 712967, 712973, 712981, 713021, 713039, 713059, 713077, 713107, 713117, 713129, 713147, 713149, 713159, 713171, 713177, 713183, 713189, 713191, 713227, 713233, 713239, 713243, 713261, 713267, 713281, 713287, 713309, 713311, 713329, 713347, 713351, 713353, 713357, 713381, 713389, 713399, 713407, 713411, 713417, 713467, 713477, 713491, 713497, 713501, 713509, 713533, 713563, 713569, 713597, 713599, 713611, 713627, 713653, 713663, 713681, 713737, 713743, 713747, 713753, 713771, 713807, 713827, 713831, 713833, 713861, 713863, 713873, 713891, 713903, 713917, 713927, 713939, 713941, 713957, 713981, 713987, 714029, 714037, 714061, 714073, 714107, 714113, 714139, 714143, 714151, 714163, 714169, 714199, 714223, 714227, 714247, 714257, 714283, 714341, 714349, 714361, 714377, 714443, 714463, 714479, 714481, 714487, 714503, 714509, 714517, 714521, 714529, 714551, 714557, 714563, 714569, 714577, 714601, 714619, 714673, 714677, 714691, 714719, 714739, 714751, 714773, 714781, 714787, 714797, 714809, 714827, 714839, 714841, 714851, 714853, 714869, 714881, 714887, 714893, 714907, 714911, 714919, 714943, 714947, 714949, 714971, 714991, 715019, 715031, 715049, 715063, 715069, 715073, 715087, 715109, 715123, 715151, 715153, 715157, 715159, 715171, 715189, 715193, 715223, 715229, 715237, 715243, 715249, 715259, 715289, 715301, 715303, 715313, 715339, 715357, 715361, 715373, 715397, 715417, 715423, 715439, 715441, 715453, 715457, 715489, 715499, 715523, 715537, 715549, 715567, 715571, 715577, 715579, 715613, 715621, 715639, 715643, 715651, 715657, 715679, 715681, 715699, 715727, 715739, 715753, 715777, 715789, 715801, 715811, 715817, 715823, 715843, 715849, 715859, 715867, 715873, 715877, 715879, 715889, 715903, 715909, 715919, 715927, 715943, 715961, 715963, 715969, 715973, 715991, 715999,

716003, 716033, 716063, 716087, 716117, 716123, 716137,
716143, 716161, 716171, 716173, 716249, 716257, 716279,
716291, 716299, 716321, 716351, 716383, 716389, 716399,
716411, 716413, 716447, 716449, 716453, 716459, 716477,
716479, 716483, 716491, 716501, 716531, 716543, 716549,
716563, 716581, 716591, 716621, 716629, 716633, 716659,
716663, 716671, 716687, 716693, 716707, 716713, 716731,
716741, 716743, 716747, 716783, 716789, 716809, 716819,
716827, 716857, 716861, 716869, 716897, 716899, 716917,
716929, 716951, 716953, 716959, 716981, 716987, 717001,
717011, 717047, 717089, 717091, 717103, 717109, 717113,
717127, 717133, 717139, 717149, 717151, 717161, 717191,
717229, 717259, 717271, 717289, 717293, 717317, 717323,
717331, 717341, 717397, 717413, 717419, 717427, 717443,
717449, 717463, 717491, 717511, 717527, 717529, 717533,
717539, 717551, 717559, 717581, 717589, 717593, 717631,
717653, 717659, 717667, 717679, 717683, 717697, 717719,
717751, 717797, 717803, 717811, 717817, 717841, 717851,
717883, 717887, 717917, 717919, 717923, 717967, 717979,
717989, 718007, 718043, 718049, 718051, 718087, 718093,
718121, 718139, 718163, 718169, 718171, 718183, 718187,
718241, 718259, 718271, 718303, 718321, 718331, 718337,
718343, 718349, 718357, 718379, 718381, 718387, 718391,
718411, 718423, 718427, 718433, 718453, 718457, 718463,
718493, 718511, 718513, 718541, 718547, 718559, 718579,
718603, 718621, 718633, 718657, 718661, 718691, 718703,
718717, 718723, 718741, 718747, 718759, 718801, 718807,
718813, 718841, 718847, 718871, 718897, 718901, 718919,
718931, 718937, 718943, 718973, 718999, 719009, 719011,
719027, 719041, 719057, 719063, 719071, 719101, 719119,
719143, 719149, 719153, 719167, 719177, 719179, 719183,
719189, 719197, 719203, 719227, 719237, 719239, 719267,
719281, 719297, 719333, 719351, 719353, 719377, 719393,
719413, 719419, 719441, 719447, 719483, 719503, 719533,
719557, 719567, 719569, 719573, 719597, 719599, 719633,
719639, 719659, 719671, 719681, 719683, 719689, 719699,

719713, 719717, 719723, 719731, 719749, 719753, 719773,
719779, 719791, 719801, 719813, 719821, 719833, 719839,
719893, 719903, 719911, 719941, 719947, 719951, 719959,
719981, 719989, 720007, 720019, 720023, 720053, 720059,
720089, 720091, 720101, 720127, 720133, 720151, 720173,
720179, 720193, 720197, 720211, 720221, 720229, 720241,
720253, 720257, 720281, 720283, 720289, 720299, 720301,
720311, 720319, 720359, 720361, 720367, 720373, 720397,
720403, 720407, 720413, 720439, 720481, 720491, 720497,
720527, 720547, 720569, 720571, 720607, 720611, 720617,
720619, 720653, 720661, 720677, 720683, 720697, 720703,
720743, 720763, 720767, 720773, 720779, 720791, 720793,
720829, 720847, 720857, 720869, 720877, 720887, 720899,
720901, 720913, 720931, 720943, 720947, 720961, 720971,
720983, 720991, 720997, 721003, 721013, 721037, 721043,
721051, 721057, 721079, 721087, 721109, 721111, 721117,
721129, 721139, 721141, 721159, 721163, 721169, 721177,
721181, 721199, 721207, 721213, 721219, 721223, 721229,
721243, 721261, 721267, 721283, 721291, 721307, 721319,
721321, 721333, 721337, 721351, 721363, 721379, 721381,
721387, 721397, 721439, 721451, 721481, 721499, 721529,
721547, 721561, 721571, 721577, 721597, 721613, 721619,
721621, 721631, 721661, 721663, 721687, 721697, 721703,
721709, 721733, 721739, 721783, 721793, 721843, 721849,
721859, 721883, 721891, 721909, 721921, 721951, 721961,
721979, 721991, 721997, 722011, 722023, 722027, 722047,
722063, 722069, 722077, 722093, 722119, 722123, 722147,
722149, 722153, 722159, 722167, 722173, 722213, 722237,
722243, 722257, 722273, 722287, 722291, 722299, 722311,
722317, 722321, 722333, 722341, 722353, 722363, 722369,
722377, 722389, 722411, 722417, 722431, 722459, 722467,
722479, 722489, 722509, 722521, 722537, 722539, 722563,
722581, 722599, 722611, 722633, 722639, 722663, 722669,
722713, 722723, 722737, 722749, 722783, 722791, 722797,
722807, 722819, 722833, 722849, 722881, 722899, 722903,
722921, 722933, 722963, 722971, 722977, 722983, 723029,

723031, 723043, 723049, 723053, 723067, 723071, 723089,
723101, 723103, 723109, 723113, 723119, 723127, 723133,
723157, 723161, 723167, 723169, 723181, 723193, 723209,
723221, 723227, 723257, 723259, 723263, 723269, 723271,
723287, 723293, 723319, 723337, 723353, 723361, 723379,
723391, 723407, 723409, 723413, 723421, 723439, 723451,
723467, 723473, 723479, 723491, 723493, 723529, 723551,
723553, 723559, 723563, 723587, 723589, 723601, 723607,
723617, 723623, 723661, 723721, 723727, 723739, 723761,
723791, 723797, 723799, 723803, 723823, 723829, 723839,
723851, 723857, 723859, 723893, 723901, 723907, 723913,
723917, 723923, 723949, 723959, 723967, 723973, 723977,
723997, 724001, 724007, 724021, 724079, 724093, 724099,
724111, 724117, 724121, 724123, 724153, 724187, 724211,
724219, 724259, 724267, 724277, 724291, 724303, 724309,
724313, 724331, 724393, 724403, 724433, 724441, 724447,
724453, 724459, 724469, 724481, 724487, 724499, 724513,
724517, 724519, 724531, 724547, 724553, 724567, 724573,
724583, 724597, 724601, 724609, 724621, 724627, 724631,
724639, 724643, 724651, 724721, 724723, 724729, 724733,
724747, 724751, 724769, 724777, 724781, 724783, 724807,
724813, 724837, 724847, 724853, 724879, 724901, 724903,
724939, 724949, 724961, 724967, 724991, 724993, 725009,
725041, 725057, 725071, 725077, 725099, 725111, 725113,
725119, 725147, 725149, 725159, 725161, 725189, 725201,
725209, 725273, 725293, 725303, 725317, 725321, 725323,
725327, 725341, 725357, 725359, 725371, 725381, 725393,
725399, 725423, 725437, 725447, 725449, 725479, 725507,
725519, 725531, 725537, 725579, 725587, 725597, 725603,
725639, 725653, 725663, 725671, 725687, 725723, 725731,
725737, 725749, 725789, 725801, 725807, 725827, 725861,
725863, 725867, 725891, 725897, 725909, 725929, 725939,
725953, 725981, 725983, 725993, 725999, 726007, 726013,
726023, 726043, 726071, 726091, 726097, 726101, 726107,
726109, 726137, 726139, 726149, 726157, 726163, 726169,
726181, 726191, 726221, 726287, 726289, 726301, 726307,

726331, 726337, 726367, 726371, 726377, 726379, 726391,
726413, 726419, 726431, 726457, 726463, 726469, 726487,
726497, 726521, 726527, 726533, 726559, 726589, 726599,
726601, 726611, 726619, 726623, 726629, 726641, 726647,
726659, 726679, 726689, 726697, 726701, 726707, 726751,
726779, 726787, 726797, 726809, 726811, 726839, 726841,
726853, 726893, 726899, 726911, 726917, 726923, 726941,
726953, 726983, 726989, 726991, 727003, 727009, 727019,
727021, 727049, 727061, 727063, 727079, 727121, 727123,
727157, 727159, 727169, 727183, 727189, 727201, 727211,
727241, 727247, 727249, 727261, 727267, 727271, 727273,
727289, 727297, 727313, 727327, 727343, 727351, 727369,
727399, 727409, 727427, 727451, 727459, 727471, 727483,
727487, 727499, 727501, 727541, 727561, 727577, 727589,
727613, 727621, 727633, 727667, 727673, 727691, 727703,
727711, 727717, 727729, 727733, 727747, 727759, 727763,
727777, 727781, 727799, 727807, 727817, 727823, 727843,
727847, 727877, 727879, 727891, 727933, 727939, 727949,
727981, 727997, 728003, 728017, 728027, 728047, 728069,
728087, 728113, 728129, 728131, 728173, 728191, 728207,
728209, 728261, 728267, 728269, 728281, 728293, 728303,
728317, 728333, 728369, 728381, 728383, 728417, 728423,
728437, 728471, 728477, 728489, 728521, 728527, 728537,
728551, 728557, 728561, 728573, 728579, 728627, 728639,
728647, 728659, 728681, 728687, 728699, 728701, 728713,
728723, 728729, 728731, 728743, 728747, 728771, 728809,
728813, 728831, 728837, 728839, 728843, 728851, 728867,
728869, 728873, 728881, 728891, 728899, 728911, 728921,
728927, 728929, 728941, 728947, 728953, 728969, 728971,
728993, 729019, 729023, 729037, 729041, 729059, 729073,
729139, 729143, 729173, 729187, 729191, 729199, 729203,
729217, 729257, 729269, 729271, 729293, 729301, 729329,
729331, 729359, 729367, 729371, 729373, 729389, 729403,
729413, 729451, 729457, 729473, 729493, 729497, 729503,
729511, 729527, 729551, 729557, 729559, 729569, 729571,
729577, 729587, 729601, 729607, 729613, 729637, 729643,

729649, 729661, 729671, 729679, 729689, 729713, 729719,
729737, 729749, 729761, 729779, 729787, 729791, 729821,
729851, 729871, 729877, 729907, 729913, 729919, 729931,
729941, 729943, 729947, 729977, 729979, 729991, 730003,
730021, 730033, 730049, 730069, 730091, 730111, 730139,
730157, 730187, 730199, 730217, 730237, 730253, 730277,
730283, 730297, 730321, 730339, 730363, 730397, 730399,
730421, 730447, 730451, 730459, 730469, 730487, 730537,
730553, 730559, 730567, 730571, 730573, 730589, 730591,
730603, 730619, 730633, 730637, 730663, 730669, 730679,
730727, 730747, 730753, 730757, 730777, 730781, 730783,
730789, 730799, 730811, 730819, 730823, 730837, 730843,
730853, 730867, 730879, 730889, 730901, 730909, 730913,
730943, 730969, 730973, 730993, 730999, 731033, 731041,
731047, 731053, 731057, 731113, 731117, 731141, 731173,
731183, 731189, 731191, 731201, 731209, 731219, 731233,
731243, 731249, 731251, 731257, 731261, 731267, 731287,
731299, 731327, 731333, 731359, 731363, 731369, 731389,
731413, 731447, 731483, 731501, 731503, 731509, 731531,
731539, 731567, 731587, 731593, 731597, 731603, 731611,
731623, 731639, 731651, 731681, 731683, 731711, 731713,
731719, 731729, 731737, 731741, 731761, 731767, 731779,
731803, 731807, 731821, 731827, 731831, 731839, 731851,
731869, 731881, 731893, 731909, 731911, 731921, 731923,
731933, 731957, 731981, 731999, 732023, 732029, 732041,
732073, 732077, 732079, 732097, 732101, 732133, 732157,
732169, 732181, 732187, 732191, 732197, 732209, 732211,
732217, 732229, 732233, 732239, 732257, 732271, 732283,
732287, 732293, 732299, 732311, 732323, 732331, 732373,
732439, 732449, 732461, 732467, 732491, 732493, 732497,
732509, 732521, 732533, 732541, 732601, 732617, 732631,
732653, 732673, 732689, 732703, 732709, 732713, 732731,
732749, 732761, 732769, 732799, 732817, 732827, 732829,
732833, 732841, 732863, 732877, 732889, 732911, 732923,
732943, 732959, 732967, 732971, 732997, 733003, 733009,
733067, 733097, 733099, 733111, 733123, 733127, 733133,

733141, 733147, 733157, 733169, 733177, 733189, 733237,
733241, 733273, 733277, 733283, 733289, 733301, 733307,
733321, 733331, 733333, 733339, 733351, 733373, 733387,
733391, 733393, 733399, 733409, 733427, 733433, 733459,
733477, 733489, 733511, 733517, 733519, 733559, 733561,
733591, 733619, 733639, 733651, 733687, 733697, 733741,
733751, 733753, 733757, 733793, 733807, 733813, 733823,
733829, 733841, 733847, 733849, 733867, 733871, 733879,
733883, 733919, 733921, 733937, 733939, 733949, 733963,
733973, 733981, 733991, 734003, 734017, 734021, 734047,
734057, 734087, 734113, 734131, 734143, 734159, 734171,
734177, 734189, 734197, 734203, 734207, 734221, 734233,
734263, 734267, 734273, 734291, 734303, 734329, 734347,
734381, 734389, 734401, 734411, 734423, 734429, 734431,
734443, 734471, 734473, 734477, 734479, 734497, 734537,
734543, 734549, 734557, 734567, 734627, 734647, 734653,
734659, 734663, 734687, 734693, 734707, 734717, 734729,
734737, 734743, 734759, 734771, 734803, 734807, 734813,
734819, 734837, 734849, 734869, 734879, 734887, 734897,
734911, 734933, 734941, 734953, 734957, 734959, 734971,
735001, 735019, 735043, 735061, 735067, 735071, 735073,
735083, 735107, 735109, 735113, 735139, 735143, 735157,
735169, 735173, 735181, 735187, 735193, 735209, 735211,
735239, 735247, 735263, 735271, 735283, 735307, 735311,
735331, 735337, 735341, 735359, 735367, 735373, 735389,
735391, 735419, 735421, 735431, 735439, 735443, 735451,
735461, 735467, 735473, 735479, 735491, 735529, 735533,
735557, 735571, 735617, 735649, 735653, 735659, 735673,
735689, 735697, 735719, 735731, 735733, 735739, 735751,
735781, 735809, 735821, 735829, 735853, 735871, 735877,
735883, 735901, 735919, 735937, 735949, 735953, 735979,
735983, 735997, 736007, 736013, 736027, 736037, 736039,
736051, 736061, 736063, 736091, 736093, 736097, 736111,
736121, 736147, 736159, 736181, 736187, 736243, 736247,
736249, 736259, 736273, 736277, 736279, 736357, 736361,
736363, 736367, 736369, 736381, 736387, 736399, 736403,

736409, 736429, 736433, 736441, 736447, 736469, 736471, 736511, 736577, 736607, 736639, 736657, 736679, 736691, 736699, 736717, 736721, 736741, 736787, 736793, 736817, 736823, 736843, 736847, 736867, 736871, 736889, 736903, 736921, 736927, 736937, 736951, 736961, 736973, 736987, 736993, 737017, 737039, 737041, 737047, 737053, 737059, 737083, 737089, 737111, 737119, 737129, 737131, 737147, 737159, 737179, 737183, 737203, 737207, 737251, 737263, 737279, 737281, 737287, 737291, 737293, 737309, 737327, 737339, 737351, 737353, 737411, 737413, 737423, 737431, 737479, 737483, 737497, 737501, 737507, 737509, 737531, 737533, 737537, 737563, 737567, 737573, 737591, 737593, 737617, 737629, 737641, 737657, 737663, 737683, 737687, 737717, 737719, 737729, 737747, 737753, 737767, 737773, 737797, 737801, 737809, 737819, 737843, 737857, 737861, 737873, 737887, 737897, 737921, 737927, 737929, 737969, 737981, 737999, 738011, 738029, 738043, 738053, 738071, 738083, 738107, 738109, 738121, 738151, 738163, 738173, 738197, 738211, 738217, 738223, 738247, 738263, 738301, 738313, 738317, 738319, 738341, 738349, 738373, 738379, 738383, 738391, 738401, 738403, 738421, 738443, 738457, 738469, 738487, 738499, 738509, 738523, 738539, 738547, 738581, 738583, 738589, 738623, 738643, 738677, 738707, 738713, 738721, 738743, 738757, 738781, 738791, 738797, 738811, 738827, 738839, 738847, 738851, 738863, 738877, 738889, 738917, 738919, 738923, 738937, 738953, 738961, 738977, 738989, 739003, 739021, 739027, 739031, 739051, 739061, 739069, 739087, 739099, 739103, 739111, 739117, 739121, 739153, 739163, 739171, 739183, 739187, 739199, 739201, 739217, 739241, 739253, 739273, 739283, 739301, 739303, 739307, 739327, 739331, 739337, 739351, 739363, 739369, 739373, 739379, 739391, 739393, 739397, 739399, 739433, 739439, 739463, 739469, 739493, 739507, 739511, 739513, 739523, 739549, 739553, 739579, 739601, 739603, 739621, 739631, 739633, 739637, 739649, 739693, 739699, 739723, 739751, 739759, 739771, 739777, 739787, 739799,

739813, 739829, 739847, 739853, 739859, 739861, 739909,
739931, 739943, 739951, 739957, 739967, 739969, 740011,
740021, 740023, 740041, 740053, 740059, 740087, 740099,
740123, 740141, 740143, 740153, 740161, 740171, 740189,
740191, 740227, 740237, 740279, 740287, 740303, 740321,
740323, 740329, 740351, 740359, 740371, 740387, 740423,
740429, 740461, 740473, 740477, 740483, 740513, 740521,
740527, 740533, 740549, 740561, 740581, 740591, 740599,
740603, 740651, 740653, 740659, 740671, 740681, 740687,
740693, 740711, 740713, 740717, 740737, 740749, 740801,
740849, 740891, 740893, 740897, 740903, 740923, 740939,
740951, 740969, 740989, 741001, 741007, 741011, 741031,
741043, 741053, 741061, 741071, 741077, 741079, 741101,
741119, 741121, 741127, 741131, 741137, 741163, 741187,
741193, 741227, 741229, 741233, 741253, 741283, 741337,
741341, 741343, 741347, 741373, 741401, 741409, 741413,
741431, 741457, 741467, 741469, 741473, 741479, 741491,
741493, 741509, 741541, 741547, 741563, 741569, 741593,
741599, 741641, 741661, 741667, 741677, 741679, 741683,
741691, 741709, 741721, 741781, 741787, 741803, 741809,
741827, 741833, 741847, 741857, 741859, 741869, 741877,
741883, 741913, 741929, 741941, 741967, 741973, 741991,
742009, 742031, 742037, 742057, 742069, 742073, 742111,
742117, 742127, 742151, 742153, 742193, 742199, 742201,
742211, 742213, 742219, 742229, 742241, 742243, 742253,
742277, 742283, 742289, 742307, 742327, 742333, 742351,
742369, 742381, 742393, 742409, 742439, 742457, 742499,
742507, 742513, 742519, 742531, 742537, 742541, 742549,
742559, 742579, 742591, 742607, 742619, 742657, 742663,
742673, 742681, 742697, 742699, 742711, 742717, 742723,
742757, 742759, 742783, 742789, 742801, 742817, 742891,
742897, 742909, 742913, 742943, 742949, 742967, 742981,
742991, 742993, 742999, 743027, 743047, 743059, 743069,
743089, 743111, 743123, 743129, 743131, 743137, 743143,
743159, 743161, 743167, 743173, 743177, 743179, 743203,
743209, 743221, 743251, 743263, 743269, 743273, 743279,

743297, 743321, 743333, 743339, 743363, 743377, 743401,
743423, 743447, 743507, 743549, 743551, 743573, 743579,
743591, 743609, 743657, 743669, 743671, 743689, 743693,
743711, 743731, 743747, 743777, 743779, 743791, 743803,
743819, 743833, 743837, 743849, 743851, 743881, 743891,
743917, 743921, 743923, 743933, 743947, 743987, 743989,
744019, 744043, 744071, 744077, 744083, 744113, 744127,
744137, 744179, 744187, 744199, 744203, 744221, 744239,
744251, 744253, 744283, 744301, 744313, 744353, 744371,
744377, 744389, 744391, 744397, 744407, 744409, 744431,
744451, 744493, 744503, 744511, 744539, 744547, 744559,
744599, 744607, 744637, 744641, 744649, 744659, 744661,
744677, 744701, 744707, 744721, 744727, 744739, 744761,
744767, 744791, 744811, 744817, 744823, 744829, 744833,
744859, 744893, 744911, 744917, 744941, 744949, 744959,
744977, 745001, 745013, 745027, 745033, 745037, 745051,
745067, 745103, 745117, 745133, 745141, 745181, 745187,
745189, 745201, 745231, 745243, 745247, 745249, 745273,
745301, 745307, 745337, 745343, 745357, 745369, 745379,
745391, 745397, 745471, 745477, 745517, 745529, 745531,
745543, 745567, 745573, 745601, 745609, 745621, 745631,
745649, 745673, 745697, 745699, 745709, 745711, 745727,
745733, 745741, 745747, 745751, 745753, 745757, 745817,
745837, 745859, 745873, 745903, 745931, 745933, 745939,
745951, 745973, 745981, 745993, 745999, 746017, 746023,
746033, 746041, 746047, 746069, 746099, 746101, 746107,
746117, 746129, 746153, 746167, 746171, 746177, 746183,
746191, 746197, 746203, 746209, 746227, 746231, 746233,
746243, 746267, 746287, 746303, 746309, 746329, 746353,
746363, 746371, 746411, 746413, 746429, 746477, 746479,
746483, 746497, 746503, 746507, 746509, 746531, 746533,
746561, 746563, 746597, 746653, 746659, 746671, 746677,
746723, 746737, 746743, 746747, 746749, 746773, 746777,
746791, 746797, 746807, 746813, 746839, 746843, 746869,
746873, 746891, 746899, 746903, 746939, 746951, 746957,
746959, 746969, 746981, 746989, 747037, 747049, 747053,

747073, 747107, 747113, 747139, 747157, 747161, 747199,
747203, 747223, 747239, 747259, 747277, 747283, 747287,
747319, 747323, 747343, 747361, 747377, 747391, 747401,
747407, 747421, 747427, 747449, 747451, 747457, 747463,
747493, 747497, 747499, 747521, 747529, 747547, 747557,
747563, 747583, 747587, 747599, 747611, 747619, 747647,
747673, 747679, 747713, 747731, 747737, 747743, 747763,
747781, 747811, 747827, 747829, 747833, 747839, 747841,
747853, 747863, 747869, 747871, 747889, 747917, 747919,
747941, 747953, 747977, 747979, 747991, 748003, 748019,
748021, 748039, 748057, 748091, 748093, 748133, 748169,
748183, 748199, 748207, 748211, 748217, 748219, 748249,
748271, 748273, 748283, 748301, 748331, 748337, 748339,
748343, 748361, 748379, 748387, 748441, 748453, 748463,
748471, 748481, 748487, 748499, 748513, 748523, 748541,
748567, 748589, 748597, 748603, 748609, 748613, 748633,
748637, 748639, 748669, 748687, 748691, 748703, 748711,
748717, 748723, 748729, 748763, 748777, 748789, 748801,
748807, 748817, 748819, 748823, 748829, 748831, 748849,
748861, 748871, 748877, 748883, 748889, 748921, 748933,
748963, 748973, 748981, 748987, 749011, 749027, 749051,
749069, 749081, 749083, 749093, 749129, 749137, 749143,
749149, 749153, 749167, 749171, 749183, 749197, 749209,
749219, 749237, 749249, 749257, 749267, 749279, 749297,
749299, 749323, 749339, 749347, 749351, 749383, 749393,
749401, 749423, 749429, 749431, 749443, 749449, 749453,
749461, 749467, 749471, 749543, 749557, 749587, 749641,
749653, 749659, 749677, 749701, 749711, 749729, 749741,
749747, 749761, 749773, 749779, 749803, 749807, 749809,
749843, 749851, 749863, 749891, 749893, 749899, 749909,
749923, 749927, 749939, 749941, 749971, 749993, 750019,
750037, 750059, 750077, 750083, 750097, 750119, 750121,
750131, 750133, 750137, 750151, 750157, 750161, 750163,
750173, 750179, 750203, 750209, 750223, 750229, 750287,
750311, 750313, 750353, 750383, 750401, 750413, 750419,
750437, 750457, 750473, 750487, 750509, 750517, 750521,

750553, 750571, 750599, 750613, 750641, 750653, 750661, 750667, 750679, 750691, 750707, 750713, 750719, 750721, 750749, 750769, 750787, 750791, 750797, 750803, 750809, 750817, 750829, 750853, 750857, 750863, 750917, 750929, 750943, 750961, 750977, 750983, 751001, 751007, 751021, 751027, 751057, 751061, 751087, 751103, 751123, 751133, 751139, 751141, 751147, 751151, 751181, 751183, 751189, 751193, 751199, 751207, 751217, 751237, 751259, 751273, 751277, 751291, 751297, 751301, 751307, 751319, 751321, 751327, 751343, 751351, 751357, 751363, 751367, 751379, 751411, 751423, 751447, 751453, 751463, 751481, 751523, 751529, 751549, 751567, 751579, 751609, 751613, 751627, 751631, 751633, 751637, 751643, 751661, 751669, 751691, 751711, 751717, 751727, 751739, 751747, 751753, 751759, 751763, 751787, 751799, 751813, 751823, 751841, 751853, 751867, 751871, 751879, 751901, 751909, 751913, 751921, 751943, 751957, 751969, 751987, 751997, 752009, 752023, 752033, 752053, 752083, 752093, 752107, 752111, 752117, 752137, 752149, 752177, 752183, 752189, 752197, 752201, 752203, 752207, 752251, 752263, 752273, 752281, 752287, 752291, 752293, 752299, 752303, 752351, 752359, 752383, 752413, 752431, 752447, 752449, 752459, 752483, 752489, 752503, 752513, 752519, 752527, 752569, 752581, 752593, 752603, 752627, 752639, 752651, 752681, 752683, 752699, 752701, 752707, 752747, 752771, 752789, 752797, 752803, 752809, 752819, 752821, 752831, 752833, 752861, 752867, 752881, 752891, 752903, 752911, 752929, 752933, 752977, 752993, 753001, 753007, 753019, 753023, 753031, 753079, 753091, 753127, 753133, 753139, 753143, 753161, 753187, 753191, 753197, 753229, 753257, 753307, 753329, 753341, 753353, 753367, 753373, 753383, 753409, 753421, 753427, 753437, 753439, 753461, 753463, 753497, 753499, 753527, 753547, 753569, 753583, 753587, 753589, 753611, 753617, 753619, 753631, 753647, 753659, 753677, 753679, 753689, 753691, 753707, 753719, 753721, 753737, 753743, 753751, 753773, 753793, 753799, 753803, 753811, 753821, 753839,

753847, 753859, 753931, 753937, 753941, 753947, 753959,
753979, 753983, 754003, 754027, 754037, 754043, 754057,
754067, 754073, 754081, 754093, 754099, 754109, 754111,
754121, 754123, 754133, 754153, 754157, 754181, 754183,
754207, 754211, 754217, 754223, 754241, 754249, 754267,
754279, 754283, 754289, 754297, 754301, 754333, 754337,
754343, 754367, 754373, 754379, 754381, 754399, 754417,
754421, 754427, 754451, 754463, 754483, 754489, 754513,
754531, 754549, 754573, 754577, 754583, 754597, 754627,
754639, 754651, 754703, 754709, 754711, 754717, 754723,
754739, 754751, 754771, 754781, 754811, 754829, 754861,
754877, 754891, 754903, 754907, 754921, 754931, 754937,
754939, 754967, 754969, 754973, 754979, 754981, 754991,
754993, 755009, 755033, 755057, 755071, 755077, 755081,
755087, 755107, 755137, 755143, 755147, 755171, 755173,
755203, 755213, 755233, 755239, 755257, 755267, 755273,
755309, 755311, 755317, 755329, 755333, 755351, 755357,
755371, 755387, 755393, 755399, 755401, 755413, 755437,
755441, 755449, 755473, 755483, 755509, 755539, 755551,
755561, 755567, 755569, 755593, 755597, 755617, 755627,
755663, 755681, 755707, 755717, 755719, 755737, 755759,
755767, 755771, 755789, 755791, 755809, 755813, 755861,
755863, 755869, 755879, 755899, 755903, 755959, 755969,
755977, 756011, 756023, 756043, 756053, 756097, 756101,
756127, 756131, 756139, 756149, 756167, 756179, 756191,
756199, 756227, 756247, 756251, 756253, 756271, 756281,
756289, 756293, 756319, 756323, 756331, 756373, 756403,
756419, 756421, 756433, 756443, 756463, 756467, 756527,
756533, 756541, 756563, 756571, 756593, 756601, 756607,
756629, 756641, 756649, 756667, 756673, 756683, 756689,
756703, 756709, 756719, 756727, 756739, 756773, 756799,
756829, 756839, 756853, 756869, 756881, 756887, 756919,
756923, 756961, 756967, 756971, 757019, 757039, 757063,
757067, 757109, 757111, 757151, 757157, 757171, 757181,
757201, 757241, 757243, 757247, 757259, 757271, 757291,
757297, 757307, 757319, 757327, 757331, 757343, 757363,

757381, 757387, 757403, 757409, 757417, 757429, 757433,
757457, 757481, 757487, 757507, 757513, 757517, 757543,
757553, 757577, 757579, 757583, 757607, 757633, 757651,
757661, 757693, 757699, 757709, 757711, 757727, 757751,
757753, 757763, 757793, 757807, 757811, 757819, 757829,
757879, 757903, 757909, 757927, 757937, 757943, 757951,
757993, 757997, 758003, 758029, 758041, 758053, 758071,
758083, 758099, 758101, 758111, 758137, 758141, 758159,
758179, 758189, 758201, 758203, 758227, 758231, 758237,
758243, 758267, 758269, 758273, 758279, 758299, 758323,
758339, 758341, 758357, 758363, 758383, 758393, 758411,
758431, 758441, 758449, 758453, 758491, 758501, 758503,
758519, 758521, 758551, 758561, 758573, 758579, 758599,
758617, 758629, 758633, 758671, 758687, 758699, 758707,
758711, 758713, 758729, 758731, 758741, 758743, 758753,
758767, 758783, 758789, 758819, 758827, 758837, 758851,
758867, 758887, 758893, 758899, 758929, 758941, 758957,
758963, 758969, 758971, 758987, 759001, 759019, 759029,
759037, 759047, 759053, 759089, 759103, 759113, 759131,
759149, 759167, 759173, 759179, 759181, 759193, 759223,
759229, 759263, 759287, 759293, 759301, 759313, 759329,
759359, 759371, 759377, 759397, 759401, 759431, 759433,
759457, 759463, 759467, 759491, 759503, 759523, 759547,
759553, 759557, 759559, 759569, 759571, 759581, 759589,
759599, 759617, 759623, 759631, 759637, 759641, 759653,
759659, 759673, 759691, 759697, 759701, 759709, 759719,
759727, 759739, 759757, 759763, 759797, 759799, 759821,
759833, 759881, 759893, 759911, 759923, 759929, 759947,
759953, 759959, 759961, 759973, 760007, 760043, 760063,
760079, 760093, 760103, 760117, 760129, 760141, 760147,
760153, 760163, 760169, 760183, 760187, 760211, 760229,
760231, 760237, 760241, 760261, 760267, 760273, 760289,
760297, 760301, 760321, 760343, 760367, 760373, 760411,
760423, 760433, 760447, 760453, 760457, 760477, 760489,
760499, 760511, 760519, 760531, 760537, 760549, 760553,
760561, 760567, 760579, 760607, 760619, 760621, 760637,

760649, 760657, 760693, 760723, 760729, 760759, 760769,
760783, 760807, 760813, 760841, 760843, 760847, 760871,
760891, 760897, 760901, 760913, 760927, 760933, 760939,
760951, 760961, 760993, 760997, 761003, 761009, 761023,
761051, 761069, 761087, 761113, 761119, 761129, 761153,
761161, 761177, 761179, 761183, 761203, 761207, 761213,
761227, 761249, 761251, 761261, 761263, 761291, 761297,
761347, 761351, 761357, 761363, 761377, 761381, 761389,
761393, 761399, 761407, 761417, 761429, 761437, 761441,
761443, 761459, 761471, 761477, 761483, 761489, 761521,
761531, 761533, 761543, 761561, 761567, 761591, 761597,
761603, 761611, 761623, 761633, 761669, 761671, 761681,
761689, 761711, 761713, 761731, 761773, 761777, 761779,
761807, 761809, 761833, 761861, 761863, 761869, 761879,
761897, 761927, 761939, 761963, 761977, 761983, 761993,
762001, 762007, 762017, 762031, 762037, 762049, 762053,
762061, 762101, 762121, 762187, 762211, 762227, 762233,
762239, 762241, 762253, 762257, 762277, 762319, 762329,
762367, 762371, 762373, 762379, 762389, 762397, 762401,
762407, 762409, 762479, 762491, 762499, 762529, 762539,
762547, 762557, 762563, 762571, 762577, 762583, 762599,
762647, 762653, 762659, 762667, 762721, 762737, 762743,
762761, 762779, 762791, 762809, 762821, 762823, 762847,
762871, 762877, 762893, 762899, 762901, 762913, 762917,
762919, 762959, 762967, 762973, 762989, 763001, 763013,
763027, 763031, 763039, 763043, 763067, 763073, 763093,
763111, 763123, 763141, 763157, 763159, 763183, 763201,
763223, 763237, 763261, 763267, 763271, 763303, 763307,
763339, 763349, 763369, 763381, 763391, 763403, 763409,
763417, 763423, 763429, 763447, 763457, 763471, 763481,
763493, 763513, 763523, 763549, 763559, 763573, 763579,
763583, 763597, 763601, 763613, 763619, 763621, 763627,
763649, 763663, 763673, 763699, 763739, 763751, 763753,
763757, 763771, 763787, 763801, 763811, 763823, 763843,
763859, 763879, 763883, 763897, 763901, 763907, 763913,
763921, 763927, 763937, 763943, 763957, 763967, 763999,

764003, 764011, 764017, 764021, 764041, 764051, 764053,
764059, 764081, 764089, 764111, 764131, 764143, 764149,
764171, 764189, 764209, 764233, 764249, 764251, 764261,
764273, 764293, 764317, 764321, 764327, 764339, 764341,
764369, 764381, 764399, 764431, 764447, 764459, 764471,
764501, 764521, 764539, 764551, 764563, 764587, 764591,
764593, 764611, 764623, 764627, 764629, 764657, 764683,
764689, 764717, 764719, 764723, 764783, 764789, 764809,
764837, 764839, 764849, 764857, 764887, 764891, 764893,
764899, 764903, 764947, 764969, 764971, 764977, 764989,
764993, 764999, 765007, 765031, 765041, 765043, 765047,
765059, 765091, 765097, 765103, 765109, 765131, 765137,
765139, 765143, 765151, 765169, 765181, 765199, 765203,
765209, 765211, 765227, 765229, 765241, 765251, 765257,
765283, 765287, 765293, 765307, 765313, 765319, 765329,
765353, 765379, 765383, 765389, 765409, 765437, 765439,
765461, 765467, 765487, 765497, 765503, 765521, 765533,
765539, 765577, 765581, 765587, 765613, 765619, 765623,
765649, 765659, 765673, 765707, 765727, 765749, 765763,
765767, 765773, 765781, 765823, 765827, 765847, 765851,
765857, 765859, 765881, 765889, 765893, 765899, 765907,
765913, 765931, 765949, 765953, 765971, 765983, 765991,
766021, 766039, 766049, 766067, 766079, 766091, 766097,
766109, 766111, 766127, 766163, 766169, 766177, 766187,
766211, 766223, 766229, 766231, 766237, 766247, 766261,
766273, 766277, 766301, 766313, 766321, 766333, 766357,
766361, 766369, 766373, 766387, 766393, 766399, 766421,
766439, 766453, 766457, 766471, 766477, 766487, 766501,
766511, 766531, 766541, 766543, 766553, 766559, 766583,
766609, 766637, 766639, 766651, 766679, 766687, 766721,
766739, 766757, 766763, 766769, 766793, 766807, 766811,
766813, 766817, 766861, 766867, 766873, 766877, 766891,
766901, 766907, 766937, 766939, 766943, 766957, 766967,
766999, 767017, 767029, 767051, 767071, 767089, 767093,
767101, 767111, 767131, 767147, 767153, 767161, 767167,
767203, 767243, 767279, 767287, 767293, 767309, 767317,

767321, 767323, 767339, 767357, 767359, 767381, 767399,
767423, 767443, 767471, 767489, 767509, 767513, 767521,
767527, 767537, 767539, 767549, 767551, 767587, 767597,
767603, 767617, 767623, 767633, 767647, 767677, 767681,
767707, 767729, 767747, 767749, 767759, 767761, 767773,
767783, 767813, 767827, 767831, 767843, 767857, 767863,
767867, 767869, 767881, 767909, 767951, 767957, 768013,
768029, 768041, 768049, 768059, 768073, 768101, 768107,
768127, 768133, 768139, 768161, 768167, 768169, 768191,
768193, 768197, 768199, 768203, 768221, 768241, 768259,
768263, 768301, 768319, 768323, 768329, 768343, 768347,
768353, 768359, 768371, 768373, 768377, 768389, 768401,
768409, 768419, 768431, 768437, 768457, 768461, 768479,
768491, 768503, 768541, 768563, 768571, 768589, 768613,
768623, 768629, 768631, 768641, 768643, 768653, 768671,
768727, 768751, 768767, 768773, 768787, 768793, 768799,
768811, 768841, 768851, 768853, 768857, 768869, 768881,
768923, 768931, 768941, 768953, 768979, 768983, 769003,
769007, 769019, 769033, 769039, 769057, 769073, 769081,
769091, 769117, 769123, 769147, 769151, 769159, 769169,
769207, 769231, 769243, 769247, 769259, 769261, 769273,
769289, 769297, 769309, 769319, 769339, 769357, 769387,
769411, 769421, 769423, 769429, 769453, 769459, 769463,
769469, 769487, 769541, 769543, 769547, 769553, 769577,
769579, 769589, 769591, 769597, 769619, 769627, 769661,
769663, 769673, 769687, 769723, 769729, 769733, 769739,
769751, 769781, 769789, 769799, 769807, 769837, 769871,
769903, 769919, 769927, 769943, 769961, 769963, 769973,
769987, 769997, 769999, 770027, 770039, 770041, 770047,
770053, 770057, 770059, 770069, 770101, 770111, 770113,
770123, 770129, 770167, 770177, 770179, 770183, 770191,
770207, 770227, 770233, 770239, 770261, 770281, 770291,
770309, 770311, 770353, 770359, 770387, 770401, 770417,
770437, 770447, 770449, 770459, 770503, 770519, 770527,
770533, 770537, 770551, 770557, 770573, 770579, 770587,
770591, 770597, 770611, 770639, 770641, 770647, 770657,

770663, 770669, 770741, 770761, 770767, 770771, 770789,
770801, 770813, 770837, 770839, 770843, 770863, 770867,
770873, 770881, 770897, 770909, 770927, 770929, 770951,
770971, 770981, 770993, 771011, 771013, 771019, 771031,
771037, 771047, 771049, 771073, 771079, 771091, 771109,
771143, 771163, 771179, 771181, 771209, 771217, 771227,
771233, 771269, 771283, 771289, 771293, 771299, 771301,
771349, 771359, 771389, 771401, 771403, 771427, 771431,
771437, 771439, 771461, 771473, 771481, 771499, 771503,
771509, 771517, 771527, 771553, 771569, 771583, 771587,
771607, 771619, 771623, 771629, 771637, 771643, 771653,
771679, 771691, 771697, 771703, 771739, 771763, 771769,
771781, 771809, 771853, 771863, 771877, 771887, 771889,
771899, 771917, 771937, 771941, 771961, 771971, 771973,
771997, 772001, 772003, 772019, 772061, 772073, 772081,
772091, 772097, 772127, 772139, 772147, 772159, 772169,
772181, 772207, 772229, 772231, 772273, 772279, 772297,
772313, 772333, 772339, 772349, 772367, 772379, 772381,
772391, 772393, 772403, 772439, 772441, 772451, 772459,
772477, 772493, 772517, 772537, 772567, 772571, 772573,
772591, 772619, 772631, 772649, 772657, 772661, 772663,
772669, 772691, 772697, 772703, 772721, 772757, 772771,
772789, 772843, 772847, 772853, 772859, 772867, 772903,
772907, 772909, 772913, 772921, 772949, 772963, 772987,
772991, 773021, 773023, 773027, 773029, 773039, 773057,
773063, 773081, 773083, 773093, 773117, 773147, 773153,
773159, 773207, 773209, 773231, 773239, 773249, 773251,
773273, 773287, 773299, 773317, 773341, 773363, 773371,
773387, 773393, 773407, 773417, 773447, 773453, 773473,
773491, 773497, 773501, 773533, 773537, 773561, 773567,
773569, 773579, 773599, 773603, 773609, 773611, 773657,
773659, 773681, 773683, 773693, 773713, 773719, 773723,
773767, 773777, 773779, 773803, 773821, 773831, 773837,
773849, 773863, 773867, 773869, 773879, 773897, 773909,
773933, 773939, 773951, 773953, 773987, 773989, 773999,
774001, 774017, 774023, 774047, 774071, 774073, 774083,

774107, 774119, 774127, 774131, 774133, 774143, 774149,
774161, 774173, 774181, 774199, 774217, 774223, 774229,
774233, 774239, 774283, 774289, 774313, 774317, 774337,
774343, 774377, 774427, 774439, 774463, 774467, 774491,
774511, 774523, 774541, 774551, 774577, 774583, 774589,
774593, 774601, 774629, 774643, 774661, 774667, 774671,
774679, 774691, 774703, 774733, 774757, 774773, 774779,
774791, 774797, 774799, 774803, 774811, 774821, 774833,
774853, 774857, 774863, 774901, 774919, 774929, 774931,
774959, 774997, 775007, 775037, 775043, 775057, 775063,
775079, 775087, 775091, 775097, 775121, 775147, 775153,
775157, 775163, 775189, 775193, 775237, 775241, 775259,
775267, 775273, 775309, 775343, 775349, 775361, 775363,
775367, 775393, 775417, 775441, 775451, 775477, 775507,
775513, 775517, 775531, 775553, 775573, 775601, 775603,
775613, 775627, 775633, 775639, 775661, 775669, 775681,
775711, 775729, 775739, 775741, 775757, 775777, 775787,
775807, 775811, 775823, 775861, 775871, 775889, 775919,
775933, 775937, 775939, 775949, 775963, 775987, 776003,
776029, 776047, 776057, 776059, 776077, 776099, 776117,
776119, 776137, 776143, 776159, 776173, 776177, 776179,
776183, 776201, 776219, 776221, 776233, 776249, 776257,
776267, 776287, 776317, 776327, 776357, 776389, 776401,
776429, 776449, 776453, 776467, 776471, 776483, 776497,
776507, 776513, 776521, 776551, 776557, 776561, 776563,
776569, 776599, 776627, 776651, 776683, 776693, 776719,
776729, 776749, 776753, 776759, 776801, 776813, 776819,
776837, 776851, 776861, 776869, 776879, 776887, 776899,
776921, 776947, 776969, 776977, 776983, 776987, 777001,
777011, 777013, 777031, 777041, 777071, 777097, 777103,
777109, 777137, 777143, 777151, 777167, 777169, 777173,
777181, 777187, 777191, 777199, 777209, 777221, 777241,
777247, 777251, 777269, 777277, 777313, 777317, 777349,
777353, 777373, 777383, 777389, 777391, 777419, 777421,
777431, 777433, 777437, 777451, 777463, 777473, 777479,
777541, 777551, 777571, 777583, 777589, 777617, 777619,

777641, 777643, 777661, 777671, 777677, 777683, 777731,
777737, 777743, 777761, 777769, 777781, 777787, 777817,
777839, 777857, 777859, 777863, 777871, 777877, 777901,
777911, 777919, 777977, 777979, 777989, 778013, 778027,
778049, 778051, 778061, 778079, 778081, 778091, 778097,
778109, 778111, 778121, 778123, 778153, 778163, 778187,
778201, 778213, 778223, 778237, 778241, 778247, 778301,
778307, 778313, 778319, 778333, 778357, 778361, 778363,
778391, 778397, 778403, 778409, 778417, 778439, 778469,
778507, 778511, 778513, 778523, 778529, 778537, 778541,
778553, 778559, 778567, 778579, 778597, 778633, 778643,
778663, 778667, 778681, 778693, 778697, 778699, 778709,
778717, 778727, 778733, 778759, 778763, 778769, 778777,
778793, 778819, 778831, 778847, 778871, 778873, 778879,
778903, 778907, 778913, 778927, 778933, 778951, 778963,
778979, 778993, 779003, 779011, 779021, 779039, 779063,
779069, 779081, 779101, 779111, 779131, 779137, 779159,
779173, 779189, 779221, 779231, 779239, 779249, 779267,
779327, 779329, 779341, 779347, 779351, 779353, 779357,
779377, 779413, 779477, 779489, 779507, 779521, 779531,
779543, 779561, 779563, 779573, 779579, 779591, 779593,
779599, 779609, 779617, 779621, 779657, 779659, 779663,
779693, 779699, 779707, 779731, 779747, 779749, 779761,
779767, 779771, 779791, 779797, 779827, 779837, 779869,
779873, 779879, 779887, 779899, 779927, 779939, 779971,
779981, 779983, 779993, 780029, 780037, 780041, 780047,
780049, 780061, 780119, 780127, 780163, 780173, 780179,
780191, 780193, 780211, 780223, 780233, 780253, 780257,
780287, 780323, 780343, 780347, 780371, 780379, 780383,
780389, 780397, 780401, 780421, 780433, 780457, 780469,
780499, 780523, 780553, 780583, 780587, 780601, 780613,
780631, 780649, 780667, 780671, 780679, 780683, 780697,
780707, 780719, 780721, 780733, 780799, 780803, 780809,
780817, 780823, 780833, 780841, 780851, 780853, 780869,
780877, 780887, 780889, 780917, 780931, 780953, 780961,
780971, 780973, 780991, 781003, 781007, 781021, 781043,

781051, 781063, 781069, 781087, 781111, 781117, 781127,
781129, 781139, 781163, 781171, 781199, 781211, 781217,
781229, 781243, 781247, 781271, 781283, 781301, 781307,
781309, 781321, 781327, 781351, 781357, 781367, 781369,
781387, 781397, 781399, 781409, 781423, 781427, 781433,
781453, 781481, 781483, 781493, 781511, 781513, 781519,
781523, 781531, 781559, 781567, 781589, 781601, 781607,
781619, 781631, 781633, 781661, 781673, 781681, 781721,
781733, 781741, 781771, 781799, 781801, 781817, 781819,
781853, 781861, 781867, 781883, 781889, 781897, 781919,
781951, 781961, 781967, 781969, 781973, 781987, 781997,
781999, 782003, 782009, 782011, 782053, 782057, 782071,
782083, 782087, 782107, 782113, 782123, 782129, 782137,
782141, 782147, 782149, 782183, 782189, 782191, 782209,
782219, 782231, 782251, 782263, 782267, 782297, 782311,
782329, 782339, 782371, 782381, 782387, 782389, 782393,
782429, 782443, 782461, 782473, 782489, 782497, 782501,
782519, 782539, 782581, 782611, 782641, 782659, 782669,
782671, 782687, 782689, 782707, 782711, 782723, 782777,
782783, 782791, 782839, 782849, 782861, 782891, 782911,
782921, 782941, 782963, 782981, 782983, 782993, 783007,
783011, 783019, 783023, 783043, 783077, 783089, 783119,
783121, 783131, 783137, 783143, 783149, 783151, 783191,
783193, 783197, 783227, 783247, 783257, 783259, 783269,
783283, 783317, 783323, 783329, 783337, 783359, 783361,
783373, 783379, 783407, 783413, 783421, 783473, 783487,
783527, 783529, 783533, 783553, 783557, 783569, 783571,
783599, 783613, 783619, 783641, 783647, 783661, 783677,
783689, 783691, 783701, 783703, 783707, 783719, 783721,
783733, 783737, 783743, 783749, 783763, 783767, 783779,
783781, 783787, 783791, 783793, 783799, 783803, 783829,
783869, 783877, 783931, 783953, 784009, 784039, 784061,
784081, 784087, 784097, 784103, 784109, 784117, 784129,
784153, 784171, 784181, 784183, 784211, 784213, 784219,
784229, 784243, 784249, 784283, 784307, 784309, 784313,
784321, 784327, 784349, 784351, 784367, 784373, 784379,

784387, 784409, 784411, 784423, 784447, 784451, 784457,
784463, 784471, 784481, 784489, 784501, 784513, 784541,
784543, 784547, 784561, 784573, 784577, 784583, 784603,
784627, 784649, 784661, 784687, 784697, 784717, 784723,
784727, 784753, 784789, 784799, 784831, 784837, 784841,
784859, 784867, 784897, 784913, 784919, 784939, 784957,
784961, 784981, 785003, 785017, 785033, 785053, 785093,
785101, 785107, 785119, 785123, 785129, 785143, 785153,
785159, 785167, 785203, 785207, 785219, 785221, 785227,
785249, 785269, 785287, 785293, 785299, 785303, 785311,
785321, 785329, 785333, 785341, 785347, 785353, 785357,
785363, 785377, 785413, 785423, 785431, 785459, 785461,
785483, 785501, 785503, 785527, 785537, 785549, 785569,
785573, 785579, 785591, 785597, 785623, 785627, 785641,
785651, 785671, 785693, 785717, 785731, 785737, 785753,
785773, 785777, 785779, 785801, 785803, 785809, 785839,
785857, 785861, 785879, 785903, 785921, 785923, 785947,
785951, 785963, 786001, 786013, 786017, 786031, 786047,
786053, 786059, 786061, 786077, 786109, 786127, 786151,
786167, 786173, 786179, 786197, 786211, 786223, 786241,
786251, 786271, 786307, 786311, 786319, 786329, 786337,
786349, 786371, 786407, 786419, 786431, 786433, 786449,
786469, 786491, 786547, 786551, 786553, 786587, 786589,
786613, 786629, 786659, 786661, 786673, 786691, 786697,
786701, 786703, 786707, 786719, 786739, 786763, 786803,
786823, 786829, 786833, 786859, 786881, 786887, 786889,
786901, 786931, 786937, 786941, 786949, 786959, 786971,
786979, 786983, 787021, 787043, 787051, 787057, 787067,
787069, 787079, 787091, 787099, 787123, 787139, 787153,
787181, 787187, 787207, 787217, 787243, 787261, 787277,
787289, 787309, 787331, 787333, 787337, 787357, 787361,
787427, 787429, 787433, 787439, 787447, 787469, 787477,
787483, 787489, 787513, 787517, 787519, 787529, 787537,
787541, 787547, 787573, 787601, 787609, 787621, 787639,
787649, 787667, 787697, 787711, 787747, 787751, 787757,
787769, 787771, 787777, 787783, 787793, 787807, 787811,

787817, 787823, 787837, 787879, 787883, 787903, 787907,
787939, 787973, 787981, 787993, 787999, 788009, 788023,
788027, 788033, 788041, 788071, 788077, 788087, 788089,
788093, 788107, 788129, 788153, 788159, 788167, 788173,
788189, 788209, 788213, 788231, 788261, 788267, 788287,
788309, 788317, 788321, 788351, 788353, 788357, 788363,
788369, 788377, 788383, 788387, 788393, 788399, 788413,
788419, 788429, 788449, 788467, 788479, 788497, 788521,
788527, 788531, 788537, 788549, 788561, 788563, 788569,
788603, 788621, 788651, 788659, 788677, 788687, 788701,
788719, 788761, 788779, 788789, 788813, 788819, 788849,
788863, 788867, 788869, 788873, 788891, 788897, 788903,
788927, 788933, 788941, 788947, 788959, 788971, 788993,
788999, 789001, 789017, 789029, 789031, 789067, 789077,
789091, 789097, 789101, 789109, 789121, 789133, 789137,
789149, 789169, 789181, 789221, 789227, 789251, 789311,
789323, 789331, 789343, 789367, 789377, 789389, 789391,
789407, 789419, 789443, 789473, 789491, 789493, 789511,
789527, 789533, 789557, 789571, 789577, 789587, 789589,
789611, 789623, 789631, 789653, 789671, 789673, 789683,
789689, 789709, 789713, 789721, 789731, 789739, 789749,
789793, 789823, 789829, 789847, 789851, 789857, 789883,
789941, 789959, 789961, 789967, 789977, 789979, 790003,
790021, 790033, 790043, 790051, 790057, 790063, 790087,
790093, 790099, 790121, 790169, 790171, 790189, 790199,
790201, 790219, 790241, 790261, 790271, 790277, 790289,
790291, 790327, 790331, 790333, 790351, 790369, 790379,
790397, 790403, 790417, 790421, 790429, 790451, 790459,
790481, 790501, 790513, 790519, 790523, 790529, 790547,
790567, 790583, 790589, 790607, 790613, 790633, 790637,
790649, 790651, 790693, 790697, 790703, 790709, 790733,
790739, 790747, 790753, 790781, 790793, 790817, 790819,
790831, 790843, 790861, 790871, 790879, 790883, 790897,
790927, 790957, 790961, 790967, 790969, 790991, 790997,
791003, 791009, 791017, 791029, 791047, 791053, 791081,
791093, 791099, 791111, 791117, 791137, 791159, 791191,

791201, 791209, 791227, 791233, 791251, 791257, 791261,
791291, 791309, 791311, 791317, 791321, 791347, 791363,
791377, 791387, 791411, 791419, 791431, 791443, 791447,
791473, 791489, 791519, 791543, 791561, 791563, 791569,
791573, 791599, 791627, 791629, 791657, 791663, 791677,
791699, 791773, 791783, 791789, 791797, 791801, 791803,
791827, 791849, 791851, 791887, 791891, 791897, 791899,
791909, 791927, 791929, 791933, 791951, 791969, 791971,
791993, 792023, 792031, 792037, 792041, 792049, 792061,
792067, 792073, 792101, 792107, 792109, 792119, 792131,
792151, 792163, 792179, 792223, 792227, 792229, 792241,
792247, 792257, 792263, 792277, 792283, 792293, 792299,
792301, 792307, 792317, 792359, 792371, 792377, 792383,
792397, 792413, 792443, 792461, 792479, 792481, 792487,
792521, 792529, 792551, 792553, 792559, 792563, 792581,
792593, 792601, 792613, 792629, 792637, 792641, 792643,
792647, 792667, 792679, 792689, 792691, 792697, 792703,
792709, 792713, 792731, 792751, 792769, 792793, 792797,
792821, 792871, 792881, 792893, 792907, 792919, 792929,
792941, 792959, 792973, 792983, 792989, 792991, 793043,
793069, 793099, 793103, 793123, 793129, 793139, 793159,
793181, 793187, 793189, 793207, 793229, 793253, 793279,
793297, 793301, 793327, 793333, 793337, 793343, 793379,
793399, 793439, 793447, 793453, 793487, 793489, 793493,
793511, 793517, 793519, 793537, 793547, 793553, 793561,
793591, 793601, 793607, 793621, 793627, 793633, 793669,
793673, 793691, 793699, 793711, 793717, 793721, 793733,
793739, 793757, 793769, 793777, 793787, 793789, 793813,
793841, 793843, 793853, 793867, 793889, 793901, 793927,
793931, 793939, 793957, 793967, 793979, 793981, 793999,
794009, 794011, 794023, 794033, 794039, 794041, 794063,
794071, 794077, 794089, 794111, 794113, 794119, 794137,
794141, 794149, 794153, 794161, 794173, 794179, 794191,
794201, 794203, 794207, 794221, 794231, 794239, 794249,
794327, 794341, 794363, 794383, 794389, 794399, 794407,
794413, 794449, 794471, 794473, 794477, 794483, 794491,

794509, 794531, 794537, 794543, 794551, 794557, 794569,
794579, 794587, 794593, 794641, 794653, 794657, 794659,
794669, 794693, 794711, 794741, 794743, 794749, 794779,
794831, 794879, 794881, 794887, 794921, 794923, 794953,
794957, 794993, 794999, 795001, 795007, 795023, 795071,
795077, 795079, 795083, 795097, 795101, 795103, 795121,
795127, 795139, 795149, 795161, 795187, 795203, 795211,
795217, 795233, 795239, 795251, 795253, 795299, 795307,
795323, 795329, 795337, 795343, 795349, 795427, 795449,
795461, 795467, 795479, 795493, 795503, 795517, 795527,
795533, 795539, 795551, 795581, 795589, 795601, 795643,
795647, 795649, 795653, 795659, 795661, 795667, 795679,
795703, 795709, 795713, 795727, 795737, 795761, 795763,
795791, 795793, 795797, 795799, 795803, 795827, 795829,
795871, 795877, 795913, 795917, 795931, 795937, 795941,
795943, 795947, 795979, 795983, 795997, 796001, 796009,
796063, 796067, 796091, 796121, 796139, 796141, 796151,
796171, 796177, 796181, 796189, 796193, 796217, 796247,
796259, 796267, 796291, 796303, 796307, 796337, 796339,
796361, 796363, 796373, 796379, 796387, 796391, 796409,
796447, 796451, 796459, 796487, 796493, 796517, 796531,
796541, 796553, 796561, 796567, 796571, 796583, 796591,
796619, 796633, 796657, 796673, 796687, 796693, 796699,
796709, 796711, 796751, 796759, 796769, 796777, 796781,
796799, 796801, 796813, 796819, 796847, 796849, 796853,
796867, 796871, 796877, 796889, 796921, 796931, 796933,
796937, 796951, 796967, 796969, 796981, 797003, 797009,
797021, 797029, 797033, 797039, 797051, 797053, 797057,
797063, 797077, 797119, 797131, 797143, 797161, 797171,
797201, 797207, 797273, 797281, 797287, 797309, 797311,
797333, 797353, 797359, 797383, 797389, 797399, 797417,
797429, 797473, 797497, 797507, 797509, 797539, 797549,
797551, 797557, 797561, 797567, 797569, 797579, 797581,
797591, 797593, 797611, 797627, 797633, 797647, 797681,
797689, 797701, 797711, 797729, 797743, 797747, 797767,
797773, 797813, 797833, 797851, 797869, 797887, 797897,

797911, 797917, 797933, 797947, 797957, 797977, 797987,
798023, 798043, 798059, 798067, 798071, 798079, 798089,
798097, 798101, 798121, 798131, 798139, 798143, 798151,
798173, 798179, 798191, 798197, 798199, 798221, 798223,
798227, 798251, 798257, 798263, 798271, 798293, 798319,
798331, 798373, 798383, 798397, 798403, 798409, 798443,
798451, 798461, 798481, 798487, 798503, 798517, 798521,
798527, 798533, 798569, 798599, 798613, 798641, 798647,
798649, 798667, 798691, 798697, 798701, 798713, 798727,
798737, 798751, 798757, 798773, 798781, 798799, 798823,
798871, 798887, 798911, 798923, 798929, 798937, 798943,
798961, 799003, 799021, 799031, 799061, 799063, 799091,
799093, 799103, 799147, 799151, 799171, 799217, 799219,
799223, 799259, 799291, 799301, 799303, 799307, 799313,
799333, 799343, 799361, 799363, 799369, 799417, 799427,
799441, 799453, 799471, 799481, 799483, 799489, 799507,
799523, 799529, 799543, 799553, 799573, 799609, 799613,
799619, 799621, 799633, 799637, 799651, 799657, 799661,
799679, 799723, 799727, 799739, 799741, 799753, 799759,
799789, 799801, 799807, 799817, 799837, 799853, 799859,
799873, 799891, 799921, 799949, 799961, 799979, 799991,
799993, 799999, 800011, 800029, 800053, 800057, 800077,
800083, 800089, 800113, 800117, 800119, 800123, 800131,
800143, 800159, 800161, 800171, 800209, 800213, 800221,
800231, 800237, 800243, 800281, 800287, 800291, 800311,
800329, 800333, 800351, 800357, 800399, 800407, 800417,
800419, 800441, 800447, 800473, 800477, 800483, 800497,
800509, 800519, 800521, 800533, 800537, 800539, 800549,
800557, 800573, 800587, 800593, 800599, 800621, 800623,
800647, 800651, 800659, 800663, 800669, 800677, 800687,
800693, 800707, 800711, 800729, 800731, 800741, 800743,
800759, 800773, 800783, 800801, 800861, 800873, 800879,
800897, 800903, 800909, 800923, 800953, 800959, 800971,
800977, 800993, 800999, 801001, 801007, 801011, 801019,
801037, 801061, 801077, 801079, 801103, 801107, 801127,
801137, 801179, 801187, 801197, 801217, 801247, 801277,

801289, 801293, 801301, 801331, 801337, 801341, 801349,
801371, 801379, 801403, 801407, 801419, 801421, 801461,
801469, 801487, 801503, 801517, 801539, 801551, 801557,
801569, 801571, 801607, 801611, 801617, 801631, 801641,
801677, 801683, 801701, 801707, 801709, 801733, 801761,
801791, 801809, 801811, 801817, 801833, 801841, 801859,
801883, 801947, 801949, 801959, 801973, 801989, 802007,
802019, 802027, 802031, 802037, 802073, 802103, 802121,
802127, 802129, 802133, 802141, 802147, 802159, 802163,
802177, 802181, 802183, 802189, 802231, 802253, 802279,
802283, 802297, 802331, 802339, 802357, 802387, 802421,
802441, 802453, 802463, 802471, 802499, 802511, 802523,
802531, 802573, 802583, 802589, 802597, 802603, 802609,
802643, 802649, 802651, 802661, 802667, 802709, 802721,
802729, 802733, 802751, 802759, 802777, 802783, 802787,
802793, 802799, 802811, 802829, 802831, 802873, 802909,
802913, 802933, 802951, 802969, 802979, 802987, 803027,
803041, 803053, 803057, 803059, 803087, 803093, 803119,
803141, 803171, 803189, 803207, 803227, 803237, 803251,
803269, 803273, 803287, 803311, 803323, 803333, 803347,
803359, 803389, 803393, 803399, 803417, 803441, 803443,
803447, 803449, 803461, 803479, 803483, 803497, 803501,
803513, 803519, 803549, 803587, 803591, 803609, 803611,
803623, 803629, 803651, 803659, 803669, 803687, 803717,
803729, 803731, 803741, 803749, 803813, 803819, 803849,
803857, 803867, 803893, 803897, 803911, 803921, 803927,
803939, 803963, 803977, 803987, 803989, 804007, 804017,
804031, 804043, 804059, 804073, 804077, 804091, 804107,
804113, 804119, 804127, 804157, 804161, 804179, 804191,
804197, 804203, 804211, 804239, 804259, 804281, 804283,
804313, 804317, 804329, 804337, 804341, 804367, 804371,
804383, 804409, 804443, 804449, 804473, 804493, 804497,
804511, 804521, 804523, 804541, 804553, 804571, 804577,
804581, 804589, 804607, 804611, 804613, 804619, 804653,
804689, 804697, 804703, 804709, 804743, 804751, 804757,
804761, 804767, 804803, 804823, 804829, 804833, 804847,

804857, 804877, 804889, 804893, 804901, 804913, 804919,
804929, 804941, 804943, 804983, 804989, 804997, 805019,
805027, 805031, 805033, 805037, 805061, 805067, 805073,
805081, 805097, 805099, 805109, 805111, 805121, 805153,
805159, 805177, 805187, 805213, 805219, 805223, 805241,
805249, 805267, 805271, 805279, 805289, 805297, 805309,
805313, 805327, 805331, 805333, 805339, 805369, 805381,
805397, 805403, 805421, 805451, 805463, 805471, 805487,
805499, 805501, 805507, 805517, 805523, 805531, 805537,
805559, 805573, 805583, 805589, 805633, 805639, 805687,
805703, 805711, 805723, 805729, 805741, 805757, 805789,
805799, 805807, 805811, 805843, 805853, 805859, 805867,
805873, 805877, 805891, 805901, 805913, 805933, 805967,
805991, 806009, 806011, 806017, 806023, 806027, 806033,
806041, 806051, 806059, 806087, 806107, 806111, 806129,
806137, 806153, 806159, 806177, 806203, 806213, 806233,
806257, 806261, 806263, 806269, 806291, 806297, 806317,
806329, 806363, 806369, 806371, 806381, 806383, 806389,
806447, 806453, 806467, 806483, 806503, 806513, 806521,
806543, 806549, 806579, 806581, 806609, 806639, 806657,
806671, 806719, 806737, 806761, 806783, 806789, 806791,
806801, 806807, 806821, 806857, 806893, 806903, 806917,
806929, 806941, 806947, 806951, 806977, 806999, 807011,
807017, 807071, 807077, 807083, 807089, 807097, 807113,
807119, 807127, 807151, 807181, 807187, 807193, 807197,
807203, 807217, 807221, 807241, 807251, 807259, 807281,
807299, 807337, 807371, 807379, 807383, 807403, 807407,
807409, 807419, 807427, 807463, 807473, 807479, 807487,
807491, 807493, 807509, 807511, 807523, 807539, 807559,
807571, 807607, 807613, 807629, 807637, 807647, 807689,
807707, 807731, 807733, 807749, 807757, 807787, 807797,
807809, 807817, 807869, 807871, 807901, 807907, 807923,
807931, 807941, 807943, 807949, 807973, 807997, 808019,
808021, 808039, 808081, 808097, 808111, 808147, 808153,
808169, 808177, 808187, 808211, 808217, 808229, 808237,
808261, 808267, 808307, 808309, 808343, 808349, 808351,

808361, 808363, 808369, 808373, 808391, 808399, 808417,
808421, 808439, 808441, 808459, 808481, 808517, 808523,
808553, 808559, 808579, 808589, 808597, 808601, 808603,
808627, 808637, 808651, 808679, 808681, 808693, 808699,
808721, 808733, 808739, 808747, 808751, 808771, 808777,
808789, 808793, 808837, 808853, 808867, 808919, 808937,
808957, 808961, 808981, 808991, 808993, 809023, 809041,
809051, 809063, 809087, 809093, 809101, 809141, 809143,
809147, 809173, 809177, 809189, 809201, 809203, 809213,
809231, 809239, 809243, 809261, 809269, 809273, 809297,
809309, 809323, 809339, 809357, 809359, 809377, 809383,
809399, 809401, 809407, 809423, 809437, 809443, 809447,
809453, 809461, 809491, 809507, 809521, 809527, 809563,
809569, 809579, 809581, 809587, 809603, 809629, 809701,
809707, 809719, 809729, 809737, 809741, 809747, 809749,
809759, 809771, 809779, 809797, 809801, 809803, 809821,
809827, 809833, 809839, 809843, 809869, 809891, 809903,
809909, 809917, 809929, 809981, 809983, 809993, 810013,
810023, 810049, 810053, 810059, 810071, 810079, 810091,
810109, 810137, 810149, 810151, 810191, 810193, 810209,
810223, 810239, 810253, 810259, 810269, 810281, 810307,
810319, 810343, 810349, 810353, 810361, 810367, 810377,
810379, 810389, 810391, 810401, 810409, 810419, 810427,
810437, 810443, 810457, 810473, 810487, 810493, 810503,
810517, 810533, 810539, 810541, 810547, 810553, 810571,
810581, 810583, 810587, 810643, 810653, 810659, 810671,
810697, 810737, 810757, 810763, 810769, 810791, 810809,
810839, 810853, 810871, 810881, 810893, 810907, 810913,
810923, 810941, 810949, 810961, 810967, 810973, 810989,
811037, 811039, 811067, 811081, 811099, 811123, 811127,
811147, 811157, 811163, 811171, 811183, 811193, 811199,
811207, 811231, 811241, 811253, 811259, 811273, 811277,
811289, 811297, 811337, 811351, 811379, 811387, 811411,
811429, 811441, 811457, 811469, 811493, 811501, 811511,
811519, 811523, 811553, 811561, 811583, 811607, 811619,
811627, 811637, 811649, 811651, 811667, 811691, 811697,

811703, 811709, 811729, 811747, 811753, 811757, 811763,
811771, 811777, 811799, 811819, 811861, 811871, 811879,
811897, 811919, 811931, 811933, 811957, 811961, 811981,
811991, 811997, 812011, 812033, 812047, 812051, 812057,
812081, 812101, 812129, 812137, 812167, 812173, 812179,
812183, 812191, 812213, 812221, 812233, 812249, 812257,
812267, 812281, 812297, 812299, 812309, 812341, 812347,
812351, 812353, 812359, 812363, 812381, 812387, 812393,
812401, 812431, 812443, 812467, 812473, 812477, 812491,
812501, 812503, 812519, 812527, 812587, 812597, 812599,
812627, 812633, 812639, 812641, 812671, 812681, 812689,
812699, 812701, 812711, 812717, 812731, 812759, 812761,
812807, 812849, 812857, 812869, 812921, 812939, 812963,
812969, 813013, 813017, 813023, 813041, 813049, 813061,
813083, 813089, 813091, 813097, 813107, 813121, 813133,
813157, 813167, 813199, 813203, 813209, 813217, 813221,
813227, 813251, 813269, 813277, 813283, 813287, 813299,
813301, 813311, 813343, 813361, 813367, 813377, 813383,
813401, 813419, 813427, 813443, 813493, 813499, 813503,
813511, 813529, 813541, 813559, 813577, 813583, 813601,
813613, 813623, 813647, 813677, 813697, 813707, 813721,
813749, 813767, 813797, 813811, 813817, 813829, 813833,
813847, 813863, 813871, 813893, 813907, 813931, 813961,
813971, 813991, 813997, 814003, 814007, 814013, 814019,
814031, 814043, 814049, 814061, 814063, 814067, 814069,
814081, 814097, 814127, 814129, 814139, 814171, 814183,
814193, 814199, 814211, 814213, 814237, 814241, 814243,
814279, 814309, 814327, 814337, 814367, 814379, 814381,
814393, 814399, 814403, 814423, 814447, 814469, 814477,
814493, 814501, 814531, 814537, 814543, 814559, 814577,
814579, 814601, 814603, 814609, 814631, 814633, 814643,
814687, 814699, 814717, 814741, 814747, 814763, 814771,
814783, 814789, 814799, 814823, 814829, 814841, 814859,
814873, 814883, 814889, 814901, 814903, 814927, 814937,
814939, 814943, 814949, 814991, 815029, 815033, 815047,
815053, 815063, 815123, 815141, 815149, 815159, 815173,

815197, 815209, 815231, 815251, 815257, 815261, 815273,
815279, 815291, 815317, 815333, 815341, 815351, 815389,
815401, 815411, 815413, 815417, 815431, 815453, 815459,
815471, 815491, 815501, 815519, 815527, 815533, 815539,
815543, 815569, 815587, 815599, 815621, 815623, 815627,
815653, 815663, 815669, 815671, 815681, 815687, 815693,
815713, 815729, 815809, 815819, 815821, 815831, 815851,
815869, 815891, 815897, 815923, 815933, 815939, 815953,
815963, 815977, 815989, 816019, 816037, 816043, 816047,
816077, 816091, 816103, 816113, 816121, 816131, 816133,
816157, 816161, 816163, 816169, 816191, 816203, 816209,
816217, 816223, 816227, 816239, 816251, 816271, 816317,
816329, 816341, 816353, 816367, 816377, 816401, 816427,
816443, 816451, 816469, 816499, 816521, 816539, 816547,
816559, 816581, 816587, 816589, 816593, 816649, 816653,
816667, 816689, 816691, 816703, 816709, 816743, 816763,
816769, 816779, 816811, 816817, 816821, 816839, 816841,
816847, 816857, 816859, 816869, 816883, 816887, 816899,
816911, 816917, 816919, 816929, 816941, 816947, 816961,
816971, 817013, 817027, 817039, 817049, 817051, 817073,
817081, 817087, 817093, 817111, 817123, 817127, 817147,
817151, 817153, 817163, 817169, 817183, 817211, 817237,
817273, 817277, 817279, 817291, 817303, 817319, 817321,
817331, 817337, 817357, 817379, 817403, 817409, 817433,
817457, 817463, 817483, 817519, 817529, 817549, 817561,
817567, 817603, 817637, 817651, 817669, 817679, 817697,
817709, 817711, 817721, 817723, 817727, 817757, 817769,
817777, 817783, 817787, 817793, 817823, 817837, 817841,
817867, 817871, 817877, 817889, 817891, 817897, 817907,
817913, 817919, 817933, 817951, 817979, 817987, 818011,
818017, 818021, 818093, 818099, 818101, 818113, 818123,
818143, 818171, 818173, 818189, 818219, 818231, 818239,
818249, 818281, 818287, 818291, 818303, 818309, 818327,
818339, 818341, 818347, 818353, 818359, 818371, 818383,
818393, 818399, 818413, 818429, 818453, 818473, 818509,
818561, 818569, 818579, 818581, 818603, 818621, 818659,

818683, 818687, 818689, 818707, 818717, 818723, 818813, 818819, 818821, 818827, 818837, 818887, 818897, 818947, 818959, 818963, 818969, 818977, 818999, 819001, 819017, 819029, 819031, 819037, 819061, 819073, 819083, 819101, 819131, 819149, 819157, 819167, 819173, 819187, 819229, 819239, 819241, 819251, 819253, 819263, 819271, 819289, 819307, 819311, 819317, 819319, 819367, 819373, 819389, 819391, 819407, 819409, 819419, 819431, 819437, 819443, 819449, 819457, 819463, 819473, 819487, 819491,
819493, 819499, 819503, 819509, 819523, 819563, 819583, 819593, 819607, 819617, 819619, 819629, 819647, 819653, 819659, 819673, 819691, 819701, 819719, 819737, 819739, 819761, 819769, 819773, 819781, 819787, 819799, 819811, 819823, 819827, 819829, 819853, 819899, 819911, 819913, 819937, 819943, 819977, 819989, 819991, 820037, 820051, 820067, 820073, 820093, 820109, 820117, 820129, 820133, 820163, 820177, 820187, 820201, 820213, 820223, 820231, 820241, 820243, 820247, 820271, 820273, 820279, 820319, 820321, 820331, 820333, 820343, 820349, 820361, 820367, 820399, 820409, 820411, 820427, 820429, 820441, 820459, 820481, 820489, 820537, 820541, 820559, 820577, 820597, 820609, 820619, 820627, 820637, 820643, 820649, 820657, 820679, 820681, 820691, 820711, 820723, 820733, 820747, 820753, 820759, 820763, 820789, 820793, 820837, 820873, 820891, 820901, 820907, 820909, 820921, 820927, 820957, 820969, 820991, 820997, 821003, 821027, 821039, 821053, 821057, 821063, 821069, 821081, 821089, 821099, 821101, 821113, 821131, 821143, 821147, 821153, 821167, 821173, 821207, 821209, 821263, 821281, 821291, 821297, 821311, 821329, 821333, 821377, 821383, 821411, 821441, 821449, 821459, 821461, 821467, 821477, 821479, 821489, 821497, 821507, 821519, 821551, 821573, 821603, 821641, 821647, 821651, 821663, 821677, 821741, 821747, 821753, 821759, 821771, 821801, 821803, 821809, 821819, 821827, 821833, 821851, 821857, 821861, 821869, 821879, 821897, 821911, 821939, 821941, 821971, 821993, 821999, 822007, 822011,

822013, 822037, 822049, 822067, 822079, 822113, 822131,
822139, 822161, 822163, 822167, 822169, 822191, 822197,
822221, 822223, 822229, 822233, 822253, 822259, 822277,
822293, 822299, 822313, 822317, 822323, 822329, 822343,
822347, 822361, 822379, 822383, 822389, 822391, 822407,
822431, 822433, 822517, 822539, 822541, 822551, 822553,
822557, 822571, 822581, 822587, 822589, 822599, 822607,
822611, 822631, 822667, 822671, 822673, 822683, 822691,
822697, 822713, 822721, 822727, 822739, 822743, 822761,
822763, 822781, 822791, 822793, 822803, 822821, 822823,
822839, 822853, 822881, 822883, 822889, 822893, 822901,
822907, 822949, 822971, 822973, 822989, 823001, 823003,
823013, 823033, 823051, 823117, 823127, 823129, 823153,
823169, 823177, 823183, 823201, 823219, 823231, 823237,
823241, 823243, 823261, 823271, 823283, 823309, 823337,
823349, 823351, 823357, 823373, 823399, 823421, 823447,
823451, 823457, 823481, 823483, 823489, 823499, 823519,
823541, 823547, 823553, 823573, 823591, 823601, 823619,
823621, 823637, 823643, 823651, 823663, 823679, 823703,
823709, 823717, 823721, 823723, 823727, 823729, 823741,
823747, 823759, 823777, 823787, 823789, 823799, 823819,
823829, 823831, 823841, 823843, 823877, 823903, 823913,
823961, 823967, 823969, 823981, 823993, 823997, 824017,
824029, 824039, 824063, 824069, 824077, 824081, 824099,
824123, 824137, 824147, 824179, 824183, 824189, 824191,
824227, 824231, 824233, 824269, 824281, 824287, 824339,
824393, 824399, 824401, 824413, 824419, 824437, 824443,
824459, 824477, 824489, 824497, 824501, 824513, 824531,
824539, 824563, 824591, 824609, 824641, 824647, 824651,
824669, 824671, 824683, 824699, 824701, 824723, 824741,
824749, 824753, 824773, 824777, 824779, 824801, 824821,
824833, 824843, 824861, 824893, 824899, 824911, 824921,
824933, 824939, 824947, 824951, 824977, 824981, 824983,
825001, 825007, 825017, 825029, 825047, 825049, 825059,
825067, 825073, 825101, 825107, 825109, 825131, 825161,
825191, 825193, 825199, 825203, 825229, 825241, 825247,

825259, 825277, 825281, 825283, 825287, 825301, 825329,
825337, 825343, 825347, 825353, 825361, 825389, 825397,
825403, 825413, 825421, 825439, 825443, 825467, 825479,
825491, 825509, 825527, 825533, 825547, 825551, 825553,
825577, 825593, 825611, 825613, 825637, 825647, 825661,
825679, 825689, 825697, 825701, 825709, 825733, 825739,
825749, 825763, 825779, 825791, 825821, 825827, 825829,
825857, 825883, 825889, 825919, 825947, 825959, 825961,
825971, 825983, 825991, 825997, 826019, 826037, 826039,
826051, 826061, 826069, 826087, 826093, 826097, 826129,
826151, 826153, 826169, 826171, 826193, 826201, 826211,
826271, 826283, 826289, 826303, 826313, 826333, 826339,
826349, 826351, 826363, 826379, 826381, 826391, 826393,
826403, 826411, 826453, 826477, 826493, 826499, 826541,
826549, 826559, 826561, 826571, 826583, 826603, 826607,
826613, 826621, 826663, 826667, 826669, 826673, 826681,
826697, 826699, 826711, 826717, 826723, 826729, 826753,
826759, 826783, 826799, 826807, 826811, 826831, 826849,
826867, 826879, 826883, 826907, 826921, 826927, 826939,
826957, 826963, 826967, 826979, 826997, 827009, 827023,
827039, 827041, 827063, 827087, 827129, 827131, 827143,
827147, 827161, 827213, 827227, 827231, 827251, 827269,
827293, 827303, 827311, 827327, 827347, 827369, 827389,
827417, 827423, 827429, 827443, 827447, 827461, 827473,
827501, 827521, 827537, 827539, 827549, 827581, 827591,
827599, 827633, 827639, 827677, 827681, 827693, 827699,
827719, 827737, 827741, 827767, 827779, 827791, 827803,
827809, 827821, 827833, 827837, 827843, 827851, 827857,
827867, 827873, 827899, 827903, 827923, 827927, 827929,
827941, 827969, 827987, 827989, 828007, 828011, 828013,
828029, 828043, 828059, 828067, 828071, 828101, 828109,
828119, 828127, 828131, 828133, 828169, 828199, 828209,
828221, 828239, 828277, 828349, 828361, 828371, 828379,
828383, 828397, 828407, 828409, 828431, 828449, 828517,
828523, 828547, 828557, 828577, 828587, 828601, 828637,
828643, 828649, 828673, 828677, 828691, 828697, 828701,

828703, 828721, 828731, 828743, 828757, 828787, 828797,
828809, 828811, 828823, 828829, 828833, 828859, 828871,
828881, 828889, 828899, 828901, 828917, 828923, 828941,
828953, 828967, 828977, 829001, 829013, 829057, 829063,
829069, 829093, 829097, 829111, 829121, 829123, 829151,
829159, 829177, 829187, 829193, 829211, 829223, 829229,
829237, 829249, 829267, 829273, 829289, 829319, 829349,
829399, 829453, 829457, 829463, 829469, 829501, 829511,
829519, 829537, 829547, 829561, 829601, 829613, 829627,
829637, 829639, 829643, 829657, 829687, 829693, 829709,
829721, 829723, 829727, 829729, 829733, 829757, 829789,
829811, 829813, 829819, 829831, 829841, 829847, 829849,
829867, 829877, 829883, 829949, 829967, 829979, 829987,
829993, 830003, 830017, 830041, 830051, 830099, 830111,
830117, 830131, 830143, 830153, 830173, 830177, 830191,
830233, 830237, 830257, 830267, 830279, 830293, 830309,
830311, 830327, 830329, 830339, 830341, 830353, 830359,
830363, 830383, 830387, 830411, 830413, 830419, 830441,
830447, 830449, 830477, 830483, 830497, 830503, 830513,
830549, 830551, 830561, 830567, 830579, 830587, 830591,
830597, 830617, 830639, 830657, 830677, 830693, 830719,
830729, 830741, 830743, 830777, 830789, 830801, 830827,
830833, 830839, 830849, 830861, 830873, 830887, 830891,
830899, 830911, 830923, 830939, 830957, 830981, 830989,
831023, 831031, 831037, 831043, 831067, 831071, 831073,
831091, 831109, 831139, 831161, 831163, 831167, 831191,
831217, 831221, 831239, 831253, 831287, 831301, 831323,
831329, 831361, 831367, 831371, 831373, 831407, 831409,
831431, 831433, 831437, 831443, 831461, 831503, 831529,
831539, 831541, 831547, 831553, 831559, 831583, 831587,
831599, 831617, 831619, 831631, 831643, 831647, 831653,
831659, 831661, 831679, 831683, 831697, 831707, 831709,
831713, 831731, 831739, 831751, 831757, 831769, 831781,
831799, 831811, 831821, 831829, 831847, 831851, 831863,
831881, 831889, 831893, 831899, 831911, 831913, 831917,
831967, 831983, 832003, 832063, 832079, 832081, 832103,

832109, 832121, 832123, 832129, 832141, 832151, 832157, 832159, 832189, 832211, 832217, 832253, 832291, 832297, 832309, 832327, 832331, 832339, 832361, 832367, 832369, 832373, 832379, 832399, 832411, 832421, 832427, 832451, 832457, 832477, 832483, 832487, 832493, 832499, 832519, 832583, 832591, 832597, 832607, 832613, 832621, 832627, 832631, 832633, 832639, 832673, 832679, 832681, 832687, 832693, 832703, 832709, 832717, 832721, 832729, 832747, 832757, 832763, 832771, 832787, 832801, 832837, 832841, 832861, 832879, 832883, 832889, 832913, 832919, 832927, 832933, 832943, 832957, 832963, 832969, 832973, 832987, 833009, 833023, 833033, 833047, 833057, 833099, 833101, 833117, 833171, 833177, 833179, 833191, 833197, 833201, 833219, 833251, 833269, 833281, 833293, 833299, 833309, 833347, 833353, 833363, 833377, 833389, 833429, 833449, 833453, 833461, 833467, 833477, 833479, 833491, 833509, 833537, 833557, 833563, 833593, 833597, 833617, 833633, 833659, 833669, 833689, 833711, 833713, 833717, 833719, 833737, 833747, 833759, 833783, 833801, 833821, 833839, 833843, 833857, 833873, 833887, 833893, 833897, 833923, 833927, 833933, 833947, 833977, 833999, 834007, 834013, 834023, 834059, 834107, 834131, 834133, 834137, 834143, 834149, 834151, 834181, 834199, 834221, 834257, 834259, 834269, 834277, 834283, 834287, 834299, 834311, 834341, 834367, 834433, 834439, 834469, 834487, 834497, 834503, 834511, 834523, 834527, 834569, 834571, 834593, 834599, 834607, 834611, 834623, 834629, 834641, 834643, 834653, 834671, 834703, 834709, 834721, 834761, 834773, 834781, 834787, 834797, 834809, 834811, 834829, 834857, 834859, 834893, 834913, 834941, 834947, 834949, 834959, 834961, 834983, 834991, 835001, 835013, 835019, 835033, 835039, 835097, 835099, 835117, 835123, 835139, 835141, 835207, 835213, 835217, 835249, 835253, 835271, 835313, 835319, 835321, 835327, 835369, 835379, 835391, 835399, 835421, 835427, 835441, 835451, 835453, 835459, 835469, 835489, 835511, 835531, 835553, 835559, 835591, 835603, 835607,

835609, 835633, 835643, 835661, 835663, 835673, 835687,
835717, 835721, 835733, 835739, 835759, 835789, 835811,
835817, 835819, 835823, 835831, 835841, 835847, 835859,
835897, 835909, 835927, 835931, 835937, 835951, 835957,
835973, 835979, 835987, 835993, 835997, 836047, 836063,
836071, 836107, 836117, 836131, 836137, 836149, 836153,
836159, 836161, 836183, 836189, 836191, 836203, 836219,
836233, 836239, 836243, 836267, 836291, 836299, 836317,
836327, 836347, 836351, 836369, 836377, 836387, 836413,
836449, 836471, 836477, 836491, 836497, 836501, 836509,
836567, 836569, 836573, 836609, 836611, 836623, 836657,
836663, 836677, 836683, 836699, 836701, 836707, 836713,
836729, 836747, 836749, 836753, 836761, 836789, 836807,
836821, 836833, 836839, 836861, 836863, 836873, 836879,
836881, 836917, 836921, 836939, 836951, 836971, 837017,
837043, 837047, 837059, 837071, 837073, 837077, 837079,
837107, 837113, 837139, 837149, 837157, 837191, 837203,
837257, 837271, 837283, 837293, 837307, 837313, 837359,
837367, 837373, 837377, 837379, 837409, 837413, 837439,
837451, 837461, 837467, 837497, 837503, 837509, 837521,
837533, 837583, 837601, 837611, 837619, 837631, 837659,
837667, 837673, 837677, 837679, 837721, 837731, 837737,
837773, 837779, 837797, 837817, 837833, 837847, 837853,
837887, 837923, 837929, 837931, 837937, 837943, 837979,
838003, 838021, 838037, 838039, 838043, 838063, 838069,
838091, 838093, 838099, 838133, 838139, 838141, 838153,
838157, 838169, 838171, 838193, 838207, 838247, 838249,
838349, 838351, 838363, 838367, 838379, 838391, 838393,
838399, 838403, 838421, 838429, 838441, 838447, 838459,
838463, 838471, 838483, 838517, 838547, 838553, 838561,
838571, 838583, 838589, 838597, 838601, 838609, 838613,
838631, 838633, 838657, 838667, 838687, 838693, 838711,
838751, 838757, 838769, 838771, 838777, 838781, 838807,
838813, 838837, 838853, 838889, 838897, 838909, 838913,
838919, 838927, 838931, 838939, 838949, 838951, 838963,
838969, 838991, 838993, 839009, 839029, 839051, 839071,

839087, 839117, 839131, 839161, 839203, 839207, 839221,
839227, 839261, 839269, 839303, 839323, 839327, 839351,
839353, 839369, 839381, 839413, 839429, 839437, 839441,
839453, 839459, 839471, 839473, 839483, 839491, 839497,
839519, 839539, 839551, 839563, 839599, 839603, 839609,
839611, 839617, 839621, 839633, 839651, 839653, 839669,
839693, 839723, 839731, 839767, 839771, 839791, 839801,
839809, 839831, 839837, 839873, 839879, 839887, 839897,
839899, 839903, 839911, 839921, 839957, 839959, 839963,
839981, 839999, 840023, 840053, 840061, 840067, 840083,
840109, 840137, 840139, 840149, 840163, 840179, 840181,
840187, 840197, 840223, 840239, 840241, 840253, 840269,
840277, 840289, 840299, 840319, 840331, 840341, 840347,
840353, 840439, 840451, 840457, 840467, 840473, 840479,
840491, 840523, 840547, 840557, 840571, 840589, 840601,
840611, 840643, 840661, 840683, 840703, 840709, 840713,
840727, 840733, 840743, 840757, 840761, 840767, 840817,
840821, 840823, 840839, 840841, 840859, 840863, 840907,
840911, 840923, 840929, 840941, 840943, 840967, 840979,
840989, 840991, 841003, 841013, 841019, 841021, 841063,
841069, 841079, 841081, 841091, 841097, 841103, 841147,
841157, 841189, 841193, 841207, 841213, 841219, 841223,
841231, 841237, 841241, 841259, 841273, 841277, 841283,
841289, 841297, 841307, 841327, 841333, 841349, 841369,
841391, 841397, 841411, 841427, 841447, 841457, 841459,
841541, 841549, 841559, 841573, 841597, 841601, 841637,
841651, 841661, 841663, 841691, 841697, 841727, 841741,
841751, 841793, 841801, 841849, 841859, 841873, 841879,
841889, 841913, 841921, 841927, 841931, 841933, 841979,
841987, 842003, 842021, 842041, 842047, 842063, 842071,
842077, 842081, 842087, 842089, 842111, 842113, 842141,
842147, 842159, 842161, 842167, 842173, 842183, 842203,
842209, 842249, 842267, 842279, 842291, 842293, 842311,
842321, 842323, 842339, 842341, 842351, 842353, 842371,
842383, 842393, 842399, 842407, 842417, 842419, 842423,
842447, 842449, 842473, 842477, 842483, 842489, 842497,

842507, 842519, 842521, 842531, 842551, 842581, 842587,
842599, 842617, 842623, 842627, 842657, 842701, 842729,
842747, 842759, 842767, 842771, 842791, 842801, 842813,
842819, 842857, 842869, 842879, 842887, 842923, 842939,
842951, 842957, 842969, 842977, 842981, 842987, 842993,
843043, 843067, 843079, 843091, 843103, 843113, 843127,
843131, 843137, 843173, 843179, 843181, 843209, 843211,
843229, 843253, 843257, 843289, 843299, 843301, 843307,
843331, 843347, 843361, 843371, 843377, 843379, 843383,
843397, 843443, 843449, 843457, 843461, 843473, 843487,
843497, 843503, 843527, 843539, 843553, 843559, 843587,
843589, 843607, 843613, 843629, 843643, 843649, 843677,
843679, 843701, 843737, 843757, 843763, 843779, 843781,
843793, 843797, 843811, 843823, 843833, 843841, 843881,
843883, 843889, 843901, 843907, 843911, 844001, 844013,
844043, 844061, 844069, 844087, 844093, 844111, 844117,
844121, 844127, 844139, 844141, 844153, 844157, 844163,
844183, 844187, 844199, 844201, 844243, 844247, 844253,
844279, 844289, 844297, 844309, 844321, 844351, 844369,
844421, 844427, 844429, 844433, 844439, 844447, 844453,
844457, 844463, 844469, 844483, 844489, 844499, 844507,
844511, 844513, 844517, 844523, 844549, 844553, 844601,
844603, 844609, 844619, 844621, 844631, 844639, 844643,
844651, 844709, 844717, 844733, 844757, 844763, 844769,
844771, 844777, 844841, 844847, 844861, 844867, 844891,
844897, 844903, 844913, 844927, 844957, 844999, 845003,
845017, 845021, 845027, 845041, 845069, 845083, 845099,
845111, 845129, 845137, 845167, 845179, 845183, 845197,
845203, 845209, 845219, 845231, 845237, 845261, 845279,
845287, 845303, 845309, 845333, 845347, 845357, 845363,
845371, 845381, 845387, 845431, 845441, 845447, 845459,
845489, 845491, 845531, 845567, 845599, 845623, 845653,
845657, 845659, 845683, 845717, 845723, 845729, 845749,
845753, 845771, 845777, 845809, 845833, 845849, 845863,
845879, 845881, 845893, 845909, 845921, 845927, 845941,
845951, 845969, 845981, 845983, 845987, 845989, 846037,

846059, 846061, 846067, 846113, 846137, 846149, 846161,
846179, 846187, 846217, 846229, 846233, 846247, 846259,
846271, 846323, 846341, 846343, 846353, 846359, 846361,
846383, 846389, 846397, 846401, 846403, 846407, 846421,
846427, 846437, 846457, 846487, 846493, 846499, 846529,
846563, 846577, 846589, 846647, 846661, 846667, 846673,
846689, 846721, 846733, 846739, 846749, 846751, 846757,
846779, 846823, 846841, 846851, 846869, 846871, 846877,
846913, 846917, 846919, 846931, 846943, 846949, 846953,
846961, 846973, 846977, 846983, 846997, 847009, 847031,
847037, 847043, 847051, 847069, 847073, 847079, 847097,
847103, 847109, 847129, 847139, 847151, 847157, 847163,
847169, 847193, 847201, 847213, 847219, 847237, 847247,
847271, 847277, 847279, 847283, 847309, 847321, 847339,
847361, 847367, 847373, 847393, 847423, 847453, 847477,
847493, 847499, 847507, 847519, 847531, 847537, 847543,
847549, 847577, 847589, 847601, 847607, 847621, 847657,
847663, 847673, 847681, 847687, 847697, 847703, 847727,
847729, 847741, 847787, 847789, 847813, 847817, 847853,
847871, 847883, 847901, 847919, 847933, 847937, 847949,
847967, 847969, 847991, 847993, 847997, 848017, 848051,
848087, 848101, 848119, 848123, 848131, 848143, 848149,
848173, 848201, 848203, 848213, 848227, 848251, 848269,
848273, 848297, 848321, 848359, 848363, 848383, 848387,
848399, 848417, 848423, 848429, 848443, 848461, 848467,
848473, 848489, 848531, 848537, 848557, 848567, 848579,
848591, 848593, 848599, 848611, 848629, 848633, 848647,
848651, 848671, 848681, 848699, 848707, 848713, 848737,
848747, 848761, 848779, 848789, 848791, 848797, 848803,
848807, 848839, 848843, 848849, 848851, 848857, 848879,
848893, 848909, 848921, 848923, 848927, 848933, 848941,
848959, 848983, 848993, 849019, 849047, 849049, 849061,
849083, 849097, 849103, 849119, 849127, 849131, 849143,
849161, 849179, 849197, 849203, 849217, 849221, 849223,
849241, 849253, 849271, 849301, 849311, 849347, 849349,
849353, 849383, 849391, 849419, 849427, 849461, 849467,

849481, 849523, 849533, 849539, 849571, 849581, 849587,
849593, 849599, 849601, 849649, 849691, 849701, 849703,
849721, 849727, 849731, 849733, 849743, 849763, 849767,
849773, 849829, 849833, 849839, 849857, 849869, 849883,
849917, 849923, 849931, 849943, 849967, 849973, 849991,
849997, 850009, 850021, 850027, 850033, 850043, 850049,
850061, 850063, 850081, 850093, 850121, 850133, 850139,
850147, 850177, 850181, 850189, 850207, 850211, 850229,
850243, 850247, 850253, 850261, 850271, 850273, 850301,
850303, 850331, 850337, 850349, 850351, 850373, 850387,
850393, 850397, 850403, 850417, 850427, 850433, 850439,
850453, 850457, 850481, 850529, 850537, 850567, 850571,
850613, 850631, 850637, 850673, 850679, 850691, 850711,
850727, 850753, 850781, 850807, 850823, 850849, 850853,
850879, 850891, 850897, 850933, 850943, 850951, 850973,
850979, 851009, 851017, 851033, 851041, 851051, 851057,
851087, 851093, 851113, 851117, 851131, 851153, 851159,
851171, 851177, 851197, 851203, 851209, 851231, 851239,
851251, 851261, 851267, 851273, 851293, 851297, 851303,
851321, 851327, 851351, 851359, 851363, 851381, 851387,
851393, 851401, 851413, 851419, 851423, 851449, 851471,
851491, 851507, 851519, 851537, 851549, 851569, 851573,
851597, 851603, 851623, 851633, 851639, 851647, 851659,
851671, 851677, 851689, 851723, 851731, 851749, 851761,
851797, 851801, 851803, 851813, 851821, 851831, 851839,
851843, 851863, 851881, 851891, 851899, 851953, 851957,
851971, 852011, 852013, 852031, 852037, 852079, 852101,
852121, 852139, 852143, 852149, 852151, 852167, 852179,
852191, 852197, 852199, 852211, 852233, 852239, 852253,
852259, 852263, 852287, 852289, 852301, 852323, 852347,
852367, 852391, 852409, 852427, 852437, 852457, 852463,
852521, 852557, 852559, 852563, 852569, 852581, 852583,
852589, 852613, 852617, 852623, 852641, 852661, 852671,
852673, 852689, 852749, 852751, 852757, 852763, 852769,
852793, 852799, 852809, 852827, 852829, 852833, 852847,
852851, 852857, 852871, 852881, 852889, 852893, 852913,

852937, 852953, 852959, 852989, 852997, 853007, 853031,
853033, 853049, 853057, 853079, 853091, 853103, 853123,
853133, 853159, 853187, 853189, 853211, 853217, 853241,
853283, 853289, 853291, 853319, 853339, 853357, 853387,
853403, 853427, 853429, 853439, 853477, 853481, 853493,
853529, 853543, 853547, 853571, 853577, 853597, 853637,
853663, 853667, 853669, 853687, 853693, 853703, 853717,
853733, 853739, 853759, 853763, 853793, 853799, 853807,
853813, 853819, 853823, 853837, 853843, 853873, 853889,
853901, 853903, 853913, 853933, 853949, 853969, 853981,
853999, 854017, 854033, 854039, 854041, 854047, 854053,
854083, 854089, 854093, 854099, 854111, 854123, 854129,
854141, 854149, 854159, 854171, 854213, 854257, 854263,
854299, 854303, 854323, 854327, 854333, 854351, 854353,
854363, 854383, 854387, 854407, 854417, 854419, 854423,
854431, 854443, 854459, 854461, 854467, 854479, 854527,
854533, 854569, 854587, 854593, 854599, 854617, 854621,
854629, 854647, 854683, 854713, 854729, 854747, 854771,
854801, 854807, 854849, 854869, 854881, 854897, 854899,
854921, 854923, 854927, 854929, 854951, 854957, 854963,
854993, 854999, 855031, 855059, 855061, 855067, 855079,
855089, 855119, 855131, 855143, 855187, 855191, 855199,
855203, 855221, 855229, 855241, 855269, 855271, 855277,
855293, 855307, 855311, 855317, 855331, 855359, 855373,
855377, 855391, 855397, 855401, 855419, 855427, 855431,
855461, 855467, 855499, 855511, 855521, 855527, 855581,
855601, 855607, 855619, 855641, 855667, 855671, 855683,
855697, 855709, 855713, 855719, 855721, 855727, 855731,
855733, 855737, 855739, 855781, 855787, 855821, 855851,
855857, 855863, 855887, 855889, 855901, 855919, 855923,
855937, 855947, 855983, 855989, 855997, 856021, 856043,
856057, 856061, 856073, 856081, 856099, 856111, 856117,
856133, 856139, 856147, 856153, 856169, 856181, 856187,
856213, 856237, 856241, 856249, 856277, 856279, 856301,
856309, 856333, 856343, 856351, 856369, 856381, 856391,
856393, 856411, 856417, 856421, 856441, 856459, 856469,

856483, 856487, 856507, 856519, 856529, 856547, 856549,
856553, 856567, 856571, 856627, 856637, 856649, 856693,
856697, 856699, 856703, 856711, 856717, 856721, 856733,
856759, 856787, 856789, 856799, 856811, 856813, 856831,
856841, 856847, 856853, 856897, 856901, 856903, 856909,
856927, 856939, 856943, 856949, 856969, 856993, 857009,
857011, 857027, 857029, 857039, 857047, 857053, 857069,
857081, 857083, 857099, 857107, 857137, 857161, 857167,
857201, 857203, 857221, 857249, 857267, 857273, 857281,
857287, 857309, 857321, 857333, 857341, 857347, 857357,
857369, 857407, 857411, 857419, 857431, 857453, 857459,
857471, 857513, 857539, 857551, 857567, 857569, 857573,
857579, 857581, 857629, 857653, 857663, 857669, 857671,
857687, 857707, 857711, 857713, 857723, 857737, 857741,
857743, 857749, 857809, 857821, 857827, 857839, 857851,
857867, 857873, 857897, 857903, 857929, 857951, 857953,
857957, 857959, 857963, 857977, 857981, 858001, 858029,
858043, 858073, 858083, 858101, 858103, 858113, 858127,
858149, 858161, 858167, 858217, 858223, 858233, 858239,
858241, 858251, 858259, 858269, 858281, 858293, 858301,
858307, 858311, 858317, 858373, 858397, 858427, 858433,
858457, 858463, 858467, 858479, 858497, 858503, 858527,
858563, 858577, 858589, 858623, 858631, 858673, 858691,
858701, 858707, 858709, 858713, 858749, 858757, 858763,
858769, 858787, 858817, 858821, 858833, 858841, 858859,
858877, 858883, 858899, 858911, 858919, 858931, 858943,
858953, 858961, 858989, 858997, 859003, 859031, 859037,
859049, 859051, 859057, 859081, 859091, 859093, 859109,
859121, 859181, 859189, 859213, 859223, 859249, 859259,
859267, 859273, 859277, 859279, 859297, 859321, 859361,
859363, 859373, 859381, 859393, 859423, 859433, 859447,
859459, 859477, 859493, 859513, 859553, 859559, 859561,
859567, 859577, 859601, 859603, 859609, 859619, 859633,
859657, 859667, 859669, 859679, 859681, 859697, 859709,
859751, 859783, 859787, 859799, 859801, 859823, 859841,
859849, 859853, 859861, 859891, 859913, 859919, 859927,

859933, 859939, 859973, 859981, 859987, 860009, 860011,
860029, 860051, 860059, 860063, 860071, 860077, 860087,
860089, 860107, 860113, 860117, 860143, 860239, 860257,
860267, 860291, 860297, 860309, 860311, 860317, 860323,
860333, 860341, 860351, 860357, 860369, 860381, 860383,
860393, 860399, 860413, 860417, 860423, 860441, 860479,
860501, 860507, 860513, 860533, 860543, 860569, 860579,
860581, 860593, 860599, 860609, 860623, 860641, 860647,
860663, 860689, 860701, 860747, 860753, 860759, 860779,
860789, 860791, 860809, 860813, 860819, 860843, 860861,
860887, 860891, 860911, 860917, 860921, 860927, 860929,
860939, 860941, 860957, 860969, 860971, 861001, 861013,
861019, 861031, 861037, 861043, 861053, 861059, 861079,
861083, 861089, 861109, 861121, 861131, 861139, 861163,
861167, 861191, 861199, 861221, 861239, 861293, 861299,
861317, 861347, 861353, 861361, 861391, 861433, 861437,
861439, 861491, 861493, 861499, 861541, 861547, 861551,
861559, 861563, 861571, 861589, 861599, 861613, 861617,
861647, 861659, 861691, 861701, 861703, 861719, 861733,
861739, 861743, 861761, 861797, 861799, 861803, 861823,
861829, 861853, 861857, 861871, 861877, 861881, 861899,
861901, 861907, 861929, 861937, 861941, 861947, 861977,
861979, 861997, 862009, 862013, 862031, 862033, 862061,
862067, 862097, 862117, 862123, 862129, 862139, 862157,
862159, 862171, 862177, 862181, 862187, 862207, 862219,
862229, 862231, 862241, 862249, 862259, 862261, 862273,
862283, 862289, 862297, 862307, 862319, 862331, 862343,
862369, 862387, 862397, 862399, 862409, 862417, 862423,
862441, 862447, 862471, 862481, 862483, 862487, 862493,
862501, 862541, 862553, 862559, 862567, 862571, 862573,
862583, 862607, 862627, 862633, 862649, 862651, 862669,
862703, 862727, 862739, 862769, 862777, 862783, 862789,
862811, 862819, 862861, 862879, 862907, 862909, 862913,
862919, 862921, 862943, 862957, 862973, 862987, 862991,
862997, 863003, 863017, 863047, 863081, 863087, 863119,
863123, 863131, 863143, 863153, 863179, 863197, 863231,

863251, 863279, 863287, 863299, 863309, 863323, 863363,
863377, 863393, 863479, 863491, 863497, 863509, 863521,
863537, 863539, 863561, 863593, 863609, 863633, 863641,
863671, 863689, 863693, 863711, 863729, 863743, 863749,
863767, 863771, 863783, 863801, 863803, 863833, 863843,
863851, 863867, 863869, 863879, 863887, 863897, 863899,
863909, 863917, 863921, 863959, 863983, 864007, 864011,
864013, 864029, 864037, 864047, 864049, 864053, 864077,
864079, 864091, 864103, 864107, 864119, 864121, 864131,
864137, 864151, 864167, 864169, 864191, 864203, 864211,
864221, 864223, 864251, 864277, 864289, 864299, 864301,
864307, 864319, 864323, 864341, 864359, 864361, 864379,
864407, 864419, 864427, 864439, 864449, 864491, 864503,
864509, 864511, 864533, 864541, 864551, 864581, 864583,
864587, 864613, 864623, 864629, 864631, 864641, 864673,
864679, 864691, 864707, 864733, 864737, 864757, 864781,
864793, 864803, 864811, 864817, 864883, 864887, 864901,
864911, 864917, 864947, 864953, 864959, 864967, 864979,
864989, 865001, 865003, 865043, 865049, 865057, 865061,
865069, 865087, 865091, 865103, 865121, 865153, 865159,
865177, 865201, 865211, 865213, 865217, 865231, 865247,
865253, 865259, 865261, 865301, 865307, 865313, 865321,
865327, 865339, 865343, 865349, 865357, 865363, 865379,
865409, 865457, 865477, 865481, 865483, 865493, 865499,
865511, 865537, 865577, 865591, 865597, 865609, 865619,
865637, 865639, 865643, 865661, 865681, 865687, 865717,
865721, 865729, 865741, 865747, 865751, 865757, 865769,
865771, 865783, 865801, 865807, 865817, 865819, 865829,
865847, 865859, 865867, 865871, 865877, 865889, 865933,
865937, 865957, 865979, 865993, 866003, 866009, 866011,
866029, 866051, 866053, 866057, 866081, 866083, 866087,
866093, 866101, 866119, 866123, 866161, 866183, 866197,
866213, 866221, 866231, 866279, 866293, 866309, 866311,
866329, 866353, 866389, 866399, 866417, 866431, 866443,
866461, 866471, 866477, 866513, 866519, 866573, 866581,
866623, 866629, 866639, 866641, 866653, 866683, 866689,

866693, 866707, 866713, 866717, 866737, 866743, 866759,
866777, 866783, 866819, 866843, 866849, 866851, 866857,
866869, 866909, 866917, 866927, 866933, 866941, 866953,
866963, 866969, 867001, 867007, 867011, 867023, 867037,
867059, 867067, 867079, 867091, 867121, 867131, 867143,
867151, 867161, 867173, 867203, 867211, 867227, 867233,
867253, 867257, 867259, 867263, 867271, 867281, 867301,
867319, 867337, 867343, 867371, 867389, 867397, 867401,
867409, 867413, 867431, 867443, 867457, 867463, 867467,
867487, 867509, 867511, 867541, 867547, 867553, 867563,
867571, 867577, 867589, 867617, 867619, 867623, 867631,
867641, 867653, 867677, 867679, 867689, 867701, 867719,
867733, 867743, 867773, 867781, 867793, 867803, 867817,
867827, 867829, 867857, 867871, 867887, 867913, 867943,
867947, 867959, 867991, 868019, 868033, 868039, 868051,
868069, 868073, 868081, 868103, 868111, 868121, 868123,
868151, 868157, 868171, 868177, 868199, 868211, 868229,
868249, 868267, 868271, 868277, 868291, 868313, 868327,
868331, 868337, 868349, 868369, 868379, 868381, 868397,
868409, 868423, 868451, 868453, 868459, 868487, 868489,
868493, 868529, 868531, 868537, 868559, 868561, 868577,
868583, 868603, 868613, 868639, 868663, 868669, 868691,
868697, 868727, 868739, 868741, 868771, 868783, 868787,
868793, 868799, 868801, 868817, 868841, 868849, 868867,
868873, 868877, 868883, 868891, 868909, 868937, 868939,
868943, 868951, 868957, 868993, 868997, 868999, 869017,
869021, 869039, 869053, 869059, 869069, 869081, 869119,
869131, 869137, 869153, 869173, 869179, 869203, 869233,
869249, 869251, 869257, 869273, 869291, 869293, 869299,
869303, 869317, 869321, 869339, 869369, 869371, 869381,
869399, 869413, 869419, 869437, 869443, 869461, 869467,
869471, 869489, 869501, 869521, 869543, 869551, 869563,
869579, 869587, 869597, 869599, 869657, 869663, 869683,
869689, 869707, 869717, 869747, 869753, 869773, 869777,
869779, 869807, 869809, 869819, 869849, 869863, 869879,
869887, 869893, 869899, 869909, 869927, 869951, 869959,

869983, 869989, 870007, 870013, 870031, 870047, 870049,
870059, 870083, 870097, 870109, 870127, 870131, 870137,
870151, 870161, 870169, 870173, 870197, 870211, 870223,
870229, 870239, 870241, 870253, 870271, 870283, 870301,
870323, 870329, 870341, 870367, 870391, 870403, 870407,
870413, 870431, 870433, 870437, 870461, 870479, 870491,
870497, 870517, 870533, 870547, 870577, 870589, 870593,
870601, 870613, 870629, 870641, 870643, 870679, 870691,
870703, 870731, 870739, 870743, 870773, 870787, 870809,
870811, 870823, 870833, 870847, 870853, 870871, 870889,
870901, 870907, 870911, 870917, 870929, 870931, 870953,
870967, 870977, 870983, 870997, 871001, 871021, 871027,
871037, 871061, 871103, 871147, 871159, 871163, 871177,
871181, 871229, 871231, 871249, 871259, 871271, 871289,
871303, 871337, 871349, 871393, 871439, 871459, 871463,
871477, 871513, 871517, 871531, 871553, 871571, 871589,
871597, 871613, 871621, 871639, 871643, 871649, 871657,
871679, 871681, 871687, 871727, 871763, 871771, 871789,
871817, 871823, 871837, 871867, 871883, 871901, 871919,
871931, 871957, 871963, 871973, 871987, 871993, 872017,
872023, 872033, 872041, 872057, 872071, 872077, 872089,
872099, 872107, 872129, 872141, 872143, 872149, 872159,
872161, 872173, 872177, 872189, 872203, 872227, 872231,
872237, 872243, 872251, 872257, 872269, 872281, 872317,
872323, 872351, 872353, 872369, 872381, 872383, 872387,
872393, 872411, 872419, 872429, 872437, 872441, 872453,
872471, 872477, 872479, 872533, 872549, 872561, 872563,
872567, 872587, 872609, 872611, 872621, 872623, 872647,
872657, 872659, 872671, 872687, 872731, 872737, 872747,
872749, 872761, 872789, 872791, 872843, 872863, 872923,
872947, 872951, 872953, 872959, 872999, 873017, 873043,
873049, 873073, 873079, 873083, 873091, 873109, 873113,
873121, 873133, 873139, 873157, 873209, 873247, 873251,
873263, 873293, 873317, 873319, 873331, 873343, 873349,
873359, 873403, 873407, 873419, 873421, 873427, 873437,
873461, 873463, 873469, 873497, 873527, 873529, 873539,

873541, 873553, 873569, 873571, 873617, 873619, 873641,
873643, 873659, 873667, 873671, 873689, 873707, 873709,
873721, 873727, 873739, 873767, 873773, 873781, 873787,
873863, 873877, 873913, 873959, 873979, 873989, 873991,
874001, 874009, 874037, 874063, 874087, 874091, 874099,
874103, 874109, 874117, 874121, 874127, 874151, 874193,
874213, 874217, 874229, 874249, 874267, 874271, 874277,
874301, 874303, 874331, 874337, 874343, 874351, 874373,
874387, 874397, 874403, 874409, 874427, 874457, 874459,
874477, 874487, 874537, 874543, 874547, 874567, 874583,
874597, 874619, 874637, 874639, 874651, 874661, 874673,
874681, 874693, 874697, 874711, 874721, 874723, 874729,
874739, 874763, 874771, 874777, 874799, 874807, 874813,
874823, 874831, 874847, 874859, 874873, 874879, 874889,
874891, 874919, 874957, 874967, 874987, 875011, 875027,
875033, 875089, 875107, 875113, 875117, 875129, 875141,
875183, 875201, 875209, 875213, 875233, 875239, 875243,
875261, 875263, 875267, 875269, 875297, 875299, 875317,
875323, 875327, 875333, 875339, 875341, 875363, 875377,
875389, 875393, 875417, 875419, 875429, 875443, 875447,
875477, 875491, 875503, 875509, 875513, 875519, 875521,
875543, 875579, 875591, 875593, 875617, 875621, 875627,
875629, 875647, 875659, 875663, 875681, 875683, 875689,
875701, 875711, 875717, 875731, 875741, 875759, 875761,
875773, 875779, 875783, 875803, 875821, 875837, 875851,
875893, 875923, 875929, 875933, 875947, 875969, 875981,
875983, 876011, 876013, 876017, 876019, 876023, 876041,
876067, 876077, 876079, 876097, 876103, 876107, 876121,
876131, 876137, 876149, 876181, 876191, 876193, 876199,
876203, 876229, 876233, 876257, 876263, 876287, 876301,
876307, 876311, 876329, 876331, 876341, 876349, 876371,
876373, 876431, 876433, 876443, 876479, 876481, 876497,
876523, 876529, 876569, 876581, 876593, 876607, 876611,
876619, 876643, 876647, 876653, 876661, 876677, 876719,
876721, 876731, 876749, 876751, 876761, 876769, 876787,
876791, 876797, 876817, 876823, 876833, 876851, 876853,

876871, 876893, 876913, 876929, 876947, 876971, 877003,
877027, 877043, 877057, 877073, 877091, 877109, 877111,
877117, 877133, 877169, 877181, 877187, 877199, 877213,
877223, 877237, 877267, 877291, 877297, 877301, 877313,
877321, 877333, 877343, 877351, 877361, 877367, 877379,
877397, 877399, 877403, 877411, 877423, 877463, 877469,
877531, 877543, 877567, 877573, 877577, 877601, 877609,
877619, 877621, 877651, 877661, 877699, 877739, 877771,
877783, 877817, 877823, 877837, 877843, 877853, 877867,
877871, 877873, 877879, 877883, 877907, 877909, 877937,
877939, 877949, 877997, 878011, 878021, 878023, 878039,
878041, 878077, 878083, 878089, 878099, 878107, 878113,
878131, 878147, 878153, 878159, 878167, 878173, 878183,
878191, 878197, 878201, 878221, 878239, 878279, 878287,
878291, 878299, 878309, 878359, 878377, 878387, 878411,
878413, 878419, 878443, 878453, 878467, 878489, 878513,
878539, 878551, 878567, 878573, 878593, 878597, 878609,
878621, 878629, 878641, 878651, 878659, 878663, 878677,
878681, 878699, 878719, 878737, 878743, 878749, 878777,
878783, 878789, 878797, 878821, 878831, 878833, 878837,
878851, 878863, 878869, 878873, 878893, 878929, 878939,
878953, 878957, 878987, 878989, 879001, 879007, 879023,
879031, 879061, 879089, 879097, 879103, 879113, 879119,
879133, 879143, 879167, 879169, 879181, 879199, 879227,
879239, 879247, 879259, 879269, 879271, 879283, 879287,
879299, 879331, 879341, 879343, 879353, 879371, 879391,
879401, 879413, 879449, 879457, 879493, 879523, 879533,
879539, 879553, 879581, 879583, 879607, 879617, 879623,
879629, 879649, 879653, 879661, 879667, 879673, 879679,
879689, 879691, 879701, 879707, 879709, 879713, 879721,
879743, 879797, 879799, 879817, 879821, 879839, 879859,
879863, 879881, 879917, 879919, 879941, 879953, 879961,
879973, 879979, 880001, 880007, 880021, 880027, 880031,
880043, 880057, 880067, 880069, 880091, 880097, 880109,
880127, 880133, 880151, 880153, 880199, 880211, 880219,
880223, 880247, 880249, 880259, 880283, 880301, 880303,

880331, 880337, 880343, 880349, 880361, 880367, 880409, 880421, 880423, 880427, 880483, 880487, 880513, 880519, 880531, 880541, 880543, 880553, 880559, 880571, 880573, 880589, 880603, 880661, 880667, 880673, 880681, 880687, 880699, 880703, 880709, 880723, 880727, 880729, 880751, 880793, 880799, 880801, 880813, 880819, 880823, 880853, 880861, 880871, 880883, 880903, 880907, 880909, 880939, 880949, 880951, 880961, 880981, 880993, 881003, 881009, 881017, 881029, 881057, 881071, 881077, 881099, 881119, 881141, 881143, 881147, 881159, 881171, 881173, 881191, 881197, 881207, 881219, 881233, 881249, 881269, 881273, 881311, 881317, 881327, 881333, 881351, 881357, 881369, 881393, 881407, 881411, 881417, 881437, 881449, 881471, 881473, 881477, 881479, 881509, 881527, 881533, 881537, 881539, 881591, 881597, 881611, 881641, 881663, 881669, 881681, 881707, 881711, 881729, 881743, 881779, 881813, 881833, 881849, 881897, 881899, 881911, 881917, 881939, 881953, 881963, 881983, 881987, 882017, 882019, 882029, 882031, 882047, 882061, 882067, 882071, 882083, 882103, 882139, 882157, 882169, 882173, 882179, 882187, 882199, 882239, 882241, 882247, 882251, 882253, 882263, 882289, 882313, 882359, 882367, 882377, 882389, 882391, 882433, 882439, 882449, 882451, 882461, 882481, 882491, 882517, 882529, 882551, 882571, 882577, 882587, 882593, 882599, 882617, 882631, 882653, 882659, 882697, 882701, 882703, 882719, 882727, 882733, 882751, 882773, 882779, 882823, 882851, 882863, 882877, 882881, 882883, 882907, 882913, 882923, 882943, 882953, 882961, 882967, 882979, 883013, 883049, 883061, 883073, 883087, 883093, 883109, 883111, 883117, 883121, 883163, 883187, 883193, 883213, 883217, 883229, 883231, 883237, 883241, 883247, 883249, 883273, 883279, 883307, 883327, 883331, 883339, 883343, 883357, 883391, 883397, 883409, 883411, 883423, 883429, 883433, 883451, 883471, 883483, 883489, 883517, 883537, 883549, 883577, 883579, 883613, 883621, 883627, 883639, 883661, 883667, 883691, 883697, 883699, 883703, 883721, 883733,

883739, 883763, 883777, 883781, 883783, 883807, 883871,
883877, 883889, 883921, 883933, 883963, 883969, 883973,
883979, 883991, 884003, 884011, 884029, 884057, 884069,
884077, 884087, 884111, 884129, 884131, 884159, 884167,
884171, 884183, 884201, 884227, 884231, 884243, 884251,
884267, 884269, 884287, 884293, 884309, 884311, 884321,
884341, 884353, 884363, 884369, 884371, 884417, 884423,
884437, 884441, 884453, 884483, 884489, 884491, 884497,
884501, 884537, 884573, 884579, 884591, 884593, 884617,
884651, 884669, 884693, 884699, 884717, 884743, 884789,
884791, 884803, 884813, 884827, 884831, 884857, 884881,
884899, 884921, 884951, 884959, 884977, 884981, 884987,
884999, 885023, 885041, 885061, 885083, 885091, 885097,
885103, 885107, 885127, 885133, 885161, 885163, 885169,
885187, 885217, 885223, 885233, 885239, 885251, 885257,
885263, 885289, 885301, 885307, 885331, 885359, 885371,
885383, 885389, 885397, 885403, 885421, 885427, 885449,
885473, 885487, 885497, 885503, 885509, 885517, 885529,
885551, 885553, 885589, 885607, 885611, 885623, 885679,
885713, 885721, 885727, 885733, 885737, 885769, 885791,
885793, 885803, 885811, 885821, 885823, 885839, 885869,
885881, 885883, 885889, 885893, 885919, 885923, 885931,
885943, 885947, 885959, 885961, 885967, 885971, 885977,
885991, 886007, 886013, 886019, 886021, 886031, 886043,
886069, 886097, 886117, 886129, 886163, 886177, 886181,
886183, 886189, 886199, 886241, 886243, 886247, 886271,
886283, 886307, 886313, 886337, 886339, 886349, 886367,
886381, 886387, 886421, 886427, 886429, 886433, 886453,
886463, 886469, 886471, 886493, 886511, 886517, 886519,
886537, 886541, 886547, 886549, 886583, 886591, 886607,
886609, 886619, 886643, 886651, 886663, 886667, 886741,
886747, 886751, 886759, 886777, 886793, 886799, 886807,
886819, 886859, 886867, 886891, 886909, 886913, 886967,
886969, 886973, 886979, 886981, 886987, 886993, 886999,
887017, 887057, 887059, 887069, 887093, 887101, 887113,
887141, 887143, 887153, 887171, 887177, 887191, 887203,

887233, 887261, 887267, 887269, 887291, 887311, 887323,
887333, 887377, 887387, 887399, 887401, 887423, 887441,
887449, 887459, 887479, 887483, 887503, 887533, 887543,
887567, 887569, 887573, 887581, 887599, 887617, 887629,
887633, 887641, 887651, 887657, 887659, 887669, 887671,
887681, 887693, 887701, 887707, 887717, 887743, 887749,
887759, 887819, 887827, 887837, 887839, 887849, 887867,
887903, 887911, 887921, 887923, 887941, 887947, 887987,
887989, 888001, 888011, 888047, 888059, 888061, 888077,
888091, 888103, 888109, 888133, 888143, 888157, 888161,
888163, 888179, 888203, 888211, 888247, 888257, 888263,
888271, 888287, 888313, 888319, 888323, 888359, 888361,
888373, 888389, 888397, 888409, 888413, 888427, 888431,
888443, 888451, 888457, 888469, 888479, 888493, 888499,
888533, 888541, 888557, 888623, 888631, 888637, 888653,
888659, 888661, 888683, 888689, 888691, 888721, 888737,
888751, 888761, 888773, 888779, 888781, 888793, 888799,
888809, 888827, 888857, 888869, 888871, 888887, 888917,
888919, 888931, 888959, 888961, 888967, 888983, 888989,
888997, 889001, 889027, 889037, 889039, 889043, 889051,
889069, 889081, 889087, 889123, 889139, 889171, 889177,
889211, 889237, 889247, 889261, 889271, 889279, 889289,
889309, 889313, 889327, 889337, 889349, 889351, 889363,
889367, 889373, 889391, 889411, 889429, 889439, 889453,
889481, 889489, 889501, 889519, 889579, 889589, 889597,
889631, 889639, 889657, 889673, 889687, 889697, 889699,
889703, 889727, 889747, 889769, 889783, 889829, 889871,
889873, 889877, 889879, 889891, 889901, 889907, 889909,
889921, 889937, 889951, 889957, 889963, 889997, 890003,
890011, 890027, 890053, 890063, 890083, 890107, 890111,
890117, 890119, 890129, 890147, 890159, 890161, 890177,
890221, 890231, 890237, 890287, 890291, 890303, 890317,
890333, 890371, 890377, 890419, 890429, 890437, 890441,
890459, 890467, 890501, 890531, 890543, 890551, 890563,
890597, 890609, 890653, 890657, 890671, 890683, 890707,
890711, 890717, 890737, 890761, 890789, 890797, 890803,

890809, 890821, 890833, 890843, 890861, 890863, 890867,
890881, 890887, 890893, 890927, 890933, 890941, 890957,
890963, 890969, 890993, 890999, 891001, 891017, 891047,
891049, 891061, 891067, 891091, 891101, 891103, 891133,
891151, 891161, 891173, 891179, 891223, 891239, 891251,
891277, 891287, 891311, 891323, 891329, 891349, 891377,
891379, 891389, 891391, 891409, 891421, 891427, 891439,
891481, 891487, 891491, 891493, 891509, 891521, 891523,
891551, 891557, 891559, 891563, 891571, 891577, 891587,
891593, 891601, 891617, 891629, 891643, 891647, 891659,
891661, 891677, 891679, 891707, 891743, 891749, 891763,
891767, 891797, 891799, 891809, 891817, 891823, 891827,
891829, 891851, 891859, 891887, 891889, 891893, 891899,
891907, 891923, 891929, 891967, 891983, 891991, 891997,
892019, 892027, 892049, 892057, 892079, 892091, 892093,
892097, 892103, 892123, 892141, 892153, 892159, 892169,
892189, 892219, 892237, 892249, 892253, 892261, 892267,
892271, 892291, 892321, 892351, 892357, 892387, 892391,
892421, 892433, 892439, 892457, 892471, 892481, 892513,
892523, 892531, 892547, 892553, 892559, 892579, 892597,
892603, 892609, 892627, 892643, 892657, 892663, 892667,
892709, 892733, 892747, 892757, 892763, 892777, 892781,
892783, 892817, 892841, 892849, 892861, 892877, 892901,
892919, 892933, 892951, 892973, 892987, 892999, 893003,
893023, 893029, 893033, 893041, 893051, 893059, 893093,
893099, 893107, 893111, 893117, 893119, 893131, 893147,
893149, 893161, 893183, 893213, 893219, 893227, 893237,
893257, 893261, 893281, 893317, 893339, 893341, 893351,
893359, 893363, 893381, 893383, 893407, 893413, 893419,
893429, 893441, 893449, 893479, 893489, 893509, 893521,
893549, 893567, 893591, 893603, 893609, 893653, 893657,
893671, 893681, 893701, 893719, 893723, 893743, 893777,
893797, 893821, 893839, 893857, 893863, 893873, 893881,
893897, 893903, 893917, 893929, 893933, 893939, 893989,
893999, 894011, 894037, 894059, 894067, 894073, 894097,
894109, 894119, 894137, 894139, 894151, 894161, 894167,

894181, 894191, 894193, 894203, 894209, 894211, 894221,
894227, 894233, 894239, 894247, 894259, 894277, 894281,
894287, 894301, 894329, 894343, 894371, 894391, 894403,
894407, 894409, 894419, 894427, 894431, 894449, 894451,
894503, 894511, 894521, 894527, 894541, 894547, 894559,
894581, 894589, 894611, 894613, 894637, 894643, 894667,
894689, 894709, 894713, 894721, 894731, 894749, 894763,
894779, 894791, 894793, 894811, 894869, 894871, 894893,
894917, 894923, 894947, 894973, 894997, 895003, 895007,
895009, 895039, 895049, 895051, 895079, 895087, 895127,
895133, 895151, 895157, 895159, 895171, 895189, 895211,
895231, 895241, 895243, 895247, 895253, 895277, 895283,
895291, 895309, 895313, 895319, 895333, 895343, 895351,
895357, 895361, 895387, 895393, 895421, 895423, 895457,
895463, 895469, 895471, 895507, 895529, 895553, 895571,
895579, 895591, 895613, 895627, 895633, 895649, 895651,
895667, 895669, 895673, 895681, 895691, 895703, 895709,
895721, 895729, 895757, 895771, 895777, 895787, 895789,
895799, 895801, 895813, 895823, 895841, 895861, 895879,
895889, 895901, 895903, 895913, 895927, 895933, 895957,
895987, 896003, 896009, 896047, 896069, 896101, 896107,
896111, 896113, 896123, 896143, 896167, 896191, 896201,
896263, 896281, 896293, 896297, 896299, 896323, 896327,
896341, 896347, 896353, 896369, 896381, 896417, 896443,
896447, 896449, 896453, 896479, 896491, 896509, 896521,
896531, 896537, 896543, 896549, 896557, 896561, 896573,
896587, 896617, 896633, 896647, 896669, 896677, 896681,
896717, 896719, 896723, 896771, 896783, 896803, 896837,
896867, 896879, 896897, 896921, 896927, 896947, 896953,
896963, 896983, 897007, 897011, 897019, 897049, 897053,
897059, 897067, 897077, 897101, 897103, 897119, 897133,
897137, 897157, 897163, 897191, 897223, 897229, 897241,
897251, 897263, 897269, 897271, 897301, 897307, 897317,
897319, 897329, 897349, 897359, 897373, 897401, 897433,
897443, 897461, 897467, 897469, 897473, 897497, 897499,
897517, 897527, 897553, 897557, 897563, 897571, 897577,

897581, 897593, 897601, 897607, 897629, 897647, 897649,
897671, 897691, 897703, 897707, 897709, 897727, 897751,
897779, 897781, 897817, 897829, 897847, 897877, 897881,
897887, 897899, 897907, 897931, 897947, 897971, 897983,
898013, 898019, 898033, 898063, 898067, 898069, 898091,
898097, 898109, 898129, 898133, 898147, 898153, 898171,
898181, 898189, 898199, 898211, 898213, 898223, 898231,
898241, 898243, 898253, 898259, 898279, 898283, 898291,
898307, 898319, 898327, 898361, 898369, 898409, 898421,
898423, 898427, 898439, 898459, 898477, 898481, 898483,
898493, 898519, 898523, 898543, 898549, 898553, 898561,
898607, 898613, 898621, 898661, 898663, 898669, 898673,
898691, 898717, 898727, 898753, 898763, 898769, 898787,
898813, 898819, 898823, 898853, 898867, 898873, 898889,
898897, 898921, 898927, 898951, 898981, 898987, 899009,
899051, 899057, 899069, 899123, 899149, 899153, 899159,
899161, 899177, 899179, 899183, 899189, 899209, 899221,
899233, 899237, 899263, 899273, 899291, 899309, 899321,
899387, 899401, 899413, 899429, 899447, 899467, 899473,
899477, 899491, 899519, 899531, 899537, 899611, 899617,
899659, 899671, 899681, 899687, 899693, 899711, 899719,
899749, 899753, 899761, 899779, 899791, 899807, 899831,
899849, 899851, 899863, 899881, 899891, 899893, 899903,
899917, 899939, 899971, 899981, 900001, 900007, 900019,
900037, 900061, 900089, 900091, 900103, 900121, 900139,
900143, 900149, 900157, 900161, 900169, 900187, 900217,
900233, 900241, 900253, 900259, 900283, 900287, 900293,
900307, 900329, 900331, 900349, 900397, 900409, 900443,
900461, 900481, 900491, 900511, 900539, 900551, 900553,
900563, 900569, 900577, 900583, 900587, 900589, 900593,
900607, 900623, 900649, 900659, 900671, 900673, 900689,
900701, 900719, 900737, 900743, 900751, 900761, 900763,
900773, 900797, 900803, 900817, 900821, 900863, 900869,
900917, 900929, 900931, 900937, 900959, 900971, 900973,
900997, 901007, 901009, 901013, 901063, 901067, 901079,
901093, 901097, 901111, 901133, 901141, 901169, 901171,

901177, 901183, 901193, 901207, 901211, 901213, 901247, 901249, 901253, 901273, 901279, 901309, 901333, 901339, 901367, 901399, 901403, 901423, 901427, 901429, 901441, 901447, 901451, 901457, 901471, 901489, 901499, 901501, 901513, 901517, 901529, 901547, 901567, 901591, 901613, 901643, 901657, 901679, 901687, 901709, 901717, 901739, 901741, 901751, 901781, 901787, 901811, 901819, 901841, 901861, 901891, 901907, 901909, 901919, 901931, 901937, 901963, 901973, 901993, 901997, 902009, 902017, 902029, 902039, 902047, 902053, 902087, 902089, 902119, 902137, 902141, 902179, 902191, 902201, 902227, 902261, 902263, 902281, 902299, 902303, 902311, 902333, 902347, 902351, 902357, 902389, 902401, 902413, 902437, 902449, 902471, 902477, 902483, 902501, 902507, 902521, 902563, 902569, 902579, 902591, 902597, 902599, 902611, 902639, 902653, 902659, 902669, 902677, 902687, 902719, 902723, 902753, 902761, 902767, 902771, 902777, 902789, 902807, 902821, 902827, 902849, 902873, 902903, 902933, 902953, 902963, 902971, 902977, 902981, 902987, 903017, 903029, 903037, 903073, 903079, 903103, 903109, 903143, 903151, 903163, 903179, 903197, 903211, 903223, 903251, 903257, 903269, 903311, 903323, 903337, 903347, 903359, 903367, 903389, 903391, 903403, 903407, 903421, 903443, 903449, 903451, 903457, 903479, 903493, 903527, 903541, 903547, 903563, 903569, 903607, 903613, 903641, 903649, 903673, 903677, 903691, 903701, 903709, 903751, 903757, 903761, 903781, 903803, 903827, 903841, 903871, 903883, 903899, 903913, 903919, 903949, 903967, 903979, 904019, 904027, 904049, 904067, 904069, 904073, 904087, 904093, 904097, 904103, 904117, 904121, 904147, 904157, 904181, 904193, 904201, 904207, 904217, 904219, 904261, 904283, 904289, 904297, 904303, 904357, 904361, 904369, 904399, 904441, 904459, 904483, 904489, 904499, 904511, 904513, 904517, 904523, 904531, 904559, 904573, 904577, 904601, 904619, 904627, 904633, 904637, 904643, 904661, 904663, 904667, 904679, 904681, 904693, 904697, 904721, 904727, 904733, 904759,

904769, 904777, 904781, 904789, 904793, 904801, 904811,
904823, 904847, 904861, 904867, 904873, 904879, 904901,
904903, 904907, 904919, 904931, 904933, 904987, 904997,
904999, 905011, 905053, 905059, 905071, 905083, 905087,
905111, 905123, 905137, 905143, 905147, 905161, 905167,
905171, 905189, 905197, 905207, 905209, 905213, 905227,
905249, 905269, 905291, 905297, 905299, 905329, 905339,
905347, 905381, 905413, 905449, 905453, 905461, 905477,
905491, 905497, 905507, 905551, 905581, 905587, 905599,
905617, 905621, 905629, 905647, 905651, 905659, 905677,
905683, 905687, 905693, 905701, 905713, 905719, 905759,
905761, 905767, 905783, 905803, 905819, 905833, 905843,
905897, 905909, 905917, 905923, 905951, 905959, 905963,
905999, 906007, 906011, 906013, 906023, 906029, 906043,
906089, 906107, 906119, 906121, 906133, 906179, 906187,
906197, 906203, 906211, 906229, 906233, 906259, 906263,
906289, 906293, 906313, 906317, 906329, 906331, 906343,
906349, 906371, 906377, 906383, 906391, 906403, 906421,
906427, 906431, 906461, 906473, 906481, 906487, 906497,
906517, 906523, 906539, 906541, 906557, 906589, 906601,
906613, 906617, 906641, 906649, 906673, 906679, 906691,
906701, 906707, 906713, 906727, 906749, 906751, 906757,
906767, 906779, 906793, 906809, 906817, 906823, 906839,
906847, 906869, 906881, 906901, 906911, 906923, 906929,
906931, 906943, 906949, 906973, 907019, 907021, 907031,
907063, 907073, 907099, 907111, 907133, 907139, 907141,
907163, 907169, 907183, 907199, 907211, 907213, 907217,
907223, 907229, 907237, 907259, 907267, 907279, 907297,
907301, 907321, 907331, 907363, 907367, 907369, 907391,
907393, 907397, 907399, 907427, 907433, 907447, 907457,
907469, 907471, 907481, 907493, 907507, 907513, 907549,
907561, 907567, 907583, 907589, 907637, 907651, 907657,
907663, 907667, 907691, 907693, 907703, 907717, 907723,
907727, 907733, 907757, 907759, 907793, 907807, 907811,
907813, 907831, 907843, 907849, 907871, 907891, 907909,
907913, 907927, 907957, 907967, 907969, 907997, 907999,

908003, 908041, 908053, 908057, 908071, 908081, 908101,
908113, 908129, 908137, 908153, 908179, 908183, 908197,
908213, 908221, 908233, 908249, 908287, 908317, 908321,
908353, 908359, 908363, 908377, 908381, 908417, 908419,
908441, 908449, 908459, 908471, 908489, 908491, 908503,
908513, 908521, 908527, 908533, 908539, 908543, 908549,
908573, 908581, 908591, 908597, 908603, 908617, 908623,
908627, 908653, 908669, 908671, 908711, 908723, 908731,
908741, 908749, 908759, 908771, 908797, 908807, 908813,
908819, 908821, 908849, 908851, 908857, 908861, 908863,
908879, 908881, 908893, 908909, 908911, 908927, 908953,
908959, 908993, 909019, 909023, 909031, 909037, 909043,
909047, 909061, 909071, 909089, 909091, 909107, 909113,
909119, 909133, 909151, 909173, 909203, 909217, 909239,
909241, 909247, 909253, 909281, 909287, 909289, 909299,
909301, 909317, 909319, 909329, 909331, 909341, 909343,
909371, 909379, 909383, 909401, 909409, 909437, 909451,
909457, 909463, 909481, 909521, 909529, 909539, 909541,
909547, 909577, 909599, 909611, 909613, 909631, 909637,
909679, 909683, 909691, 909697, 909731, 909737, 909743,
909761, 909767, 909773, 909787, 909791, 909803, 909809,
909829, 909833, 909859, 909863, 909877, 909889, 909899,
909901, 909907, 909911, 909917, 909971, 909973, 909977,
910003, 910031, 910051, 910069, 910093, 910097, 910099,
910103, 910109, 910121, 910127, 910139, 910141, 910171,
910177, 910199, 910201, 910207, 910213, 910219, 910229,
910277, 910279, 910307, 910361, 910369, 910421, 910447,
910451, 910453, 910457, 910471, 910519, 910523, 910561,
910577, 910583, 910603, 910619, 910621, 910627, 910631,
910643, 910661, 910691, 910709, 910711, 910747, 910751,
910771, 910781, 910787, 910799, 910807, 910817, 910849,
910853, 910883, 910909, 910939, 910957, 910981, 911003,
911011, 911023, 911033, 911039, 911063, 911077, 911087,
911089, 911101, 911111, 911129, 911147, 911159, 911161,
911167, 911171, 911173, 911179, 911201, 911219, 911227,
911231, 911233, 911249, 911269, 911291, 911293, 911303,

911311, 911321, 911327, 911341, 911357, 911359, 911363,
911371, 911413, 911419, 911437, 911453, 911459, 911503,
911507, 911527, 911549, 911593, 911597, 911621, 911633,
911657, 911663, 911671, 911681, 911683, 911689, 911707,
911719, 911723, 911737, 911749, 911773, 911777, 911783,
911819, 911831, 911837, 911839, 911851, 911861, 911873,
911879, 911893, 911899, 911903, 911917, 911947, 911951,
911957, 911959, 911969, 912007, 912031, 912047, 912049,
912053, 912061, 912083, 912089, 912103, 912167, 912173,
912187, 912193, 912211, 912217, 912227, 912239, 912251,
912269, 912287, 912337, 912343, 912349, 912367, 912391,
912397, 912403, 912409, 912413, 912449, 912451, 912463,
912467, 912469, 912481, 912487, 912491, 912497, 912511,
912521, 912523, 912533, 912539, 912559, 912581, 912631,
912647, 912649, 912727, 912763, 912773, 912797, 912799,
912809, 912823, 912829, 912839, 912851, 912853, 912859,
912869, 912871, 912911, 912929, 912941, 912953, 912959,
912971, 912973, 912979, 912991, 913013, 913027, 913037,
913039, 913063, 913067, 913103, 913139, 913151, 913177,
913183, 913217, 913247, 913259, 913279, 913309, 913321,
913327, 913331, 913337, 913373, 913397, 913417, 913421,
913433, 913441, 913447, 913457, 913483, 913487, 913513,
913571, 913573, 913579, 913589, 913637, 913639, 913687,
913709, 913723, 913739, 913753, 913771, 913799, 913811,
913853, 913873, 913889, 913907, 913921, 913933, 913943,
913981, 913999, 914021, 914027, 914041, 914047, 914117,
914131, 914161, 914189, 914191, 914213, 914219, 914237,
914239, 914257, 914269, 914279, 914293, 914321, 914327,
914339, 914351, 914357, 914359, 914363, 914369, 914371,
914429, 914443, 914449, 914461, 914467, 914477, 914491,
914513, 914519, 914521, 914533, 914561, 914569, 914579,
914581, 914591, 914597, 914609, 914611, 914629, 914647,
914657, 914701, 914713, 914723, 914731, 914737, 914777,
914783, 914789, 914791, 914801, 914813, 914819, 914827,
914843, 914857, 914861, 914867, 914873, 914887, 914891,
914897, 914941, 914951, 914971, 914981, 915007, 915017,

915029, 915041, 915049, 915053, 915067, 915071, 915113,
915139, 915143, 915157, 915181, 915191, 915197, 915199,
915203, 915221, 915223, 915247, 915251, 915253, 915259,
915283, 915301, 915311, 915353, 915367, 915379, 915391,
915437, 915451, 915479, 915487, 915527, 915533, 915539,
915547, 915557, 915587, 915589, 915601, 915611, 915613,
915623, 915631, 915641, 915659, 915683, 915697, 915703,
915727, 915731, 915737, 915757, 915763, 915769, 915799,
915839, 915851, 915869, 915881, 915911, 915917, 915919,
915947, 915949, 915961, 915973, 915991, 916031, 916033,
916049, 916057, 916061, 916073, 916099, 916103, 916109,
916121, 916127, 916129, 916141, 916169, 916177, 916183,
916187, 916189, 916213, 916217, 916219, 916259, 916261,
916273, 916291, 916319, 916337, 916339, 916361, 916367,
916387, 916411, 916417, 916441, 916451, 916457, 916463,
916469, 916471, 916477, 916501, 916507, 916511, 916537,
916561, 916571, 916583, 916613, 916621, 916633, 916649,
916651, 916679, 916703, 916733, 916771, 916781, 916787,
916831, 916837, 916841, 916859, 916871, 916879, 916907,
916913, 916931, 916933, 916939, 916961, 916973, 916999,
917003, 917039, 917041, 917051, 917053, 917083, 917089,
917093, 917101, 917113, 917117, 917123, 917141, 917153,
917159, 917173, 917179, 917209, 917219, 917227, 917237,
917239, 917243, 917251, 917281, 917291, 917317, 917327,
917333, 917353, 917363, 917381, 917407, 917443, 917459,
917461, 917471, 917503, 917513, 917519, 917549, 917557,
917573, 917591, 917593, 917611, 917617, 917629, 917633,
917641, 917659, 917669, 917687, 917689, 917713, 917729,
917737, 917753, 917759, 917767, 917771, 917773, 917783,
917789, 917803, 917809, 917827, 917831, 917837, 917843,
917849, 917869, 917887, 917893, 917923, 917927, 917951,
917971, 917993, 918011, 918019, 918041, 918067, 918079,
918089, 918103, 918109, 918131, 918139, 918143, 918149,
918157, 918161, 918173, 918193, 918199, 918209, 918223,
918257, 918259, 918263, 918283, 918301, 918319, 918329,
918341, 918347, 918353, 918361, 918371, 918389, 918397,

918431, 918433, 918439, 918443, 918469, 918481, 918497,
918529, 918539, 918563, 918581, 918583, 918587, 918613,
918641, 918647, 918653, 918677, 918679, 918683, 918733,
918737, 918751, 918763, 918767, 918779, 918787, 918793,
918823, 918829, 918839, 918857, 918877, 918889, 918899,
918913, 918943, 918947, 918949, 918959, 918971, 918989,
919013, 919019, 919021, 919031, 919033, 919063, 919067,
919081, 919109, 919111, 919129, 919147, 919153, 919169,
919183, 919189, 919223, 919229, 919231, 919249, 919253,
919267, 919301, 919313, 919319, 919337, 919349, 919351,
919381, 919393, 919409, 919417, 919421, 919423, 919427,
919447, 919511, 919519, 919531, 919559, 919571, 919591,
919613, 919621, 919631, 919679, 919691, 919693, 919703,
919729, 919757, 919759, 919769, 919781, 919799, 919811,
919817, 919823, 919859, 919871, 919883, 919901, 919903,
919913, 919927, 919937, 919939, 919949, 919951, 919969,
919979, 920011, 920021, 920039, 920053, 920107, 920123,
920137, 920147, 920149, 920167, 920197, 920201, 920203,
920209, 920219, 920233, 920263, 920267, 920273, 920279,
920281, 920291, 920323, 920333, 920357, 920371, 920377,
920393, 920399, 920407, 920411, 920419, 920441, 920443,
920467, 920473, 920477, 920497, 920509, 920519, 920539,
920561, 920609, 920641, 920651, 920653, 920677, 920687,
920701, 920707, 920729, 920741, 920743, 920753, 920761,
920783, 920789, 920791, 920807, 920827, 920833, 920849,
920863, 920869, 920891, 920921, 920947, 920951, 920957,
920963, 920971, 920999, 921001, 921007, 921013, 921029,
921031, 921073, 921079, 921091, 921121, 921133, 921143,
921149, 921157, 921169, 921191, 921197, 921199, 921203,
921223, 921233, 921241, 921257, 921259, 921287, 921293,
921331, 921353, 921373, 921379, 921407, 921409, 921457,
921463, 921467, 921491, 921497, 921499, 921517, 921523,
921563, 921581, 921589, 921601, 921611, 921629, 921637,
921643, 921647, 921667, 921677, 921703, 921733, 921737,
921743, 921749, 921751, 921761, 921779, 921787, 921821,
921839, 921841, 921871, 921887, 921889, 921901, 921911,

921913, 921919, 921931, 921959, 921989, 922021, 922027,
922037, 922039, 922043, 922057, 922067, 922069, 922073,
922079, 922081, 922087, 922099, 922123, 922169, 922211,
922217, 922223, 922237, 922247, 922261, 922283, 922289,
922291, 922303, 922309, 922321, 922331, 922333, 922351,
922357, 922367, 922391, 922423, 922451, 922457, 922463,
922487, 922489, 922499, 922511, 922513, 922517, 922531,
922549, 922561, 922601, 922613, 922619, 922627, 922631,
922637, 922639, 922643, 922667, 922679, 922681, 922699,
922717, 922729, 922739, 922741, 922781, 922807, 922813,
922853, 922861, 922897, 922907, 922931, 922973, 922993,
923017, 923023, 923029, 923047, 923051, 923053, 923107,
923123, 923129, 923137, 923141, 923147, 923171, 923177,
923179, 923183, 923201, 923203, 923227, 923233, 923239,
923249, 923309, 923311, 923333, 923341, 923347, 923369,
923371, 923387, 923399, 923407, 923411, 923437, 923441,
923449, 923453, 923467, 923471, 923501, 923509, 923513,
923539, 923543, 923551, 923561, 923567, 923579, 923581,
923591, 923599, 923603, 923617, 923641, 923653, 923687,
923693, 923701, 923711, 923719, 923743, 923773, 923789,
923809, 923833, 923849, 923851, 923861, 923869, 923903,
923917, 923929, 923939, 923947, 923953, 923959, 923963,
923971, 923977, 923983, 923987, 924019, 924023, 924031,
924037, 924041, 924043, 924059, 924073, 924083, 924097,
924101, 924109, 924139, 924151, 924173, 924191, 924197,
924241, 924269, 924281, 924283, 924299, 924323, 924337,
924359, 924361, 924383, 924397, 924401, 924403, 924419,
924421, 924431, 924437, 924463, 924493, 924499, 924503,
924523, 924527, 924529, 924551, 924557, 924601, 924617,
924641, 924643, 924659, 924661, 924683, 924697, 924709,
924713, 924719, 924727, 924731, 924743, 924751, 924757,
924769, 924773, 924779, 924793, 924809, 924811, 924827,
924829, 924841, 924871, 924877, 924881, 924907, 924929,
924961, 924967, 924997, 925019, 925027, 925033, 925039,
925051, 925063, 925073, 925079, 925081, 925087, 925097,
925103, 925109, 925117, 925121, 925147, 925153, 925159,

925163, 925181, 925189, 925193, 925217, 925237, 925241, 925271, 925273, 925279, 925291, 925307, 925339, 925349, 925369, 925373, 925387, 925391, 925399, 925409, 925423, 925447, 925469, 925487, 925499, 925501, 925513, 925517, 925523, 925559, 925577, 925579, 925597, 925607, 925619, 925621, 925637, 925649, 925663, 925669, 925679, 925697, 925721, 925733, 925741, 925783, 925789, 925823, 925831, 925843, 925849, 925891, 925901, 925913, 925921, 925937, 925943, 925949, 925961, 925979, 925987, 925997, 926017, 926027, 926033, 926077, 926087, 926089, 926099, 926111, 926113, 926129, 926131, 926153, 926161, 926171, 926179, 926183, 926203, 926227, 926239, 926251, 926273, 926293, 926309, 926327, 926351, 926353, 926357, 926377, 926389, 926399, 926411, 926423, 926437, 926461, 926467, 926489, 926503, 926507, 926533, 926537, 926557, 926561, 926567, 926581, 926587, 926617, 926623, 926633, 926657, 926659, 926669, 926671, 926689, 926701, 926707, 926741, 926747, 926767, 926777, 926797, 926803, 926819, 926843, 926851, 926867, 926879, 926899, 926903, 926921, 926957, 926963, 926971, 926977, 926983, 927001, 927007, 927013, 927049, 927077, 927083, 927089, 927097, 927137, 927149, 927161, 927167, 927187, 927191, 927229, 927233, 927259, 927287, 927301, 927313, 927317, 927323, 927361, 927373, 927397, 927403, 927431, 927439, 927491, 927497, 927517, 927529, 927533, 927541, 927557, 927569, 927587, 927629, 927631, 927643, 927649, 927653, 927671, 927677, 927683, 927709, 927727, 927743, 927763, 927769, 927779, 927791, 927803, 927821, 927833, 927841, 927847, 927853, 927863, 927869, 927961, 927967, 927973, 928001, 928043, 928051, 928063, 928079, 928097, 928099, 928111, 928139, 928141, 928153, 928157, 928159, 928163, 928177, 928223, 928231, 928253, 928267, 928271, 928273, 928289, 928307, 928313, 928331, 928337, 928351, 928399, 928409, 928423, 928427, 928429, 928453, 928457, 928463, 928469, 928471, 928513, 928547, 928559, 928561, 928597, 928607, 928619, 928621, 928637, 928643, 928649, 928651, 928661, 928679, 928699,

928703, 928769, 928771, 928787, 928793, 928799, 928813,
928817, 928819, 928849, 928859, 928871, 928883, 928903,
928913, 928927, 928933, 928979, 929003, 929009, 929011,
929023, 929029, 929051, 929057, 929059, 929063, 929069,
929077, 929083, 929087, 929113, 929129, 929141, 929153,
929161, 929171, 929197, 929207, 929209, 929239, 929251,
929261, 929281, 929293, 929303, 929311, 929323, 929333,
929381, 929389, 929393, 929399, 929417, 929419, 929431,
929459, 929483, 929497, 929501, 929507, 929527, 929549,
929557, 929561, 929573, 929581, 929587, 929609, 929623,
929627, 929629, 929639, 929641, 929647, 929671, 929693,
929717, 929737, 929741, 929743, 929749, 929777, 929791,
929807, 929809, 929813, 929843, 929861, 929869, 929881,
929891, 929897, 929941, 929953, 929963, 929977, 929983,
930011, 930043, 930071, 930073, 930077, 930079, 930089,
930101, 930113, 930119, 930157, 930173, 930179, 930187,
930191, 930197, 930199, 930211, 930229, 930269, 930277,
930283, 930287, 930289, 930301, 930323, 930337, 930379,
930389, 930409, 930437, 930467, 930469, 930481, 930491,
930499, 930509, 930547, 930551, 930569, 930571, 930583,
930593, 930617, 930619, 930637, 930653, 930667, 930689,
930707, 930719, 930737, 930749, 930763, 930773, 930779,
930817, 930827, 930841, 930847, 930859, 930863, 930889,
930911, 930931, 930973, 930977, 930989, 930991, 931003,
931013, 931067, 931087, 931097, 931123, 931127, 931129,
931153, 931163, 931169, 931181, 931193, 931199, 931213,
931237, 931241, 931267, 931289, 931303, 931309, 931313,
931319, 931351, 931363, 931387, 931417, 931421, 931487,
931499, 931517, 931529, 931537, 931543, 931571, 931573,
931577, 931597, 931621, 931639, 931657, 931691, 931709,
931727, 931729, 931739, 931747, 931751, 931757, 931781,
931783, 931789, 931811, 931837, 931849, 931859, 931873,
931877, 931883, 931901, 931907, 931913, 931921, 931933,
931943, 931949, 931967, 931981, 931999, 932003, 932021,
932039, 932051, 932081, 932101, 932117, 932119, 932131,
932149, 932153, 932177, 932189, 932203, 932207, 932209,

932219, 932221, 932227, 932231, 932257, 932303, 932317, 932333, 932341, 932353, 932357, 932413, 932417, 932419, 932431, 932441, 932447, 932471, 932473, 932483, 932497, 932513, 932521, 932537, 932549, 932557, 932563, 932567, 932579, 932587, 932593, 932597, 932609, 932647, 932651, 932663, 932677, 932681, 932683, 932749, 932761, 932779, 932783, 932801, 932803, 932819, 932839, 932863, 932879, 932887, 932917, 932923, 932927, 932941, 932947, 932951, 932963, 932969, 932983, 932999, 933001, 933019, 933047, 933059, 933061, 933067, 933073, 933151, 933157, 933173, 933199, 933209, 933217, 933221, 933241, 933259, 933263, 933269, 933293, 933301, 933313, 933319, 933329, 933349, 933389, 933397, 933403, 933407, 933421, 933433, 933463, 933479, 933497, 933523, 933551, 933553, 933563, 933601, 933607, 933613, 933643, 933649, 933671, 933677, 933703, 933707, 933739, 933761, 933781, 933787, 933797, 933809, 933811, 933817, 933839, 933847, 933851, 933853, 933883, 933893, 933923, 933931, 933943, 933949, 933953, 933967, 933973, 933979, 934001, 934009, 934033, 934039, 934049, 934051, 934057, 934067, 934069, 934079, 934111, 934117, 934121, 934127, 934151, 934159, 934187, 934223, 934229, 934243, 934253, 934259, 934277, 934291, 934301, 934319, 934343, 934387, 934393, 934399, 934403, 934429, 934441, 934463, 934469, 934481, 934487, 934489, 934499, 934517, 934523, 934537, 934543, 934547, 934561, 934567, 934579, 934597, 934603, 934607, 934613, 934639, 934669, 934673, 934693, 934721, 934723, 934733, 934753, 934763, 934771, 934793, 934799, 934811, 934831, 934837, 934853, 934861, 934883, 934889, 934891, 934897, 934907, 934909, 934919, 934939, 934943, 934951, 934961, 934979, 934981, 935003, 935021, 935023, 935059, 935063, 935071, 935093, 935107, 935113, 935147, 935149, 935167, 935183, 935189, 935197, 935201, 935213, 935243, 935257, 935261, 935303, 935339, 935353, 935359, 935377, 935381, 935393, 935399, 935413, 935423, 935443, 935447, 935461, 935489, 935507, 935513, 935531, 935537, 935581, 935587, 935591, 935593, 935603,

935621, 935639, 935651, 935653, 935677, 935687, 935689,
935699, 935707, 935717, 935719, 935761, 935771, 935777,
935791, 935813, 935819, 935827, 935839, 935843, 935861,
935899, 935903, 935971, 935999, 936007, 936029, 936053,
936097, 936113, 936119, 936127, 936151, 936161, 936179,
936181, 936197, 936203, 936223, 936227, 936233, 936253,
936259, 936281, 936283, 936311, 936319, 936329, 936361,
936379, 936391, 936401, 936407, 936413, 936437, 936451,
936469, 936487, 936493, 936499, 936511, 936521, 936527,
936539, 936557, 936577, 936587, 936599, 936619, 936647,
936659, 936667, 936673, 936679, 936697, 936709, 936713,
936731, 936737, 936739, 936769, 936773, 936779, 936797,
936811, 936827, 936869, 936889, 936907, 936911, 936917,
936919, 936937, 936941, 936953, 936967, 937003, 937007,
937009, 937031, 937033, 937049, 937067, 937121, 937127,
937147, 937151, 937171, 937187, 937207, 937229, 937231,
937241, 937243, 937253, 937331, 937337, 937351, 937373,
937379, 937421, 937429, 937459, 937463, 937477, 937481,
937501, 937511, 937537, 937571, 937577, 937589, 937591,
937613, 937627, 937633, 937637, 937639, 937661, 937663,
937667, 937679, 937681, 937693, 937709, 937721, 937747,
937751, 937777, 937789, 937801, 937813, 937819, 937823,
937841, 937847, 937877, 937883, 937891, 937901, 937903,
937919, 937927, 937943, 937949, 937969, 937991, 938017,
938023, 938027, 938033, 938051, 938053, 938057, 938059,
938071, 938083, 938089, 938099, 938107, 938117, 938129,
938183, 938207, 938219, 938233, 938243, 938251, 938257,
938263, 938279, 938293, 938309, 938323, 938341, 938347,
938351, 938359, 938369, 938387, 938393, 938437, 938447,
938453, 938459, 938491, 938507, 938533, 938537, 938563,
938569, 938573, 938591, 938611, 938617, 938659, 938677,
938681, 938713, 938747, 938761, 938803, 938807, 938827,
938831, 938843, 938857, 938869, 938879, 938881, 938921,
938939, 938947, 938953, 938963, 938969, 938981, 938983,
938989, 939007, 939011, 939019, 939061, 939089, 939091,
939109, 939119, 939121, 939157, 939167, 939179, 939181,

939193, 939203, 939229, 939247, 939287, 939293, 939299,
939317, 939347, 939349, 939359, 939361, 939373, 939377,
939391, 939413, 939431, 939439, 939443, 939451, 939469,
939487, 939511, 939551, 939581, 939599, 939611, 939613,
939623, 939649, 939661, 939677, 939707, 939713, 939737,
939739, 939749, 939767, 939769, 939773, 939791, 939793,
939823, 939839, 939847, 939853, 939871, 939881, 939901,
939923, 939931, 939971, 939973, 939989, 939997, 940001,
940003, 940019, 940031, 940067, 940073, 940087, 940097,
940127, 940157, 940169, 940183, 940189, 940201, 940223,
940229, 940241, 940249, 940259, 940271, 940279, 940297,
940301, 940319, 940327, 940349, 940351, 940361, 940369,
940399, 940403, 940421, 940469, 940477, 940483, 940501,
940523, 940529, 940531, 940543, 940547, 940549, 940553,
940573, 940607, 940619, 940649, 940669, 940691, 940703,
940721, 940727, 940733, 940739, 940759, 940781, 940783,
940787, 940801, 940813, 940817, 940829, 940853, 940871,
940879, 940889, 940903, 940913, 940921, 940931, 940949,
940957, 940981, 940993, 941009, 941011, 941023, 941027,
941041, 941093, 941099, 941117, 941119, 941123, 941131,
941153, 941159, 941167, 941179, 941201, 941207, 941209,
941221, 941249, 941251, 941263, 941267, 941299, 941309,
941323, 941329, 941351, 941359, 941383, 941407, 941429,
941441, 941449, 941453, 941461, 941467, 941471, 941489,
941491, 941503, 941509, 941513, 941519, 941537, 941557,
941561, 941573, 941593, 941599, 941609, 941617, 941641,
941653, 941663, 941669, 941671, 941683, 941701, 941723,
941737, 941741, 941747, 941753, 941771, 941791, 941813,
941839, 941861, 941879, 941903, 941911, 941929, 941933,
941947, 941971, 941981, 941989, 941999, 942013, 942017,
942031, 942037, 942041, 942043, 942049, 942061, 942079,
942091, 942101, 942113, 942143, 942163, 942167, 942169,
942187, 942199, 942217, 942223, 942247, 942257, 942269,
942301, 942311, 942313, 942317, 942341, 942367, 942371,
942401, 942433, 942437, 942439, 942449, 942479, 942509,
942521, 942527, 942541, 942569, 942577, 942583, 942593,

942607, 942637, 942653, 942659, 942661, 942691, 942709,
942719, 942727, 942749, 942763, 942779, 942787, 942811,
942827, 942847, 942853, 942857, 942859, 942869, 942883,
942889, 942899, 942901, 942917, 942943, 942979, 942983,
943003, 943009, 943013, 943031, 943043, 943057, 943073,
943079, 943081, 943091, 943097, 943127, 943139, 943153,
943157, 943183, 943199, 943213, 943219, 943231, 943249,
943273, 943277, 943289, 943301, 943303, 943307, 943321,
943343, 943357, 943363, 943367, 943373, 943387, 943403,
943409, 943421, 943429, 943471, 943477, 943499, 943511,
943541, 943543, 943567, 943571, 943589, 943601, 943603,
943637, 943651, 943693, 943699, 943729, 943741, 943751,
943757, 943763, 943769, 943777, 943781, 943783, 943799,
943801, 943819, 943837, 943841, 943843, 943849, 943871,
943903, 943909, 943913, 943931, 943951, 943967, 944003,
944017, 944029, 944039, 944071, 944077, 944123, 944137,
944143, 944147, 944149, 944161, 944179, 944191, 944233,
944239, 944257, 944261, 944263, 944297, 944309, 944329,
944369, 944387, 944389, 944393, 944399, 944417, 944429,
944431, 944453, 944467, 944473, 944491, 944497, 944519,
944521, 944527, 944533, 944543, 944551, 944561, 944563,
944579, 944591, 944609, 944621, 944651, 944659, 944677,
944687, 944689, 944701, 944711, 944717, 944729, 944731,
944773, 944777, 944803, 944821, 944833, 944857, 944873,
944887, 944893, 944897, 944899, 944929, 944953, 944963,
944969, 944987, 945031, 945037, 945059, 945089, 945103,
945143, 945151, 945179, 945209, 945211, 945227, 945233,
945289, 945293, 945331, 945341, 945349, 945359, 945367,
945377, 945389, 945391, 945397, 945409, 945431, 945457,
945463, 945473, 945479, 945481, 945521, 945547, 945577,
945587, 945589, 945601, 945629, 945631, 945647, 945671,
945673, 945677, 945701, 945731, 945733, 945739, 945767,
945787, 945799, 945809, 945811, 945817, 945823, 945851,
945881, 945883, 945887, 945899, 945907, 945929, 945937,
945941, 945943, 945949, 945961, 945983, 946003, 946021,
946031, 946037, 946079, 946081, 946091, 946093, 946109,

946111, 946123, 946133, 946163, 946177, 946193, 946207,
946223, 946249, 946273, 946291, 946307, 946327, 946331,
946367, 946369, 946391, 946397, 946411, 946417, 946453,
946459, 946469, 946487, 946489, 946507, 946511, 946513,
946549, 946573, 946579, 946607, 946661, 946663, 946667,
946669, 946681, 946697, 946717, 946727, 946733, 946741,
946753, 946769, 946783, 946801, 946819, 946823, 946853,
946859, 946861, 946873, 946877, 946901, 946919, 946931,
946943, 946949, 946961, 946969, 946987, 946993, 946997,
947027, 947033, 947083, 947119, 947129, 947137, 947171,
947183, 947197, 947203, 947239, 947263, 947299, 947327,
947341, 947351, 947357, 947369, 947377, 947381, 947383,
947389, 947407, 947411, 947413, 947417, 947423, 947431,
947449, 947483, 947501, 947509, 947539, 947561, 947579,
947603, 947621, 947627, 947641, 947647, 947651, 947659,
947707, 947711, 947719, 947729, 947741, 947743, 947747,
947753, 947773, 947783, 947803, 947819, 947833, 947851,
947857, 947861, 947873, 947893, 947911, 947917, 947927,
947959, 947963, 947987, 948007, 948019, 948029, 948041,
948049, 948053, 948061, 948067, 948089, 948091, 948133,
948139, 948149, 948151, 948169, 948173, 948187, 948247,
948253, 948263, 948281, 948287, 948293, 948317, 948331,
948349, 948377, 948391, 948401, 948403, 948407, 948427,
948439, 948443, 948449, 948457, 948469, 948487, 948517,
948533, 948547, 948551, 948557, 948581, 948593, 948659,
948671, 948707, 948713, 948721, 948749, 948767, 948797,
948799, 948839, 948847, 948853, 948877, 948887, 948901,
948907, 948929, 948943, 948947, 948971, 948973, 948989,
949001, 949019, 949021, 949033, 949037, 949043, 949051,
949111, 949121, 949129, 949147, 949153, 949159, 949171,
949211, 949213, 949241, 949243, 949253, 949261, 949303,
949307, 949381, 949387, 949391, 949409, 949423, 949427,
949439, 949441, 949451, 949453, 949471, 949477, 949513,
949517, 949523, 949567, 949583, 949589, 949607, 949609,
949621, 949631, 949633, 949643, 949649, 949651, 949667,
949673, 949687, 949691, 949699, 949733, 949759, 949771,

949777, 949789, 949811, 949849, 949853, 949889, 949891,
949903, 949931, 949937, 949939, 949951, 949957, 949961,
949967, 949973, 949979, 949987, 949997, 950009, 950023,
950029, 950039, 950041, 950071, 950083, 950099, 950111,
950149, 950161, 950177, 950179, 950207, 950221, 950227,
950231, 950233, 950239, 950251, 950269, 950281, 950329,
950333, 950347, 950357, 950363, 950393, 950401, 950423,
950447, 950459, 950461, 950473, 950479, 950483, 950497,
950501, 950507, 950519, 950527, 950531, 950557, 950569,
950611, 950617, 950633, 950639, 950647, 950671, 950681,
950689, 950693, 950699, 950717, 950723, 950737, 950743,
950753, 950783, 950791, 950809, 950813, 950819, 950837,
950839, 950867, 950869, 950879, 950921, 950927, 950933,
950947, 950953, 950959, 950993, 951001, 951019, 951023,
951029, 951047, 951053, 951059, 951061, 951079, 951089,
951091, 951101, 951107, 951109, 951131, 951151, 951161,
951193, 951221, 951259, 951277, 951281, 951283, 951299,
951331, 951341, 951343, 951361, 951367, 951373, 951389,
951407, 951413, 951427, 951437, 951449, 951469, 951479,
951491, 951497, 951553, 951557, 951571, 951581, 951583,
951589, 951623, 951637, 951641, 951647, 951649, 951659,
951689, 951697, 951749, 951781, 951787, 951791, 951803,
951829, 951851, 951859, 951887, 951893, 951911, 951941,
951943, 951959, 951967, 951997, 952001, 952009, 952037,
952057, 952073, 952087, 952097, 952111, 952117, 952123,
952129, 952141, 952151, 952163, 952169, 952183, 952199,
952207, 952219, 952229, 952247, 952253, 952277, 952279,
952291, 952297, 952313, 952349, 952363, 952379, 952381,
952397, 952423, 952429, 952439, 952481, 952487, 952507,
952513, 952541, 952547, 952559, 952573, 952583, 952597,
952619, 952649, 952657, 952667, 952669, 952681, 952687,
952691, 952709, 952739, 952741, 952753, 952771, 952789,
952811, 952813, 952823, 952829, 952843, 952859, 952873,
952877, 952883, 952921, 952927, 952933, 952937, 952943,
952957, 952967, 952979, 952981, 952997, 953023, 953039,
953041, 953053, 953077, 953081, 953093, 953111, 953131,

953149, 953171, 953179, 953191, 953221, 953237, 953243,
953261, 953273, 953297, 953321, 953333, 953341, 953347,
953399, 953431, 953437, 953443, 953473, 953483, 953497,
953501, 953503, 953507, 953521, 953539, 953543, 953551,
953567, 953593, 953621, 953639, 953647, 953651, 953671,
953681, 953699, 953707, 953731, 953747, 953773, 953789,
953791, 953831, 953851, 953861, 953873, 953881, 953917,
953923, 953929, 953941, 953969, 953977, 953983, 953987,
954001, 954007, 954011, 954043, 954067, 954097, 954103,
954131, 954133, 954139, 954157, 954167, 954181, 954203,
954209, 954221, 954229, 954253, 954257, 954259, 954263,
954269, 954277, 954287, 954307, 954319, 954323, 954367,
954377, 954379, 954391, 954409, 954433, 954451, 954461,
954469, 954491, 954497, 954509, 954517, 954539, 954571,
954599, 954619, 954623, 954641, 954649, 954671, 954677,
954697, 954713, 954719, 954727, 954743, 954757, 954763,
954827, 954829, 954847, 954851, 954853, 954857, 954869,
954871, 954911, 954917, 954923, 954929, 954971, 954973,
954977, 954979, 954991, 955037, 955039, 955051, 955061,
955063, 955091, 955093, 955103, 955127, 955139, 955147,
955153, 955183, 955193, 955211, 955217, 955223, 955243,
955261, 955267, 955271, 955277, 955307, 955309, 955313,
955319, 955333, 955337, 955363, 955379, 955391, 955433,
955439, 955441, 955457, 955469, 955477, 955481, 955483,
955501, 955511, 955541, 955601, 955607, 955613, 955649,
955657, 955693, 955697, 955709, 955711, 955727, 955729,
955769, 955777, 955781, 955793, 955807, 955813, 955819,
955841, 955853, 955879, 955883, 955891, 955901, 955919,
955937, 955939, 955951, 955957, 955963, 955967, 955987,
955991, 955993, 956003, 956051, 956057, 956083, 956107,
956113, 956119, 956143, 956147, 956177, 956231, 956237,
956261, 956269, 956273, 956281, 956303, 956311, 956341,
956353, 956357, 956377, 956383, 956387, 956393, 956399,
956401, 956429, 956477, 956503, 956513, 956521, 956569,
956587, 956617, 956633, 956689, 956699, 956713, 956723,
956749, 956759, 956789, 956801, 956831, 956843, 956849,

956861, 956881, 956903, 956909, 956929, 956941, 956951,
956953, 956987, 956993, 956999, 957031, 957037, 957041,
957043, 957059, 957071, 957091, 957097, 957107, 957109,
957119, 957133, 957139, 957161, 957169, 957181, 957193,
957211, 957221, 957241, 957247, 957263, 957289, 957317,
957331, 957337, 957349, 957361, 957403, 957409, 957413,
957419, 957431, 957433, 957499, 957529, 957547, 957553,
957557, 957563, 957587, 957599, 957601, 957611, 957641,
957643, 957659, 957701, 957703, 957709, 957721, 957731,
957751, 957769, 957773, 957811, 957821, 957823, 957851,
957871, 957877, 957889, 957917, 957937, 957949, 957953,
957959, 957977, 957991, 958007, 958021, 958039, 958043,
958049, 958051, 958057, 958063, 958121, 958123, 958141,
958159, 958163, 958183, 958193, 958213, 958259, 958261,
958289, 958313, 958319, 958327, 958333, 958339, 958343,
958351, 958357, 958361, 958367, 958369, 958381, 958393,
958423, 958439, 958459, 958481, 958487, 958499, 958501,
958519, 958523, 958541, 958543, 958547, 958549, 958553,
958577, 958609, 958627, 958637, 958667, 958669, 958673,
958679, 958687, 958693, 958729, 958739, 958777, 958787,
958807, 958819, 958829, 958843, 958849, 958871, 958877,
958883, 958897, 958901, 958921, 958931, 958933, 958957,
958963, 958967, 958973, 959009, 959083, 959093, 959099,
959131, 959143, 959149, 959159, 959173, 959183, 959207,
959209, 959219, 959227, 959237, 959263, 959267, 959269,
959279, 959323, 959333, 959339, 959351, 959363, 959369,
959377, 959383, 959389, 959449, 959461, 959467, 959471,
959473, 959477, 959479, 959489, 959533, 959561, 959579,
959597, 959603, 959617, 959627, 959659, 959677, 959681,
959689, 959719, 959723, 959737, 959759, 959773, 959779,
959801, 959809, 959831, 959863, 959867, 959869, 959873,
959879, 959887, 959911, 959921, 959927, 959941, 959947,
959953, 959969, 960017, 960019, 960031, 960049, 960053,
960059, 960077, 960119, 960121, 960131, 960137, 960139,
960151, 960173, 960191, 960199, 960217, 960229, 960251,
960259, 960293, 960299, 960329, 960331, 960341, 960353,

960373, 960383, 960389, 960419, 960467, 960493, 960497, 960499, 960521, 960523, 960527, 960569, 960581, 960587, 960593, 960601, 960637, 960643, 960647, 960649, 960667, 960677, 960691, 960703, 960709, 960737, 960763, 960793, 960803, 960809, 960829, 960833, 960863, 960889, 960931, 960937, 960941, 960961, 960977, 960983, 960989, 960991, 961003, 961021, 961033, 961063, 961067, 961069, 961073, 961087, 961091, 961097, 961099, 961109, 961117, 961123, 961133, 961139, 961141, 961151, 961157, 961159, 961183, 961187, 961189, 961201, 961241, 961243, 961273, 961277, 961283, 961313, 961319, 961339, 961393, 961397, 961399, 961427, 961447, 961451, 961453, 961459, 961487, 961507, 961511, 961529, 961531, 961547, 961549, 961567, 961601, 961613, 961619, 961627, 961633, 961637, 961643, 961657, 961661, 961663, 961679, 961687, 961691, 961703, 961729, 961733, 961739, 961747, 961757, 961769, 961777, 961783, 961789, 961811, 961813, 961817, 961841, 961847, 961853, 961861, 961871, 961879, 961927, 961937, 961943, 961957, 961973, 961981, 961991, 961993, 962009, 962011, 962033, 962041, 962051, 962063, 962077, 962099, 962119, 962131, 962161, 962177, 962197, 962233, 962237, 962243, 962257, 962267, 962303, 962309, 962341, 962363, 962413, 962417, 962431, 962441, 962447, 962459, 962461, 962471, 962477, 962497, 962503, 962509, 962537, 962543, 962561, 962569, 962587, 962603, 962609, 962617, 962623, 962627, 962653, 962669, 962671, 962677, 962681, 962683, 962737, 962743, 962747, 962779, 962783, 962789, 962791, 962807, 962837, 962839, 962861, 962867, 962869, 962903, 962909, 962911, 962921, 962959, 962963, 962971, 962993, 963019, 963031, 963043, 963047, 963097, 963103, 963121, 963143, 963163, 963173, 963181, 963187, 963191, 963211, 963223, 963227, 963239, 963241, 963253, 963283, 963299, 963301, 963311, 963323, 963331, 963341, 963343, 963349, 963367, 963379, 963397, 963419, 963427, 963461, 963481, 963491, 963497, 963499, 963559, 963581, 963601, 963607, 963629, 963643, 963653, 963659, 963667, 963689, 963691, 963701, 963707,

963709, 963719, 963731, 963751, 963761, 963763, 963779,
963793, 963799, 963811, 963817, 963839, 963841, 963847,
963863, 963871, 963877, 963899, 963901, 963913, 963943,
963973, 963979, 964009, 964021, 964027, 964039, 964049,
964081, 964097, 964133, 964151, 964153, 964199, 964207,
964213, 964217, 964219, 964253, 964259, 964261, 964267,
964283, 964289, 964297, 964303, 964309, 964333, 964339,
964351, 964357, 964363, 964373, 964417, 964423, 964433,
964463, 964499, 964501, 964507, 964517, 964519, 964531,
964559, 964571, 964577, 964583, 964589, 964609, 964637,
964661, 964679, 964693, 964697, 964703, 964721, 964753,
964757, 964783, 964787, 964793, 964823, 964829, 964861,
964871, 964879, 964883, 964889, 964897, 964913, 964927,
964933, 964939, 964967, 964969, 964973, 964981, 965023,
965047, 965059, 965087, 965089, 965101, 965113, 965117,
965131, 965147, 965161, 965171, 965177, 965179, 965189,
965191, 965197, 965201, 965227, 965233, 965249, 965267,
965291, 965303, 965317, 965329, 965357, 965369, 965399,
965401, 965407, 965411, 965423, 965429, 965443, 965453,
965467, 965483, 965491, 965507, 965519, 965533, 965551,
965567, 965603, 965611, 965621, 965623, 965639, 965647,
965659, 965677, 965711, 965749, 965759, 965773, 965777,
965779, 965791, 965801, 965843, 965851, 965857, 965893,
965927, 965953, 965963, 965969, 965983, 965989, 966011,
966013, 966029, 966041, 966109, 966113, 966139, 966149,
966157, 966191, 966197, 966209, 966211, 966221, 966227,
966233, 966241, 966257, 966271, 966293, 966307, 966313,
966319, 966323, 966337, 966347, 966353, 966373, 966377,
966379, 966389, 966401, 966409, 966419, 966431, 966439,
966463, 966481, 966491, 966499, 966509, 966521, 966527,
966547, 966557, 966583, 966613, 966617, 966619, 966631,
966653, 966659, 966661, 966677, 966727, 966751, 966781,
966803, 966817, 966863, 966869, 966871, 966883, 966893,
966907, 966913, 966919, 966923, 966937, 966961, 966971,
966991, 966997, 967003, 967019, 967049, 967061, 967111,
967129, 967139, 967171, 967201, 967229, 967259, 967261,

967289, 967297, 967319, 967321, 967327, 967333, 967349,
967361, 967363, 967391, 967397, 967427, 967429, 967441,
967451, 967459, 967481, 967493, 967501, 967507, 967511,
967529, 967567, 967583, 967607, 967627, 967663, 967667,
967693, 967699, 967709, 967721, 967739, 967751, 967753,
967763, 967781, 967787, 967819, 967823, 967831, 967843,
967847, 967859, 967873, 967877, 967903, 967919, 967931,
967937, 967951, 967961, 967979, 967999, 968003, 968017,
968021, 968027, 968041, 968063, 968089, 968101, 968111,
968113, 968117, 968137, 968141, 968147, 968159, 968173,
968197, 968213, 968237, 968239, 968251, 968263, 968267,
968273, 968291, 968299, 968311, 968321, 968329, 968333,
968353, 968377, 968381, 968389, 968419, 968423, 968431,
968437, 968459, 968467, 968479, 968501, 968503, 968519,
968521, 968537, 968557, 968567, 968573, 968593, 968641,
968647, 968659, 968663, 968689, 968699, 968713, 968729,
968731, 968761, 968801, 968809, 968819, 968827, 968831,
968857, 968879, 968897, 968909, 968911, 968917, 968939,
968959, 968963, 968971, 969011, 969037, 969041, 969049,
969071, 969083, 969097, 969109, 969113, 969131, 969139,
969167, 969179, 969181, 969233, 969239, 969253, 969257,
969259, 969271, 969301, 969341, 969343, 969347, 969359,
969377, 969403, 969407, 969421, 969431, 969433, 969443,
969457, 969461, 969467, 969481, 969497, 969503, 969509,
969533, 969559, 969569, 969593, 969599, 969637, 969641,
969667, 969671, 969677, 969679, 969713, 969719, 969721,
969743, 969757, 969763, 969767, 969791, 969797, 969809,
969821, 969851, 969863, 969869, 969877, 969889, 969907,
969911, 969919, 969923, 969929, 969977, 969989, 970027,
970031, 970043, 970051, 970061, 970063, 970069, 970087,
970091, 970111, 970133, 970147, 970201, 970213, 970217,
970219, 970231, 970237, 970247, 970259, 970261, 970267,
970279, 970297, 970303, 970313, 970351, 970391, 970421,
970423, 970433, 970441, 970447, 970457, 970469, 970481,
970493, 970537, 970549, 970561, 970573, 970583, 970603,
970633, 970643, 970657, 970667, 970687, 970699, 970721,

970747, 970777, 970787, 970789, 970793, 970799, 970813,
970817, 970829, 970847, 970859, 970861, 970867, 970877,
970883, 970903, 970909, 970927, 970939, 970943, 970961,
970967, 970969, 970987, 970997, 970999, 971021, 971027,
971029, 971039, 971051, 971053, 971063, 971077, 971093,
971099, 971111, 971141, 971143, 971149, 971153, 971171,
971177, 971197, 971207, 971237, 971251, 971263, 971273,
971279, 971281, 971291, 971309, 971339, 971353, 971357,
971371, 971381, 971387, 971389, 971401, 971419, 971429,
971441, 971473, 971479, 971483, 971491, 971501, 971513,
971521, 971549, 971561, 971563, 971569, 971591, 971639,
971651, 971653, 971683, 971693, 971699, 971713, 971723,
971753, 971759, 971767, 971783, 971821, 971833, 971851,
971857, 971863, 971899, 971903, 971917, 971921, 971933,
971939, 971951, 971959, 971977, 971981, 971989, 972001,
972017, 972029, 972031, 972047, 972071, 972079, 972091,
972113, 972119, 972121, 972131, 972133, 972137, 972161,
972163, 972197, 972199, 972221, 972227, 972229, 972259,
972263, 972271, 972277, 972313, 972319, 972329, 972337,
972343, 972347, 972353, 972373, 972403, 972407, 972409,
972427, 972431, 972443, 972469, 972473, 972481, 972493,
972533, 972557, 972577, 972581, 972599, 972611, 972613,
972623, 972637, 972649, 972661, 972679, 972683, 972701,
972721, 972787, 972793, 972799, 972823, 972827, 972833,
972847, 972869, 972887, 972899, 972901, 972941, 972943,
972967, 972977, 972991, 973001, 973003, 973031, 973033,
973051, 973057, 973067, 973069, 973073, 973081, 973099,
973129, 973151, 973169, 973177, 973187, 973213, 973253,
973277, 973279, 973283, 973289, 973321, 973331, 973333,
973367, 973373, 973387, 973397, 973409, 973411, 973421,
973439, 973459, 973487, 973523, 973529, 973537, 973547,
973561, 973591, 973597, 973631, 973657, 973669, 973681,
973691, 973727, 973757, 973759, 973781, 973787, 973789,
973801, 973813, 973823, 973837, 973853, 973891, 973897,
973901, 973919, 973957, 974003, 974009, 974033, 974041,
974053, 974063, 974089, 974107, 974123, 974137, 974143,

974147, 974159, 974161, 974167, 974177, 974179, 974189,
974213, 974249, 974261, 974269, 974273, 974279, 974293,
974317, 974329, 974359, 974383, 974387, 974401, 974411,
974417, 974419, 974431, 974437, 974443, 974459, 974473,
974489, 974497, 974507, 974513, 974531, 974537, 974539,
974551, 974557, 974563, 974581, 974591, 974599, 974651,
974653, 974657, 974707, 974711, 974713, 974737, 974747,
974749, 974761, 974773, 974803, 974819, 974821, 974837,
974849, 974861, 974863, 974867, 974873, 974879, 974887,
974891, 974923, 974927, 974957, 974959, 974969, 974971,
974977, 974983, 974989, 974999, 975011, 975017, 975049,
975053, 975071, 975083, 975089, 975133, 975151, 975157,
975181, 975187, 975193, 975199, 975217, 975257, 975259,
975263, 975277, 975281, 975287, 975313, 975323, 975343,
975367, 975379, 975383, 975389, 975421, 975427, 975433,
975439, 975463, 975493, 975497, 975509, 975521, 975523,
975551, 975553, 975581, 975599, 975619, 975629, 975643,
975649, 975661, 975671, 975691, 975701, 975731, 975739,
975743, 975797, 975803, 975811, 975823, 975827, 975847,
975857, 975869, 975883, 975899, 975901, 975907, 975941,
975943, 975967, 975977, 975991, 976009, 976013, 976033,
976039, 976091, 976093, 976103, 976109, 976117, 976127,
976147, 976177, 976187, 976193, 976211, 976231, 976253,
976271, 976279, 976301, 976303, 976307, 976309, 976351,
976369, 976403, 976411, 976439, 976447, 976453, 976457,
976471, 976477, 976483, 976489, 976501, 976513, 976537,
976553, 976559, 976561, 976571, 976601, 976607, 976621,
976637, 976639, 976643, 976669, 976699, 976709, 976721,
976727, 976777, 976799, 976817, 976823, 976849, 976853,
976883, 976909, 976919, 976933, 976951, 976957, 976991,
977021, 977023, 977047, 977057, 977069, 977087, 977107,
977147, 977149, 977167, 977183, 977191, 977203, 977209,
977233, 977239, 977243, 977257, 977269, 977299, 977323,
977351, 977357, 977359, 977363, 977369, 977407, 977411,
977413, 977437, 977447, 977507, 977513, 977521, 977539,
977567, 977591, 977593, 977609, 977611, 977629, 977671,

977681, 977693, 977719, 977723, 977747, 977761, 977791,
977803, 977813, 977819, 977831, 977849, 977861, 977881,
977897, 977923, 977927, 977971, 978001, 978007, 978011,
978017, 978031, 978037, 978041, 978049, 978053, 978067,
978071, 978073, 978077, 978079, 978091, 978113, 978149,
978151, 978157, 978179, 978181, 978203, 978209, 978217,
978223, 978233, 978239, 978269, 978277, 978283, 978287,
978323, 978337, 978343, 978347, 978349, 978359, 978389,
978403, 978413, 978427, 978449, 978457, 978463, 978473,
978479, 978491, 978511, 978521, 978541, 978569, 978599,
978611, 978617, 978619, 978643, 978647, 978683, 978689,
978697, 978713, 978727, 978743, 978749, 978773, 978797,
978799, 978821, 978839, 978851, 978853, 978863, 978871,
978883, 978907, 978917, 978931, 978947, 978973, 978997,
979001, 979009, 979031, 979037, 979061, 979063, 979093,
979103, 979109, 979117, 979159, 979163, 979171, 979177,
979189, 979201, 979207, 979211, 979219, 979229, 979261,
979273, 979283, 979291, 979313, 979327, 979333, 979337,
979343, 979361, 979369, 979373, 979379, 979403, 979423,
979439, 979457, 979471, 979481, 979519, 979529, 979541,
979543, 979549, 979553, 979567, 979651, 979691, 979709,
979717, 979747, 979757, 979787, 979807, 979819, 979831,
979873, 979883, 979889, 979907, 979919, 979921, 979949,
979969, 979987, 980027, 980047, 980069, 980071, 980081,
980107, 980117, 980131, 980137, 980149, 980159, 980173,
980179, 980197, 980219, 980249, 980261, 980293, 980299,
980321, 980327, 980363, 980377, 980393, 980401, 980417,
980423, 980431, 980449, 980459, 980471, 980489, 980491,
980503, 980549, 980557, 980579, 980587, 980591, 980593,
980599, 980621, 980641, 980677, 980687, 980689, 980711,
980717, 980719, 980729, 980731, 980773, 980801, 980803,
980827, 980831, 980851, 980887, 980893, 980897, 980899,
980909, 980911, 980921, 980957, 980963, 980999, 981011,
981017, 981023, 981037, 981049, 981061, 981067, 981073,
981077, 981091, 981133, 981137, 981139, 981151, 981173,
981187, 981199, 981209, 981221, 981241, 981263, 981271,

981283, 981287, 981289, 981301, 981311, 981319, 981373,
981377, 981391, 981397, 981419, 981437, 981439, 981443,
981451, 981467, 981473, 981481, 981493, 981517, 981523,
981527, 981569, 981577, 981587, 981599, 981601, 981623,
981637, 981653, 981683, 981691, 981697, 981703, 981707,
981713, 981731, 981769, 981797, 981809, 981811, 981817,
981823, 981887, 981889, 981913, 981919, 981941, 981947,
981949, 981961, 981979, 981983, 982021, 982057, 982061,
982063, 982067, 982087, 982097, 982099, 982103, 982117,
982133, 982147, 982151, 982171, 982183, 982187, 982211,
982213, 982217, 982231, 982271, 982273, 982301, 982321,
982337, 982339, 982343, 982351, 982363, 982381, 982393,
982403, 982453, 982489, 982493, 982559, 982571, 982573,
982577, 982589, 982603, 982613, 982621, 982633, 982643,
982687, 982693, 982697, 982703, 982741, 982759, 982769,
982777, 982783, 982789, 982801, 982819, 982829, 982841,
982843, 982847, 982867, 982871, 982903, 982909, 982931,
982939, 982967, 982973, 982981, 983063, 983069, 983083,
983113, 983119, 983123, 983131, 983141, 983149, 983153,
983173, 983179, 983189, 983197, 983209, 983233, 983239,
983243, 983261, 983267, 983299, 983317, 983327, 983329,
983347, 983363, 983371, 983377, 983407, 983429, 983431,
983441, 983443, 983447, 983449, 983461, 983491, 983513,
983519, 983527, 983531, 983533, 983557, 983579, 983581,
983597, 983617, 983659, 983699, 983701, 983737, 983771,
983777, 983783, 983789, 983791, 983803, 983809, 983813,
983819, 983849, 983861, 983863, 983881, 983911, 983923,
983929, 983951, 983987, 983993, 984007, 984017, 984037,
984047, 984059, 984083, 984091, 984119, 984121, 984127,
984149, 984167, 984199, 984211, 984241, 984253, 984299,
984301, 984307, 984323, 984329, 984337, 984341, 984349,
984353, 984359, 984367, 984383, 984391, 984397, 984407,
984413, 984421, 984427, 984437, 984457, 984461, 984481,
984491, 984497, 984539, 984541, 984563, 984583, 984587,
984593, 984611, 984617, 984667, 984689, 984701, 984703,
984707, 984733, 984749, 984757, 984761, 984817, 984847,

984853, 984859, 984877, 984881, 984911, 984913, 984917, 984923, 984931, 984947, 984959, 985003, 985007, 985013, 985027, 985057, 985063, 985079, 985097, 985109, 985121, 985129, 985151, 985177, 985181, 985213, 985219, 985253, 985277, 985279, 985291, 985301, 985307, 985331, 985339, 985351, 985379, 985399, 985403, 985417, 985433, 985447, 985451, 985463, 985471, 985483, 985487, 985493, 985499, 985519, 985529, 985531, 985547, 985571, 985597, 985601, 985613, 985631, 985639, 985657, 985667, 985679, 985703, 985709, 985723, 985729, 985741, 985759, 985781, 985783, 985799, 985807, 985819, 985867, 985871, 985877, 985903, 985921, 985937, 985951, 985969, 985973, 985979, 985981, 985991, 985993, 985997, 986023, 986047, 986053, 986071, 986101, 986113, 986131, 986137, 986143, 986147, 986149, 986177, 986189, 986191, 986197, 986207, 986213, 986239, 986257, 986267, 986281, 986287, 986333, 986339, 986351, 986369, 986411, 986417, 986429, 986437, 986471, 986477, 986497, 986507, 986509, 986519, 986533, 986543, 986563, 986567, 986569, 986581, 986593, 986597, 986599, 986617, 986633, 986641, 986659, 986693, 986707, 986717, 986719, 986729, 986737, 986749, 986759, 986767, 986779, 986801, 986813, 986819, 986837, 986849, 986851, 986857, 986903, 986927, 986929, 986933, 986941, 986959, 986963, 986981, 986983, 986989, 987013, 987023, 987029, 987043, 987053, 987061, 987067, 987079, 987083, 987089, 987097, 987101, 987127, 987143, 987191, 987193, 987199, 987209, 987211, 987227, 987251, 987293, 987299, 987313, 987353, 987361, 987383, 987391, 987433, 987457, 987463, 987473, 987491, 987509, 987523, 987533, 987541, 987559, 987587, 987593, 987599, 987607, 987631, 987659, 987697, 987713, 987739, 987793, 987797, 987803, 987809, 987821, 987851, 987869, 987911, 987913, 987929, 987941, 987971, 987979, 987983, 987991, 987997, 988007, 988021, 988033, 988051, 988061, 988067, 988069, 988093, 988109, 988111, 988129, 988147, 988157, 988199, 988213, 988217, 988219, 988231, 988237, 988243, 988271, 988279, 988297, 988313, 988319, 988321,

988343, 988357, 988367, 988409, 988417, 988439, 988453,
988459, 988483, 988489, 988501, 988511, 988541, 988549,
988571, 988577, 988579, 988583, 988591, 988607, 988643,
988649, 988651, 988661, 988681, 988693, 988711, 988727,
988733, 988759, 988763, 988783, 988789, 988829, 988837,
988849, 988859, 988861, 988877, 988901, 988909, 988937,
988951, 988963, 988979, 989011, 989029, 989059, 989071,
989081, 989099, 989119, 989123, 989171, 989173, 989231,
989239, 989249, 989251, 989279, 989293, 989309, 989321,
989323, 989327, 989341, 989347, 989353, 989377, 989381,
989411, 989419, 989423, 989441, 989467, 989477, 989479,
989507, 989533, 989557, 989561, 989579, 989581, 989623,
989629, 989641, 989647, 989663, 989671, 989687, 989719,
989743, 989749, 989753, 989761, 989777, 989783, 989797,
989803, 989827, 989831, 989837, 989839, 989869, 989873,
989887, 989909, 989917, 989921, 989929, 989939, 989951,
989959, 989971, 989977, 989981, 989999, 990001, 990013,
990023, 990037, 990043, 990053, 990137, 990151, 990163,
990169, 990179, 990181, 990211, 990239, 990259, 990277,
990281, 990287, 990289, 990293, 990307, 990313, 990323,
990329, 990331, 990349, 990359, 990361, 990371, 990377,
990383, 990389, 990397, 990463, 990469, 990487, 990497,
990503, 990511, 990523, 990529, 990547, 990559, 990589,
990593, 990599, 990631, 990637, 990643, 990673, 990707,
990719, 990733, 990761, 990767, 990797, 990799, 990809,
990841, 990851, 990881, 990887, 990889, 990893, 990917,
990923, 990953, 990961, 990967, 990973, 990989, 991009,
991027, 991031, 991037, 991043, 991057, 991063, 991069,
991073, 991079, 991091, 991127, 991129, 991147, 991171,
991181, 991187, 991201, 991217, 991223, 991229, 991261,
991273, 991313, 991327, 991343, 991357, 991381, 991387,
991409, 991427, 991429, 991447, 991453, 991483, 991493,
991499, 991511, 991531, 991541, 991547, 991567, 991579,
991603, 991607, 991619, 991621, 991633, 991643, 991651,
991663, 991693, 991703, 991717, 991723, 991733, 991741,
991751, 991777, 991811, 991817, 991867, 991871, 991873,

991883, 991889, 991901, 991909, 991927, 991931, 991943,
991951, 991957, 991961, 991973, 991979, 991981, 991987,
991999, 992011, 992021, 992023, 992051, 992087, 992111,
992113, 992129, 992141, 992153, 992179, 992183, 992219,
992231, 992249, 992263, 992267, 992269, 992281, 992309,
992317, 992357, 992359, 992363, 992371, 992393, 992417,
992429, 992437, 992441, 992449, 992461, 992513, 992521,
992539, 992549, 992561, 992591, 992603, 992609, 992623,
992633, 992659, 992689, 992701, 992707, 992723, 992737,
992777, 992801, 992809, 992819, 992843, 992857, 992861,
992863, 992867, 992891, 992903, 992917, 992923, 992941,
992947, 992963, 992983, 993001, 993011, 993037, 993049,
993053, 993079, 993103, 993107, 993121, 993137, 993169,
993197, 993199, 993203, 993211, 993217, 993233, 993241,
993247, 993253, 993269, 993283, 993287, 993319, 993323,
993341, 993367, 993397, 993401, 993407, 993431, 993437,
993451, 993467, 993479, 993481, 993493, 993527, 993541,
993557, 993589, 993611, 993617, 993647, 993679, 993683,
993689, 993703, 993763, 993779, 993781, 993793, 993821,
993823, 993827, 993841, 993851, 993869, 993887, 993893,
993907, 993913, 993919, 993943, 993961, 993977, 993983,
993997, 994013, 994027, 994039, 994051, 994067, 994069,
994073, 994087, 994093, 994141, 994163, 994181, 994183,
994193, 994199, 994229, 994237, 994241, 994247, 994249,
994271, 994297, 994303, 994307, 994309, 994319, 994321,
994337, 994339, 994363, 994369, 994391, 994393, 994417,
994447, 994453, 994457, 994471, 994489, 994501, 994549,
994559, 994561, 994571, 994579, 994583, 994603, 994621,
994657, 994663, 994667, 994691, 994699, 994709, 994711,
994717, 994723, 994751, 994769, 994793, 994811, 994813,
994817, 994831, 994837, 994853, 994867, 994871, 994879,
994901, 994907, 994913, 994927, 994933, 994949, 994963,
994991, 994997, 995009, 995023, 995051, 995053, 995081,
995117, 995119, 995147, 995167, 995173, 995219, 995227,
995237, 995243, 995273, 995303, 995327, 995329, 995339,
995341, 995347, 995363, 995369, 995377, 995381, 995387,

995399, 995431, 995443, 995447, 995461, 995471, 995513,
995531, 995539, 995549, 995551, 995567, 995573, 995587,
995591, 995593, 995611, 995623, 995641, 995651, 995663,
995669, 995677, 995699, 995713, 995719, 995737, 995747,
995783, 995791, 995801, 995833, 995881, 995887, 995903,
995909, 995927, 995941, 995957, 995959, 995983, 995987,
995989, 996001, 996011, 996019, 996049, 996067, 996103,
996109, 996119, 996143, 996157, 996161, 996167, 996169,
996173, 996187, 996197, 996209, 996211, 996253, 996257,
996263, 996271, 996293, 996301, 996311, 996323, 996329,
996361, 996367, 996403, 996407, 996409, 996431, 996461,
996487, 996511, 996529, 996539, 996551, 996563, 996571,
996599, 996601, 996617, 996629, 996631, 996637, 996647,
996649, 996689, 996703, 996739, 996763, 996781, 996803,
996811, 996841, 996847, 996857, 996859, 996871, 996881,
996883, 996887, 996899, 996953, 996967, 996973, 996979,
997001, 997013, 997019, 997021, 997037, 997043, 997057,
997069, 997081, 997091, 997097, 997099, 997103, 997109,
997111, 997121, 997123, 997141, 997147, 997151, 997153,
997163, 997201, 997207, 997219, 997247, 997259, 997267,
997273, 997279, 997307, 997309, 997319, 997327, 997333,
997343, 997357, 997369, 997379, 997391, 997427, 997433,
997439, 997453, 997463, 997511, 997541, 997547, 997553,
997573, 997583, 997589, 997597, 997609, 997627, 997637,
997649, 997651, 997663, 997681, 997693, 997699, 997727,
997739, 997741, 997751, 997769, 997783, 997793, 997807,
997811, 997813, 997877, 997879, 997889, 997891, 997897,
997933, 997949, 997961, 997963, 997973, 997991, 998009,
998017, 998027, 998029, 998069, 998071, 998077, 998083,
998111, 998117, 998147, 998161, 998167, 998197, 998201,
998213, 998219, 998237, 998243, 998273, 998281, 998287,
998311, 998329, 998353, 998377, 998381, 998399, 998411,
998419, 998423, 998429, 998443, 998471, 998497, 998513,
998527, 998537, 998539, 998551, 998561, 998617, 998623,
998629, 998633, 998651, 998653, 998681, 998687, 998689,
998717, 998737, 998743, 998749, 998759, 998779, 998813,

998819, 998831, 998839, 998843, 998857, 998861, 998897,
998909, 998917, 998927, 998941, 998947, 998951, 998957,
998969, 998983, 998989, 999007, 999023, 999029, 999043,
999049, 999067, 999083, 999091, 999101, 999133, 999149,
999169, 999181, 999199, 999217, 999221, 999233, 999239,
999269, 999287, 999307, 999329, 999331, 999359, 999371,
999377, 999389, 999431, 999433, 999437, 999451, 999491,
999499, 999521, 999529, 999541, 999553, 999563, 999599,
999611, 999613, 999623, 999631, 999653, 999667, 999671,
999683, 999721, 999727, 999749, 999763, 999769, 999773,
999809, 999853, 999863, 999883, 999907, 999917, 999931,
999953, 999959, 999961, 999979, 999983

AFTERWORD

This book utilized the Python programming language to gather the necessary data. The data collection process was facilitated by a freely available library named sedna which I developed and is accessible on pypi.org.

For the source data, you can access it through the following link: Prime Numbers.

This data contains prime numbers up to 100 million, which may be helpful to you in your research.

For correlation between Prime Numbers, you can access this graph: Correlation

I hope you found this book enjoyable and that it will assist you in your love for mathematics.

Please do not forget to leave a review of the book! :)

BOOKS BY THIS AUTHOR

Remains Of Time

From stories to poems - Remains of Time contains everything that will get you EXCITED!!

Time has already gone far and what remains are its memories. But those memories have changed our outlook on the future.

Remains of Time has diverse collection of tales exploring fiction, thrills of horror, mysteries of religion and God, and the beauty of nature

Follow along on this journey!

It is a must read for anyone who wants to dive deeper into human experiences and mysteries of universe.

www.ingramcontent.com/pod-product-compliance
Lightning Source LLC
Chambersburg PA
CBHW071030290526
45795CB00004B/1163